图灵程序设计丛书

C++性能优化指南

Optimized C++

［美］Kurt Guntheroth　著

杨文轩　译

Beijing · Boston · Farnham · Sebastopol · Tokyo　

O'Reilly Media, Inc.授权人民邮电出版社出版

人民邮电出版社

北　京

图书在版编目（ＣＩＰ）数据

C++性能优化指南 / （美）柯尔特·甘瑟尔罗斯
(Kurt Guntheroth) 著；杨文轩译. -- 北京：人民邮
电出版社，2018.1
（图灵程序设计丛书）
ISBN 978-7-115-47139-0

Ⅰ. ①C… Ⅱ. ①柯… ②杨… Ⅲ. ①C语言－程序设
计－指南 Ⅳ. ①TP312.8-62

中国版本图书馆CIP数据核字(2017)第300400号

内 容 提 要

本书是一本 C++ 代码优化指南。作者精选了他在近 30 年编程生涯中最频繁使用的技术和
能够带来最大性能提升效果的技术，旨在让读者在提升 C++ 程序的同时，思考优化软件之美。
书中主要内容有：代码优化的意义和总原则，与优化相关的计算机硬件背景知识，性能分析方
法及工具，优化字符串的使用，算法、动态分配内存、热点语句、查找与排序等等的优化方法。

本书适合所有 C++ 程序员，也可供其他语言的程序员优化代码时作为参考。

　◆　著　　　　　[美] Kurt Guntheroth
　　　译　　　　　杨文轩
　　　责任编辑　　朱　巍
　　　责任印制　　彭志环
　◆　人民邮电出版社出版发行　　北京市丰台区成寿寺路11号
　　　邮编　100164　　电子邮件　315@ptpress.com.cn
　　　网址　http://www.ptpress.com.cn
　　　北京捷迅佳彩印刷有限公司印刷
　◆　开本：800×1000　1/16
　　　印张：19　　　　　　　　　　　2018年1月第1版
　　　字数：449千字　　　　　　　　2025年4月北京第20次印刷
　　　著作权合同登记号　图字：01-2017-4807号

定价：89.00元
读者服务热线：(010)84084456-6009　印装质量热线：(010)81055316
反盗版热线：(010)81055315

版权声明

O'Reilly Media, Inc.介绍

O'Reilly Media 通过图书、杂志、在线服务、调查研究和会议等方式传播创新知识。自 1978 年开始，O'Reilly 一直都是前沿发展的见证者和推动者。超级极客们正在开创着未来，而我们关注真正重要的技术趋势——通过放大那些"细微的信号"来刺激社会对新科技的应用。作为技术社区中活跃的参与者，O'Reilly 的发展充满了对创新的倡导、创造和发扬光大。

O'Reilly 为软件开发人员带来革命性的"动物书"；创建第一个商业网站（GNN）；组织了影响深远的开放源代码峰会，以至于开源软件运动以此命名；创立了 *Make* 杂志，从而成为 DIY 革命的主要先锋；公司一如既往地通过多种形式缔结信息与人的纽带。O'Reilly 的会议和峰会集聚了众多超级极客和高瞻远瞩的商业领袖，共同描绘出开创新产业的革命性思想。作为技术人士获取信息的选择，O'Reilly 现在还将先锋专家的知识传递给普通的计算机用户。无论是通过图书出版、在线服务或者面授课程，每一项 O'Reilly 的产品都反映了公司不可动摇的理念——信息是激发创新的力量。

业界评论

"O'Reilly Radar 博客有口皆碑。"

　　　　——*Wired*

"O'Reilly 凭借一系列（真希望当初我也想到了）非凡想法建立了数百万美元的业务。"

　　　　——*Business 2.0*

"O'Reilly Conference 是聚集关键思想领袖的绝对典范。"

　　　　——*CRN*

"一本 O'Reilly 的书就代表一个有用、有前途、需要学习的主题。"

　　　　——*Irish Times*

"Tim 是位特立独行的商人，他不光放眼于最长远、最广阔的视野，并且切实地按照 Yogi Berra 的建议去做了：'如果你在路上遇到岔路口，走小路（岔路）。'回顾过去，Tim 似乎每一次都选择了小路，而且有几次都是一闪即逝的机会，尽管大路也不错。"

　　　　——*Linux Journal*

　　每一本书在出版时，作者都会感谢其伴侣。我知道这种方式平淡无奇，但我还是要感谢我的妻子 Renee Ostler，是她让本书得以出版。她为我腾出了家里的空间，并让我能够腾出几个月的时间专心写作。尽管她不太了解 C++ 性能优化，但她会一直陪伴我到很晚，问我关于这方面的问题，只是为了表示她的支持。她认为这本书对她很重要，因为它对我很重要。有妻若此，夫复何求。

目录

前言

读者朋友，你好！我的名字叫 Kurt，是一名狂热的编程爱好者。

我编写软件已经超过 35 年了。我从未就职于微软、谷歌、Facebook、苹果或者其他知名公司。但是在这些年里，除了几个短暂的假期外，我每天都在写代码。最近 20 年里，我几乎只编写 C++ 程序，并与其他睿智的开发人员讨论 C++。所以我有资格写一本关于优化 C++ 代码的书。我还发表过许多文章，包括规范、评论、手册、学习笔记以及博客文章（http://oldhandsblog.blogspot.com）等。有时令我吃惊的是，我共事过的睿智能干的程序员中，只有半数能将两个符合英文语法的句子合并在一起。

我最喜欢的名言之一出自艾萨克·牛顿爵士的一封信。他在信中写道："我之所以看得更远，是因为我站在巨人的肩上。"现在，我也站在巨人的肩上了，特别是阅读过他们的著作：有优雅的小书，如 Brian Kernighan 和 Dennis Ritchie 合著的《C 程序设计语言》；有充满智慧且走在技术前沿的书籍，如 Scott Meyers 的 *Effective C++* 系列；有充满挑战又能扩展思维的书籍，如 Andrei Alexandrescu 的《C++ 设计新思维》；有科学严谨且讲解准确的书籍，如 Bjarne Stroustrup 和 Margaret Ellis 合著的 *The Annotated C++ Reference Manual*。在我职业生涯的大部分时间，我都从没想过有一天可以自己写一本书。但是突然有一天，我发现我需要写这本书。

那么为什么我要写一本关于 C++ 性能优化的书呢？

在 21 世纪初期，C++ 曾一度受到诟病。C 语言的支持者指出 C++ 程序的性能不如以 C 语言编写的相同代码。拥有巨额营销预算的著名企业吹嘘它们自己的面向对象语言，宣称 C++ 语言难以使用，而它们的工具才是未来。各大高校也决定教授 Java 语言，因为它有一套免费的工具链。由于以上种种原因，大公司投资大笔金钱使用 Java、C# 或是 PHP 来编写网站和操作系统。C++ 看起来正在逐渐衰落。对于任何相信 C++ 语言是强大且有用的工具的人而言，那是一段困难的时期。

就在这时，一件有趣的事情发生了。处理器核心的处理速度停止增长，但是工作负荷在持续加大。于是，那些大公司又开始重新雇用 C++ 程序员去解决它们的扩容问题。用 C++ 从头开始重新编写代码的成本变得比在数据中心消耗的电费要便宜。突然之间，C++ 再度流行起来了。

C++ 与 2016 年年初那些高市场份额的编程语言[1]相比非常突出的一点是，它为开发人员提供了一连串的可选实现方式，从全自动、自动支持到精准手动控制。C++ 赋予了开发人员掌控性能权衡的力量，这种掌控让性能优化成为可能。

市面上介绍如何优化 C++ 代码的书并不多。其中之一是由 Dov Bulka 与 David Mayhew 精心研究所著，不过现在看来有些过时的《提高 C++ 性能的编程技术》。这两位作者似乎与我有相似的职业经历，也发现了很多相同的优化原则。若想看看其他人怎么看待本书中提出的问题，推荐从《提高 C++ 性能的编程技术》开始。另外，Scott Meyers 等人也广泛地讨论过如何避免使用复制构造函数。

需要掌握的关于代码优化的知识太多了，足够写出 10 本书。在本书中，我精选出了自己在工作中频繁使用的技术和能够带来最大性能提升效果的技术进行讲解。奋战在性能优化前线的读者可能会有疑问，为什么本书中没有介绍任何有助于他们解决问题的对策。对于这些疑问，我只能说："对不起，内容太多，篇幅有限。"

欢迎大家将勘误、评论和最喜欢的优化策略发送至 antelope_book@guntheroth.com。

我热爱软件开发。我享受永不停歇地练习每一种新的循环方式和接口。编写代码是一门科学，也是一门写诗艺术；它是一项冷僻的技术，一种内在的艺术形式，以至于除了少数同行外几乎没有人懂得欣赏它。优雅的函数中蕴藏着美感，被广泛使用的强大的惯用法中蕴藏着智慧。但令人遗憾的是，每一部史诗般的软件诗篇（如 Stepanov 的标准模板库），都对应着 10 000 行单调、庞大、枯燥的代码。

本书的根本目标是帮助读者思考优化软件之美。请记住这一点并践行之。请看得更远一些！

为本书中的代码致歉

虽然我已经编写和优化 C++ 代码超过 20 年了，但是本书中所出现的大多数代码都是特意为本书编写的。就像所有新编写的代码一样，这些代码也会有缺陷。为此，我深表歉意。

多年以来，我一直为 Windows、Linux 和各种嵌入式系统进行开发，而本书中展示的代码则是我在 Windows 上编写的。因此，毫无疑问，本书中的代码和内容都更加偏向于 Windows。那些使用 Windows 操作系统中的 Visual Studio 讲解的优化 C++ 代码的技术，同样也适用于 Linux、Mac OS X 或者其他 C++ 环境。不过，不同优化方式的正确使用时机则取决于编译器和标准库的实现以及代码是在哪种处理器上测试的。优化是一门实验科学。盲目地信任优化建议往往会失望。

我知道在不同的编译器之间、Unix 系统和嵌入式系统之间存在的兼容性是非常难以应对的。如果书中的代码无法在你最喜爱的系统上编译通过，我感到非常抱歉。本书并不会讲解跨系统的兼容性，我个人倾向于展示简单的代码。

我并不喜欢下面这种大括号缩进风格：

```
if (bool_condition) {
    controlled_statement();
}
```

注 1：可以从 http://www.tiobe.com/tiobe-index/ 查询各编程语言的市场份额。——译者注

不过，这种风格的优点是可以在一页中放入更多的代码行，因此，我选择在本书中使用这种风格。

示例代码的使用

可从以下地址下载本书示例代码、解决方案示例等附带资料：guntheroth.com。

本书是要帮你完成工作的，所以书中的示例代码通常可以直接拿去用在你的程序或文档中。除非你使用了很大一部分代码，否则无需联系我们获得许可。比如，用本书的几个代码片段写一个程序就无需获得许可，销售或分发 O'Reilly 图书的示例光盘则需要获得许可；引用本书中的示例代码回答问题无需获得许可，将书中大量的代码放到你的产品文档中则需要获得许可。

我们很希望但并不强制要求你在引用本书内容时加上引用说明。引用说明一般包括书名、作者、出版社和 ISBN，比如 "*Optimized C++* by Kurt Guntheroth(O'Reilly). Copyright 2016 Kurt Guntheroth, 978-1-491-92206-4"。

如果你觉得自己对示例代码的用法超出了上述许可的范围，欢迎你通过 permissions@oreilly.com 与我们联系。

排版约定

本书使用了下列排版约定。

- 黑体
  表示新术语。

- 等宽字体（constant width）
  表示程序片段，以及正文中出现的变量、函数名、环境变量、语句和关键字等。

第 1 章

优化概述

这是一个充满了计算的世界。许多程序都需要全天候运行，无论这些代码是运行于手表、手机、平板电脑、工作站、超级计算机上，抑或是数据中心覆盖全球的网络中。所以，仅仅是准确地将你脑海中的很棒的想法转换为代码是不够的；甚至梳理所有代码以找出缺陷，直到程序可以一直正确地运行也是不够的。你的应用程序可能会在客户所能提供的硬件上运行得非常缓慢；你的硬件团队可能会只给你一个微处理器，却要求你满足他们巨大的性能开销目标；你可能正在与竞争对手就吞吐量和帧数战斗着；或者你正在将一个项目推广至全球用户，但有点担心可能会把事情弄砸了。那么，请进入优化的世界。

这是一本关于优化的书，特别是引用了一些 C++ 代码特有的行为模式对 C++ 程序进行优化。书中的一些优化技术也适用于其他编程语言，但是我并不会以一种通用的方式讲解这些技术。有些对 C++ 代码特别有效的优化技术，可能对其他编程语言没有效果，甚至根本不可行。

本书关注的是如何对体现 C++ 设计最佳实践的正确代码进行优化，使之不仅可以体现出优秀的 C++ 设计，而且还可以在绝大多数计算机上更快速、更低耗地运行。许多优化机会的出现源于某些 C++ 特性被误用而导致程序运行缓慢、消耗许多资源。这些代码虽然是正确的，却不完善。这些代码往往是因为开发人员缺乏现代微处理器设备的基本常识，或是没有仔细考虑各种 C++ 对象构建方式的性能开销而编写出的。可进行优化的另外一个原因是，C++ 提供了对内存管理和复制的精准控制功能。

本书不会涉及编写汇编语言子程序、计算时钟周期，或者学习英特尔最新的芯片可以同时分发多少个指令。确实有一些开发人员会为某个单一平台（例如 Xbox[1] 就是一个很好的例子）工作数年，他们不仅有充足的时间，而且也需要去掌握在该平台中进行开发的秘

注 1：Xbox 是由美国微软公司开发的家用电视游戏机。——译者注

1

诀。但是，绝大多数开发人员还是会为手机、平板电脑或 PC 等含有各种不同微处理器芯片（甚至有些芯片还没有被设计出来）的设备开发程序。那些嵌入式软件的开发人员也必须面对拥有不同体系结构的各种处理器。完全掌握这些处理器的特性只会让开发人员疯狂和犹豫不决。我不建议你选择这条路。对于大多数应用程序来说，对每种处理器都进行特定的优化是难以取得好效果的，因为这些应用程序必须运行于各种处理器之上。

本书也不会教授如何以最快的独立于操作系统的方式在 Windows、Linux、OS X 以及所有的嵌入式操作系统上进行操作。本书会告诉你能用 C++（包括 C++ 标准库）做什么。脱离了 C++ 进行优化可能会让他人难以评审或评价优化后的代码。我们不应当轻易采取这种方式。

本书将讲解如何进行优化。任何不更新的技术或者功能都注定失败，因为新的算法被不断地发明出来，新的编程语言特性也在不断地涌现。而本书则提供了一些可以运行的示例来展示如何逐步地改善代码。通过这个过程，你可以熟悉代码的优化过程并形成一种可以提高优化效果的思维模式。

本书也会讲解如何优化编码过程。注重程序在运行时的性能开销的开发人员，可以从一开始就编写出高效代码。通过不断地练习，编写高效代码通常并不会比编写低效代码花费更多时间。

最后，这本书是关于创造奇迹的，是关于在检查性能变化时听见一位同事惊叹："哇，到底发生了什么？才启动就处理完毕了。有人做了什么修改吗？"优化也是一件可以提升开发人员的地位和自豪感的事情。

1.1　优化是软件开发的一部分

优化是一项编码活动。在传统的软件开发过程中，直到编码完成，项目进入了集成与测试阶段，能够观察到程序整体的性能时，才会进行优化。而在敏捷开发方式中，当一个带有性能指标的特性编码完成后或是需要实现特定的性能目标时，就会分配一个或多个**冲刺**（sprint）进行优化。

性能优化的目的是通过改善正确程序的行为使其满足客户对处理速度、吞吐量、内存占用以及能耗等各种指标的需求。因此，性能优化与编码对开发过程而言有着同等的重要性。对于用户而言，性能糟糕得让人无法接受，这个问题的严重程度不亚于出现 bug 和未实现的特性。

bug 修复与性能优化之间的一个重要区别是，性能是一个连续变量。特性要么是实现了，要么是没有实现；bug 要么存在，要么不存在。但是性能可以是非常糟糕或者非常优秀，还可能是介于这二者之间的某种程度。优化还是一个迭代的过程。每当程序中最慢的部分被改善后，一个新的最慢的部分就会出现。

与其他编码任务相比，优化更像是一门实验科学，需要有更深入的科学思维方式。要想优化成功，需要先观察程序行为，然后基于这些程序行为作出可测试的推测，再进行实验得出测试结果。这些测试结果要么验证推测，要么推翻推测。经验丰富的开发人员常常相信他们对于最优代码具有足够的经验和直觉。但是除非他们频繁地测试自己的直觉，否则通常他们都是错误的。在我个人为本书编写测试代码的经历中，就多次出现测试结果与我的直觉相悖的情况。实验，而非直觉，才是贯穿本书的主题。

1.2 优化是高效的

开发人员很难理解单个编码决策对大型程序的整体性能的影响。因此，实际上所有完整的程序都包含大量的优化机会。即使是经验丰富的团队在时间充裕的情况下编写出的代码，运行速度通常也可以提高 30% 至 100%。我见过对在时间很紧张的情况下或是欠缺经验的团队编写出的代码进行优化后，程序运行速度提高了 3 至 10 倍的情况。不过，通过微调代码让程序的运行速度提升 10 多倍几乎是不可能的。但是选择一种更好的算法或是数据结构，则可以将程序的某个特性的性能从慢到无法忍受提升至可发布的状态。

1.3 优化是没有问题的

许多关于性能优化的讨论都会首先严正地警告大家："不要！不要优化！如果确实需要，那么请在项目结束时再优化，而且不要做任何非必需的优化。"例如，著名的计算机科学家高德纳曾经这样说过：

> 我们应当忘记小的性能改善，百分之九十七的情况下，过早优化都是万恶之源。
>
> ——高德纳[2]，*Structured Programming with go to Statements*，ACM Computing Surveys[3] 6(4), December 1974, p268. CiteSeerX[4]: 10.1.1.103.6084
> (http://citeseerx.ist.psu.edu/viewdoc/summary?doi=10.1.1.103.6084)

威廉·沃尔夫[5]曾说过：

> 以（没有必要达成的）效率之名犯下的计算之罪比其他任何一个原因（包括盲目愚蠢）都多。
>
> ——A Case Against the GOTO，第 25 届美国 ACM 会议论文集（1972）：796

"不要进行优化"这条建议已经成为了一项编程常识，甚至许多经验丰富的程序员都认为这是毋庸置疑的。他们对性能调优避而不谈。我认为过度推崇这条建议经常被用作两种行为的借口：编程恶习，以及逃避做少量分析以让代码运行得更快。同时我还认为，盲目地接受这条建议会导致浪费大量 CPU 周期、用户满意度下降，会浪费大量时间重写那些本应从一开始就更加高效的代码。

注 2：高德纳教授是著名的计算机科学家，算法与程序设计技术的先驱者、斯坦福大学计算机系荣休教授、计算机排版系统 TEX 和 METAFONT 字体系统的发明人，因诸多成就以及大量富于创造力和具有深远影响的著作而誉满全球。——译者注

注 3：*ACM Computing Surveys* 是美国计算机协会的期刊。——译者注

注 4：CiteSeerX 是 NEC 研究院在自动引文索引（Autonomous Citation Indexing，ACI）机制的基础上建设的一个学术论文数字图书馆。——译者注

注 5：威廉·沃尔夫是著名的计算机科学家，因在编程语言以及编译器上的成就而闻名。他曾是弗吉尼亚大学的教授和 AT&T 的教授。——译者注

我的建议是不要过于教条。优化是没有问题的。学习高效的编程惯用法并在程序中实践之是没有问题的，即使你不知道哪部分代码的性能很重要。这些惯用法对 C++ 程序很有帮助。使用这些技巧也不会让你被同事鄙夷。如果有人问你为什么不写一些"简单"和低效的代码，你可以这么回答他："编写高效代码与编写低效无用的代码所需的时间是一样的，为什么还会有人特意去编写低效的代码呢？"

但是，如果你不清楚重要性，因为不确定哪个算法更好而导致许多天过去了项目仍毫无进展，这是不行的。你因为猜测某段代码有严格的执行时间的要求，就花费数周时间去编写汇编代码，然后将代码作为函数被调用（而实际上 C++ 编译器可能已经将函数内联展开了），这是不行的。当你实际上并不知道 C 是否真的更快以及 C++ 是否真的不快时，仅仅因为"大家都知道 C 更快"，就要求你的团队在 C++ 程序中使用 C 语言编写部分代码，这是不行的。换言之，所有软件开发的最佳实践依然都是适用的。优化并不能成为打破这些规则的理由。

不知道性能问题出在哪里就花费很多时间进行优化，这是不行的。在第 3 章中我将介绍"90/10 规则"。这条规则指出程序中只有 10% 的代码的性能是很重要的。因此，试图修改程序中的每条语句去改善程序性能没有必要，也不会有作用。既然只有 10% 的代码会对程序的性能产生显著的影响，那么试图随机找出一个性能改善切入点的概率就会很低。第 3 章会讲解如何使用一些工具帮助大家定位代码中的"热点"。

当我还在读大学时，我的教授曾经警告我们，最优算法的启动性能开销可能比简单算法更大，因此，应当只在大型数据集上使用它们。可能对于某些冷僻的算法来说确实如此，但根据我的经验，对于简单的查找和排序任务而言，最优算法的准备时间很少，即使在小型数据集上使用它们也能改善性能。

我也曾经被建议在开发程序时随便使用一种最容易实现的算法，之后在发现程序运行得太慢时，再回过头来优化它。不可否认，这对于推进项目持续进展是一条好的建议，但是一旦你已经编写过几次最优查找或排序的算法了，那么与编写低效的算法相比，编写最优算法并不会更难。而且你也可以在初次编写算法时就正确地实现并调试一种算法，这样以后就可以复用它了。

实际上，常识可能是性能改善最大的敌人。例如，"每个人都知道"最优排序算法的时间复杂度是 $O(n \log n)$，其中 n 是数据集的大小（参见 5.1 节中关于大 O 符号和时间开销的简单回顾）。这条常识非常有价值，甚至让开发人员不相信他们的 $O(n^2)$ 插入排序（insertion sort）算法是最优的，但如果它阻止了开发人员查阅文献得出以下发现就不好了：基数排序（radix sort）[6]算法的时间复杂度是 $O(n \log_r n)$（其中 r 是基数或用于排序的桶的数量），处理速度更快；对于随机分布的数据，flashsort 算法的时间复杂度是 $O(n)$，处理速度更快；还有快速排序算法，根据常识人们将它作为测量其他排序算法性能的测试基准，但在最坏的情况下，它的时间复杂度是 $O(n^2)$[7]。亚里士多德曾经误认为"女人的牙齿比男人少"（出自《动物志》第二卷第一部分，http://classics.mit.edu/Aristotle/history_anim.2.ii.html），这个公认的观点让人们信奉了 1500 年，直到有人非常好奇，数了几张嘴中的牙齿数。常识的

注 6：基数排序算法也被称为"桶排法"，它会将要排序的元素分配至某些"桶"中。——译者注
注 7：快速排序算法的时间复杂度最优为 $O(n \log n)$，最坏为 $O(n^2)$。——译者注

"解毒剂"是实验形式的科学方法。在第 3 章中我们将利用工具测量软件性能，并通过实验验证优化效果。

在软件开发的世界中，还有一条常识：优化是不重要的。这条常识的理由是，尽管现在代码运行得很慢，但是每年都会有更快的处理器被研发出来，随着时间的推移，它们会免费帮你解决性能问题。就像大多数常识一样，这种想法完全错误。在 20 世纪 80 年代和 90 年代，这种想法似乎看起来是正确的。那时，桌面电脑和独立的应用程序占领了软件开发领域，而且单核处理器的处理速度每 18 个月就翻一倍。虽然总的看来，如今多核处理器的性能不断强大，但是单个核心的性能增长却非常缓慢，甚至有时还有所下降。如今的程序还必须运行于移动平台上，电池的电量和散热都制约了指令的执行速率。而且，尽管随着时间的推移，会给新客户带来更快的计算机，但是也无法改善现有硬件的性能。现有客户的工作负载随着时间的推移在不断地增加。你的公司为现有客户提高处理速度的唯一办法是发布性能优化后的新版本。优化可以让程序永远保持活力。

1.4　这儿一纳秒，那儿一纳秒

> 这儿 10 亿，那儿 10 亿，很快就该说到真的钱了。
>
> ——常被误认为出自参议员 Everett Dirkson（1898—1969），但他宣称自己从未说过这句话，虽然他承认说过许多类似的话

桌面电脑的处理速度快得惊人，它们能够每纳秒（或者以更快的速度）分发一条指令，这可是每 10^{-9} 秒啊！这很容易让人误以为当计算机的性能如此强劲时，性能优化可能就无所谓了。

这种思考方式的问题在于，处理器的处理速度越快，被浪费的指令的累积速度也会越快。如果一个程序所执行的指令中 50% 都是不必要的，那么不管这些不必要的指令的执行速度有多快，只要删除这些指令，程序的处理速度就会变为原来的两倍。

那些说"性能无所谓"的同事也可能是想说性能对于某些特殊的应用程序——例如受人体反应约束或运行于处理器速度极快的桌面计算机上的应用程序——无所谓。但对于那些运行于内存、电源或者处理速度受限的小型嵌入式设备和移动处理器上的应用程序来说，性能的影响非常大；对于那些运行于大型计算机上的服务器程序的影响也非常大。总而言之，性能对那些必须争夺极其有限的计算资源（内存、电源、CPU 周期）的应用程序的影响非常大。同样，只要工作负载很大以至于需要进行分布式处理时，性能的影响就会非常大。在这种情况下，性能的差距会决定到底是需要 100 台服务器或云实例，还是需要 500 台或 1000 台。

尽管计算机的性能在近 50 年提高了 6 个数量级，但是这里我仍然要讨论优化。以史为鉴，在未来优化仍然非常重要。

1.5　C++ 代码优化策略总结

> 围捕惯犯。
>
> ——路易斯·雷诺上尉（克劳德·雷恩斯饰演），电影《卡萨布兰卡》，1942 年

C++ 的混合特性为我们提供了多种实现方式，一方面可以实现性能管理的全自动化，另一方面也可以对性能进行更加精准的控制。正是这些选择方式，使得优化 C++ 程序以满足性能需求成为可能。

C++ 有一些热点代码是性能"惯犯"，其中包括函数调用、内存分配和循环。下面是一份改善 C++ 程序性能的方法的总结，也是本书的大纲。这些优化建议简单得让人震惊，而且所有这些建议都是曾经发表过的。当然，恶魔隐藏在细节中。本书的示例和启发将会帮助读者在优化机会出现时更好地把握住它们。

1.5.1 用好的编译器并用好编译器

C++ 编译器是非常复杂的软件构件。每种编译器为 C++ 语句生成的机器码都有差别。它们所看到的优化机会是不同的，会为相同的源代码产生不同的可执行文件。如果打算为代码做出最后一丁点性能提升，那么你可以尝试一下各种不同的编译器，看看是否有一种编译器会为你产生更快的可执行文件。

关于如何选择 C++ 编译器的一条最重要的建议，是使用**支持 C++11 的编译器**。C++11 实现了右值引用（rvalue reference）和移动语义（move semantics），可以省去许多在以前的 C++ 版本中无法避免的复制操作（我会在 6.6 节讨论移动语义）。

有时，用好的编译器也意味着用好编译器。例如，如果应用程序非常缓慢，那么你应当检查是否打开了编译器的优化选项。这条建议看似非常明显，但是我已经记不清有多少次我向其他人提出这个建议后，他们都承认在编译时确实忘记打开优化选项了。多数情况下，只要正确地打开了优化选项，你都不用做额外的优化，因为编译器就可以让程序的运行速度提高数倍。

默认情况下，许多编译器都不会进行任何优化，因为如果不进行优化，编译器就可以稍微缩短一点编译时间。这一点在 20 世纪 90 年代曾经非常重要，但是如今的编译器和计算机已经足够快了，以至于因优化而产生的额外的编译时间开销微不足道。当关闭优化选项时，调试也会变得更加简单，因为程序的执行流程与源代码完全一致。优化选项可能会将代码移出循环、移除一些函数调用和完全移除一些变量。当编译选项打开后，有些编译器将不会生成任何调试符号。虽然部分编译器可能仍然会生成调试符号，但是开发人员想通过在调试器中观察执行流程来理解程序正在做什么就会变得非常困难。许多编译器在调试构建时允许打开和关闭个别不会过多干扰调试的优化选项。仅仅是打开函数内联优化选项就可以显著地提升 C++ 程序的性能，因为编写许多小的成员函数去访问各个类的成员变量是一种优秀的 C++ 编码风格。

C++ 编译器的文档对可用优化选项和预处理指令做了全面说明。这份文档如同你在购买新车时获取的操作手册一样——你完全可以不看操作手册就直接坐上并驾驶你的新车，但是其中可能包含了大量的能够帮助你更高效地使用这个庞大、复杂的工具的信息。

如果你正在 Windows 或者 Linux 上开发 x86 体系结构的应用程序，那么你很幸运，因为有一些非常棒的编译器适合你，而且这些编译器的开发和维护也处于非常活跃的状态。在本书问世的前五年，微软将 Visual C++ 升级了三个版本。每年 GCC 也会发布不止一个版本。

在 2016 年早期，大家一致认为无论是在 Linux 上还是在 Windows 上，英特尔的 C++ 编译器编译出来的代码的速度都最快；虽然 GNU 的 C++ 编译器 GCC 编译出的代码的速度稍慢，但是非常符合标准，而微软的 Visual C++ 则折中。虽然我乐于绘制一张图表来说明英特尔 C++ 编译器产生的代码比 GCC 快很多，以此来帮助你选择编译器，但这取决于你的代码以及哪家厂商或是组织又发布了一个提升效率的升级版本。虽然购买英特尔 C++ 编译器需要花费 1000 多美元，但它有 30 天的免费试用期。Visual C++ Express 是免费的。Linux 上的 GCC 是永久免费的。因此，对你的代码进行一项实验，试试各种编译器可以带来多大的性能提升，其成本并不高。

1.5.2　使用更好的算法

选择一个最优算法对性能优化的效果最大。各种优化手段都能改善程序的性能。它们可以压缩以前看似低效的代码的执行时间，就像通过升级 PC 能让程序运行得更快一样。但不幸的是，如同升级 PC 一样，大部分优化手段只能使程序性能呈线性提升。许多优化手段可以将程序性能提升 30% 至 100%。如果足够幸运，也许你可以将性能提升至三倍。但是除非你能找到一种更加高效的算法，否则要想实现性能的指数级增长通常是不太可能的。

优化战争故事

让我们回到 8 英寸软盘和 1MHz 处理器的时代。某位开发人员设计了一个程序来管理电台。这个程序的功能之一是每天生成一份日志，其中记录了排好序的当天播放过的歌曲。问题是这个程序需要大约 27 小时才能将一天的数据排序完毕，很明显，这让人无法接受。为了让这个重要的排序处理能够运行得更快，这位开发人员诉诸于"英雄壮举"。他使用逆向工程破解了计算机，通过文档上没有写明的方式侵入了微代码，之后编写微代码实现了在内存中进行排序，将程序运行时间减少到了 17 小时。但 17 个小时仍然太长了。最后他绝望了，打电话给计算机制造商（也就是我曾经工作过的公司）求助。

我问这位开发人员他使用的是什么排序算法，他说是**归并排序**（Merge Sort）。归并排序位于最优比较排序算法之列。那么他对多少条记录排序呢？他回答说"几千条"。这说不通，他所使用的系统应该可以在一个小时之内完成对数据排序。

我让这位开发人员描述了算法的具体细节。我已经记不清接下来他说的那些折磨人的话了，不过我发现了他实现的是插入排序。插入排序是一个非常糟糕的选择，排序所需时间与记录数的平方成正比（请参考 5.4.1 节）。他知道有种叫作"归并排序"的最优算法。但他却用 Merge 和 Sort 两个单词描述出插入算法。

我使用真正的归并排序为这位顾客编写了一个非常普通的排序例程，这个例程只需要 45 分钟就可以完成他的数据排序。

"英勇"地去优化一个糟糕的算法很愚蠢。对代码优化而言，学习和使用查找和排序的最优算法才是康庄大道。一个低效的查找或排序算法的例程可以完全占用一个程序的运行时间。修改代码可以将程序运行时间减少一半。但是替换一种更优的算法后，数据集越大，

可以缩短的运行时间就越多。即使在一个只有一打数据的小数据集上，如果频繁查找数据，最优的查找或排序算法也可以帮你节省很多时间。第 5 章将带读者认识最优算法。

最优算法适用于大大小小的各种程序，从精简的闭式计算到短小的关键字查找函数，再到复杂的数据结构和大规模的程序。市面上有许多优秀的图书讨论了这个主题。开发人员在职业生涯中都应该不断学习这些知识。很遗憾，在本书中我只能对优化算法主题浅谈辄止。

5.5 节将讲解几个改善程序性能的重要技巧，其中包括**预计算**（precomputation，将计算从运行时移动至链接、编译或是设计时）、**延迟计算**（lazy computation，如果通常计算结果不会被使用，那么将计算推迟至真正需要使用计算结果时）和**缓存**（caching，节省和复用昂贵的计算）。第 7 章会使用很多示例来实践这些技巧。

1.5.3　使用更好的库

C++ 编译器提供的标准 C++ 模板库和运行时库必须是可维护的、全面的和非常健壮的。令开发人员吃惊的是，我们无需对这些库进行调优。可能更令人吃惊的是，虽然 C++ 已经发明出来 30 年多了，商业 C++ 编译器的库仍然有 bug，而且可能不遵循现在的 C++ 标准，甚至不遵循编译器发布时的标准。这使得测量和推荐优化方法的任务变得非常复杂，也使得开发人员认为没有任何优化经验是可以移植的。第 8 章将讨论这些问题。

对进行性能优化的开发人员来说，掌握标准 C++ 模板库是必需的技能。本书对查找和排序算法（第 9 章）、容器类的最优惯用法（第 10 章）、I/O（第 11 章）、并发（第 12 章）和内存管理（第 13 章）提出了一些优化建议。

有一些开源库实现了非常重要的功能，如内存管理（请参见 13.2 节）。它们提供的复杂的实现可能比供应商提供的 C++ 运行时库更快、更强。这些可供选择的开源库的一个优势是，它们很容易地整合至现有的工程中，并能够立即改善程序性能。

Boost Project（http://www.boost.org）和 Google Code（https://code.google.com）等公开了很多可供使用的库，其中有一些用于 I/O、窗口、处理字符串（请参见 4.3.3 节）和并发（请参见 12.5 节）的库。它们虽然不是标准库的替代品，却可以帮助我们改善性能和加入新的特性。这些库在设计上的权衡与标准库不同，从而获得了处理速度上的提升。

最后，开发人员还可以开发适合自己项目的库，通过放松标准库中的某些安全性和健壮性约束来换取更快的运行速度。我会在第 8 章中讲解以上这些内容。

某些方式的函数调用的开销非常大（请参见 7.2.1 节）。优秀的函数库的 API 所提供的函数反映了这些 API 的惯用法，使得用户可以无需频繁地调用其中的基础函数。例如，如果一个用于获取字符的 API 只提供了 get_char() 函数，那么用户在获取每个字符时都需要进行一次函数调用。而如果这个 API 同时提供一个 gel_buffer() 函数，就可以避免在获取每个字符时都发生昂贵的函数调用开销。

要想隐藏高度优化后的程序的复杂性，函数和类库是非常合适的地方。作为调用库的回报，它们会以最高的效率完成工作。库函数通常位于深层嵌套调用链的底端，在那里，性能改善的效果会更加明显。

1.5.4 减少内存分配和复制

减少对内存管理器的调用是一种非常有效的优化手段，以至于开发人员只要掌握了这一个技巧就可以变为成功的性能优化人员。绝大多数 C++ 语言特性的性能开销最多只是几个指令，但是每次调用内存管理器的开销却是数千个指令。

由于字符串是许多 C++ 程序中非常重要（和性能开销大）的部分，我用了整整一章将其作为优化手段的案例分析。第 4 章中介绍和引导出了许多在大家所熟知的字符串处理背景下的优化概念。第 6 章将讲解如何既减少动态内存分配的性能开销又不放弃实用的 C++ 编程惯用法，比如字符串和标准库容器。

对缓存复制函数的一次调用也可能消耗数千个 CPU 周期。因此，很明显减少复制是一种提高代码运行速度的优化方式。大量复制的发生都与内存分配有关，所以修改一处往往也会消灭另一处。其他可能会发生复制的热点代码是构造函数和赋值运算符以及输入输出。第 6 章将讨论这个主题。

1.5.5 移除计算

除了内存分配和函数调用外，单条 C++ 语句的性能开销通常都很小。但是如果在循环中执行 100 万次这条语句，或是每次程序处理事件时都执行这条语句，那么这就是个大问题了。绝大多数程序都会有一个或多个主要的事件处理循环和一个或多个处理字符的函数。找出并优化这些循环几乎总是可以让性能优化硕果累累。第 7 章提出了一些帮助你找出频繁被执行的语句的建议，你会发现这些语句几乎总是位于循环处理中。

以性能优化为主题的文献介绍了许多高效地使用单独的 C++ 语句的技巧。许多程序员相信这些诀窍是优化的基础。这种看法的问题在于，除非一段代码真的是热点代码（被频繁地执行的代码），否则从中移除一两句内存访问对程序的整体性能不会有什么改善。第 3 章将介绍在尝试减少计算数量之前，如何确定程序中的哪部分会被频繁地执行。

同时，现代 C++ 编译器在进行这些局部改善方面也做得非常优秀了。因此，开发人员不应当有强迫症，将大段代码中的出现的 i++ 都换成 ++i，或是展开所有的循环，不遗余力地向每位同事讲解什么是**达夫设备**（Duff's Device）[8] 以及它的优点。当然，我仍然会在第 7 章简单地介绍一下这些技巧。

1.5.6 使用更好的数据结构

选择最合适的数据结构对性能有着深刻的影响，因为插入、迭代、排序和检索元素的算法的运行时开销取决于数据结构。除此之外，不同的数据结构在使用内存管理器的方式上也有所不同。另一个原因是数据结构可能有也可能没有优秀的缓存本地化。第 10 章将探索 C++ 标准库提供的数据结构的性能、行为和权衡。第 9 章将讨论使用标准库算法去实现基于简单矢量和 C 数组的表数据结构。

注 8：由汤姆•达夫在卢卡斯影业工作时所设计的循环展开方法。——译者注

1.5.7　提高并发性

大多数程序都需要等待发生在物理现实世界中的无聊、慢吞吞的活动完成。它们必须等待文件从硬盘上读取完成、网页从互联中返回或者是用户的手指缓慢地按下键盘。任何时候，如果一个程序的处理进度因需要等待这些事件被暂停，而没有利用这些时间进行其他处理，都是一种浪费。

现代计算机都可以使用多个处理核心来执行指令。如果一项工作被分给几个处理器执行，那么它可以更快地执行完毕。

伴随并发执行而来的是用于同步并发线程让它们可以共享数据的工具。有人可以用好这些工具，有人则用不好。第 12 章探讨了如何高效地控制并发线程同步。

1.5.8　优化内存管理

内存管理器作为 C++ 运行时库中的一部分，管理着动态内存分配。它在许多 C++ 程序中都会被频繁地执行。C++ 确实为内存管理提供了丰富的 API，虽然多数开发人员都从来没有使用过。第 13 章将展示一些改善内存管理效率的技术。

1.6　小结

本书将帮助开发人员识别和利用以下优化机会来改善代码性能。

- 使用更好的编译器，打开编译选项
- 使用最优算法
- 使用更好的库并用好库
- 减少内存分配
- 减少复制
- 移除计算
- 使用最优数据结构
- 提高并发
- 优化内存管理

正如我之前所说过的，恶魔隐藏在细节中。让我们进入正题吧。

第 2 章

影响优化的计算机行为

撤谎，即讲述美丽而不真实的故事，乃是艺术的真正目的。

——奥斯卡·王尔德，"谎言的衰朽"，《意图集》，1891 年

本章的目的是为读者提供与本书中所描述的优化技术相关的计算机硬件的最基本的背景知识，这样读者就不必疯狂地研究那 600 多页的处理器手册了。本章我们将简单地了解处理器的体系结构，从中获得性能优化的启发。虽然本章中的信息非常重要且实用，但迫不及待地想学习优化技术的读者可以先跳过本章，当在后面的章节中遇到本章中的知识时再回过头来学习。

如今所使用的微处理器设备的种类多样，从只有几千个逻辑门且时钟频率低于 1MHz 的价值 1 美元的嵌入式设备，到有数十亿逻辑门且时钟频率达到千兆赫兹级别的桌面级设备。一台包含数千个独立执行单元的大型计算机的尺寸可以与一个大房间相当，它消耗的电力足够点亮一座小城市中所有的电灯。这很容易让人误以为这些种类繁多的计算设备之间的联系不具有一般性。但事实上，它们之间是有可利用的相似点的。毕竟，如果没有任何相似点的话，编译器就无法为这么多处理器编译 C++ 代码了。

所有这些被广泛使用的计算机都会执行存储在内存中的指令。指令所操作的数据也是存储在内存中的。内存被分为许多小的**字**（word），这些字由若干**位**（bit）组成。其中一小部分宝贵的内存字是**寄存器**（register），它们的名字被直接定义在机器指令中。其他绝大多数内存字则都是以数值型的**地址**（address）命名的。每台计算机中都有一个特殊的寄存器保存着下一条待执行的指令的地址。如果将内存看作一本书，那么**执行地址**（execution address）就相当于指向要阅读的下一个单词的手指。**执行单元**（execution unit，也被称为处理器、核心、CPU、运算器等其他名字）从内存中读取指令流，然后执行它们。指令会告诉执行单元要从内存中读取（加载，取得）什么数据，如何处理数据，以及将什么结果写入（存储、保存）到内存中。计算机是由遵守物理定律的设备组成的。

11

从内存地址读取数据和向内存地址写入数据是需要花费时间的，指令对数据进行操作也是需要花费时间的。

除了这条基本原则外，就如每个计算机专业新生都知道的，计算机体系结构的"族谱"也会不断地扩大。因为计算机体系结构是易变的，所以很难严格地测量出硬件行为在数值上的规律。现代处理器做了许多不同的、交互的事情来提高指令执行速度，导致指令的执行时间实际上变得难以确定。还有一个问题是，许多开发人员甚至无法准确地知道他们的代码会运行在什么处理器上，多数情况下只能用试探法。

2.1　C++所相信的计算机谎言

当然，C++ 程序至少会假装相信上节中讲解过的简单的计算机基本模型中的一个版本。其中有可以以固定字符长度的字节为单位寻址，在本质上容量是无限的内存。有一个与其他任何有效的内存地址都不同的特殊的地址，叫作 nullptr。整数 0 会被转换为 nullptr，尽管在地址 0 上不需要 nullptr。有一个概念上的执行地址指向正在被执行的源代码语句。各条语句会按照编写顺序执行，受到 C++ 控制流程语句的控制。

C++ 知道计算机远比这个简单模型要复杂。它在这台闪闪发亮的机器下提供了一些快速功能。

- C++ 程序只需要表现得好像语句是按照顺序执行的。C++ 编译器和计算机自身只要能够确保每次计算的含义都不会改变，就可以改变执行顺序使程序运行得更快。
- 自 C++11 开始，C++ 不再认为只有一个执行地址。C++ 标准库现在支持启动和终止线程以及同步线程间的内存访问。在 C++11 之前，程序员对 C++ 编译器隐瞒了他们的线程，有时候这会导致难以调试。
- 某些内存地址可能是设备寄存器，而不是普通内存。这些地址的值可能会在同一个线程对该地址的两次连续读的间隔发生变化，这表示硬件发生了变化。在 C++ 中用 volatile 关键字定义这些地址。声明一个 volatile 变量会要求编译器在每次使用该变量时都获取它的一份新的副本，而不用通过将该变量的值保存在一个寄存器中并复用它来优化程序。另外，也可以声明指向 volatile 内存的指针。
- C++11 提供了一个名为 std::atomic<> 的特性，可以让内存在一段短暂的时间内表现得仿佛是字节的简单线性存储一样，这样可以远离所有现代处理器的复杂性，包括多线程执行、多层高速缓存等。有些开发人员误以为这与 volatile 是一样的，其实他们错了。

操作系统也欺骗了程序和用户。实际上，操作系统的目的就是为了给每个程序讲一个让它们信服的谎言。最重要的谎言之一是，操作系统希望每个程序都相信它们是独立运行于计算机上的，而且这些计算机的内存是无限的，还有无限的处理器来运行程序的所有线程。

操作系统会使用计算机硬件来隐藏这些谎言，这样 C++ 不得不相信它们。除了降低程序的运行速度外，这些谎言其实对程序运行并没有什么影响。不过，它们会导致性能测量变得复杂。

2.2　计算机的真相

只有最简单的微处理器和某些具有悠久历史的大型机才直接与 C++ 模型相符。对性能优化而言非常重要的是，真实计算机的实际内存硬件的处理速度与指令的执行速率相比是很慢的。内存并非真的是以字节为单位被访问的，内存并非是一个由相同元素组成的简单的线性数组，而且它的容量也是有限的。真实的计算机可能有不止一个指令地址。真实的计算机非常快，但并非因为它们执行指令非常快，而是因为它们同时执行许多指令，而且它们内部的复杂电路可以确保这些同时执行的指令表现得就像一个接一个地执行一样。

2.2.1　内存很慢

计算机的主内存相对于它内部的逻辑门和寄存器来说非常慢。将电子从微处理器芯片中注入相对广阔的一块铜制电路板上的电路，然后将其沿着电路推到几厘米外的内存芯片中，这个过程所花费的时间为电子穿越微处理器内各个独立的微距晶体管所需时间的数千倍。主内存太慢，所以桌面级处理器在从主内存中读取一个数据字的时间内，可以执行数百条指令。

优化的根据在于处理器访问内存的开销远比其他开销大，包括执行指令的开销。

冯·诺伊曼瓶颈

通往主内存的接口是限制执行速度的瓶颈。这个瓶颈甚至有一个名字，叫冯·诺伊曼瓶颈。它是以著名的计算机体系结构先锋和数学家约翰·冯·诺伊曼（1903—1957）的名字命名的。

例如，一台使用主频为 1000MHz 的 DDR2 内存设备的个人计算机（几年前典型的计算机，容易计算其性能），其理论带宽是每秒 20 亿字，也就是每字 500 皮秒（ps）。但这并不意味着这台计算机每 500 皮秒就可以读或写一个随机的数据字。

首先，只有顺序访问才能在一个周期内完成（相当于频率为 1000MHz 的时钟的半个时标）。而访问一个非连续的位置则会花费 6 至 10 个周期。

多个活动会争夺对内存总线的访问。处理器会不断地读取包含下一条需要执行的指令的内存。高速缓存控制器会将数据内存块保存至高速缓存中，刷新已写的缓存行。DRAM 控制器还会"偷用"周期刷新内存中的动态 RAM 基本存储单元的电荷。多核处理器的核心数量足以确保内存总线的通信数据量是饱和的。数据从主内存读取至某个核心的实际速率大概是每字 20 至 80 纳秒（ns）。

根据摩尔定律，每年处理器核心的数量都会增加。但是这也无法让连接主内存的接口变快。因此，未来核心数量成倍地增加，对性能的改善效果却是递减的。这些核心只能等待访问内存的机会。上述对性能的隐式限制被称为**内存墙**（memory wall）。

2.2.2　内存访问并非以字节为单位

虽然 C++ 认为每个字节都是可以独立访问的，但计算机会通过获取更大块的数据来补偿缓慢的内存速度。最小型的处理器可以每次从主内存中获取 1 字节，桌面级处理器则可以立即获取 64 字节。一些超级计算机和图形处理器还可以获取更多。

当 C++ 获取一个多字节类型的数据，比如一个 int、double 或者指针时，构成数据的字

节可能跨越了两个物理内存字。这种访问被称为**非对齐的内存访问**（unaligned memory access）。此处优化的意义在于，一次非对齐的内存访问的时间相当于这些字节在同一个字中时的两倍，因为需要读取两个字。C++ 编译器会帮助我们对齐结构体，使每个字段的起始字节地址都是该字段的大小的倍数。但是这样也会带来相应的问题：结构体的"洞"中包含了无用的数据。在定义结构体时，对各个数据字段的大小和顺序稍加注意，可以在保持对齐的前提下使结构体更加紧凑。

2.2.3　某些内存访问会比其他的更慢

为了进一步补偿主内存的缓慢速度，许多计算机中都有**高速缓存**（cache memory），一种非常接近处理器的快速的、临时的存储，来加快对那些使用最频繁的内存字的访问速度。一些计算机没有高速缓存，其他一些计算机则有一层或多层高速缓存，其中每一层都比前一层更小、更快和更昂贵。当一个执行单元要获取的字节已经被缓存时，无需访问主内存即可立即获得这些字节。高速缓存的速度快多少呢？一种大致的估算经验是，高速缓存层次中每一层的速度大约是它下面一层的 10 倍。在桌面级处理器中，通过一级高速缓存、二级高速缓存、三级高速缓存、主内存和磁盘上的虚拟内存页访问内存的时间开销范围可以跨越五个数量级。这就是专注于指令的时钟周期和其他"奥秘"经常会令人恼怒而且没有效果的一个原因，高速缓存的状态会让指令的执行时间变得非常难以确定。

当执行单元需要获取不在高速缓存中的数据时，有一些当前处于高速缓存中的数据必须被舍弃以换取足够的空余空间。通常，选择放弃的数据都是最近很少被使用的数据。这一点与性能优化有着紧密的关系，因为这意味着访问那些被频繁地访问过的存储位置的速度会比访问不那么频繁地被访问的存储位置更快。

读取一个不在高速缓存中的字节甚至会导致许多临近的字节也都被缓存起来（这也意味着，许多当前被缓存的字节将会被舍弃）。这些临近的字节也就可以被高速访问了。对于性能优化而言，这一点非常重要，因为这意味着平均而言，访问内存中相邻位置的字节要比访问互相远隔的字节的速度更快。

就 C++ 而言，这表示一个包含循环处理的代码块的执行速度可能会更快。这是因为组成循环处理的指令会被频繁地执行，而且互相紧挨着，因此更容易留在高速缓存中。一段包含函数调用或是含有 if 语句导致执行发生跳转的代码则会执行得较慢，因为代码中各个独立的部分不会那么频繁地被执行，也不是那么紧邻着。相比紧凑的循环，这样的代码在高速缓存中会占用更多的空间。如果程序很大，而且缓存有限，那么一些代码必须从高速缓存中舍弃以为其他代码腾出空间，当下一次需要这段代码时，访问速度会变慢。类似地，访问包含连续地址的数据结构（如数组或矢量），要比访问包含通过指针链接的节点的数据结构快，因为连续地址的数据所需的存储空间更少。访问包含通过指针链接的记录的数据结构（例如链表或者树）可能会较慢，这是因为需要从主内存读取每个节点的数据到新的缓存行中。

2.2.4　内存字分为大端和小端

处理器可以一次从内存中读取一字节的数据，但是更多时候都会读取由几个连续的字节组成的一个数字。例如，在微软的 Visual C++ 中，读取 int 值时会读取 4 字节。由于同一个内存可以以两种不同的方式访问，设计计算机的人必须面对一个问题：首字节，即最低地址字节，是组成 int 的最高有效位还是最低有效位呢？

乍一看，这似乎没什么问题。当然，一台计算机中的所有部件就"最低地址是 int 的哪一端"这一点达成一致是非常重要的，否则就会出现混乱。而且，它们之间的区别是非常明显的。如果 int 值 0x01234567 存储在地址 1000~1003 中，而且首先存储小端，那么在地址 1000 中存储的是 0x01，在地址 1003 中存储的是 0x67。反之，如果首先存储大端，那么在地址 1000 中存储的是 0x67，0x01 被存储在地址 1003 中。从首字节地址读取最高有效位的计算机被称为**大端计算机**，**小端计算机**则会首先读取最低有效位。因为有两种存储整数值（或指针）的方式，而且找不到偏向其中一种的理由，所以工作在不同处理器上的不同公司的不同团队的选择可能会不同。

问题出在当被写至磁盘上的数据或者由一台计算机通过网络传输的数据会被另外一台计算机读取的时候。磁盘和网络一次只传送一字节，而不是整个 int 值。所以，这关系到哪一端首先被存储或发送。如果发送数据的计算机与接收数据的计算机在这一点上不一致，那么发送的 0x01234567 则会被接收为 0x67452301，导致 int 值发生了改变。

字节序（endian-ness）只是 C++ 不能指定 int 中位的存储方式或是设置联合体中的一个字段会如何影响其他字段的原因之一。所编写的程序可以工作于一类计算机上，却在另一类计算机上崩溃，原因也在于字节序。

2.2.5　内存容量是有限的

实际上，计算机中的内存容量并非是无限的。为了维持内存容量无限的假象，操作系统可以如同使用高速缓存一样使用物理内存，将没有放入物理内存中的数据作为文件存储在磁盘上。这种机制被称为**虚拟内存**（virtual memory）。虚拟内存制造出了拥有充足的物理内存的假象。

不过，从磁盘上获取一个内存块需要花费数十毫秒，对现代计算机来说，这几乎是一个恒定值。

想让高速缓存更快是非常昂贵的。一台台式计算机或是手机中可能会有数吉字节的主内存，但是只有几百万字节的高速缓存。通常，程序和它们的数据不会被存储在高速缓存中。

高速缓存和虚拟内存带来的一个影响是，由于高速缓存的存在，在进行性能测试时，一个函数运行于整个程序的上下文中时的执行速度可能是运行于测试套件中时的万分之一。当运行于整个程序的上下文中时，函数和它的数据不太可能存储至缓存中，而在测试套件的上下文中，它们则通常会被缓存起来。这个影响放大了减少内存或磁盘使用量带来的优化收益，而减小代码体积的优化收益则没有任何变化。

第二个影响则是，如果一个大程序访问许多离散的内存地址，那么可能没有足够的高速缓存来保存程序刚刚使用的数据。这会导致一种性能衰退，称为**页抖动**（page thrashing）。当在微处理器内部的高速缓存中发生页抖动时，性能会降低；当在操作系统的虚拟缓存文件中发生页抖动时，性能会下降为原来的 1/1000。过去，计算机的物理内存很少，页抖动更加普遍。不过，如今，这个问题仍然会发生。

2.2.6　指令执行缓慢

嵌入在咖啡机和微波炉中的简单的微处理器被设计为执行指令的速度与从内存中获取指令一样快。桌面级微处理器则有额外的资源并发地处理指令,因此它们执行指令的速度可以比从主内存获取指令快很多倍,多数时候都需要高速缓存去"喂饱"它们的执行单元。对优化而言,这意味着内存访问决定了计算开销。

如果没有其他东西"妨碍",现代桌面级处理器可以以惊人的速率执行指令。它们每几百皮秒(1皮秒是10^{-12}秒,一段非常非常短的时间)就可以完成一次指令处理。但这并不意味着每条指令只需要皮秒数量级的时间即可执行完毕。处理器中包含一条指令"流水线",它支持并发执行指令。指令在流水线中被解码、获取参数、执行计算,最后保存处理结果。处理器的性能越强大,这条流水线就越复杂。它会将指令分解为若干阶段,这样就可以并发地处理更多的指令。

如果指令B需要指令A的计算结果,那么在计算出指令A的处理结果前是无法执行指令B的计算的。这会导致在指令执行过程中发生**流水线停滞**(pipeline stall)——一个短暂的暂停,因为两条指令无法完全同时执行。如果指令A需要从内存中获取值,然后进行运算得到指令B所需的值,那么流水线停滞时间会特别长。流水线停滞会拖累高性能微处理器,让它变得与烤面包机中的处理器的速度一样慢。

2.2.7　计算机难以作决定

另一个会导致流水线停滞的原因是计算机需要作决定。大多数情况下,在执行完一条指令后,处理器都会获取下一个内存地址中的指令继续执行。这时,多数情况下,下一条指令已经被保存在高速缓存中了。一旦流水线的第一道工序变为可用状态,指令就可以连续地进入到流水线中。

但是控制转义指令略有不同。跳转指令或跳转子例程指令会将执行地址变为一个新的值。在执行跳转指令一段时间后,执行地址才会被更新。在这之前是无法从内存中读取"下一条"指令并将其放入到流水线中的。新的执行地址中的内存字不太可能会存储在高速缓存中。在更新执行地址和加载新的"下一条"指令到流水线中的过程中,会发生流水线停滞。

在执行了一个条件分支指令后,执行可能会走向两个方向:下一条指令或者分支目标地址中的指令。最终会走向哪个方向取决于之前的某些计算的结果。这时,流水线会发生停滞,直至与这些计算结果相关的全部指令都执行完毕,而且还会继续停滞一段时间,直至决定一下条指令的地址并取得下一条指令为止。

对性能优化而言,这一项的意义在于计算比做决定更快。

2.2.8　程序执行中的多个流

任何运行于现代操作系统中的程序都会与同时运行的其他程序、检查磁盘或者新的 Java 和 Flash 版本的定期维护进程以及控制网络接口、磁盘、声音设备、加速器、温度计和其他外设的操作系统的各个部分共享计算机。每个程序都会与其他程序竞争计算机资源。

程序不会过多在意这些事情。它只是会运行得稍微慢一点而已。不过有一个例外，那就是当许多程序一齐开始运行，互相竞争内存和磁盘时。为了性能调优，如果一个程序必须在启动时执行或是在负载高峰期时执行，那么在测量性能时也必须带上负载。

在 2016 年早期，台式计算机有多达 16 个处理器核心。手机和平板电脑中的微处理器也有多达 8 个核心。但是，快速地浏览下 Windows 的任务管理器、Linux 的进程状态输出结果和 Android 的任务列表就可以发现，微处理器所执行的软件进程远比这个数量大，而且绝大多数进程都有多个线程在执行。操作系统会执行一个线程一段很短的时间，然后将上下文切换至其他线程或进程。对程序而言，就仿佛执行一条语句花费了一纳秒，但执行下一条语句花费了 60 毫秒。

切换上下文究竟是什么意思呢？如果操作系统正在将一个线程切换至同一个程序的另外一个线程，这表示要为即将暂停的线程保存处理器中的寄存器，然后为即将被继续执行的线程加载之前保存过的寄存器。现代处理器中的寄存器包含数百字节的数据。当新线程继续执行时，它的数据可能并不在高速缓存中，所以当加载新的上下文到高速缓存中时，会有一个缓慢的初始化阶段。因此，切换线程上下文的成本很高。

当操作系统从一个程序切换至另外一个程序时，这个过程的开销会更加昂贵。所有脏的高速缓存页面（页面被入了数据，但还没有反映到主内存中）都必须被刷新至物理内存中。所有的处理器寄存器都需要被保存。然后，内存管理器中的"物理地址到虚拟地址"的内存页寄存器也需要被保存。接着，新线程的"物理地址到虚拟地址"的内存页寄存器和处理器寄存器被载入。最后就可以继续执行了。但是这时高速缓存是空的，因此在高速缓存被填充满之前，还有一段缓慢且需要激烈地竞争内存的初始化阶段。

当一个程序必须等某个事件发生时，它甚至可能会在这个事件发生后继续等待，直至操作系统让处理器为继续执行程序做好准备。这会导致当程序运行于其他程序的上下文中，竞争计算机资源时，程序的运行时间变得更长和更加难以确定。

为了能够达到更好的性能，一个多核处理器的执行单元及相关的高速缓存，与其他的执行单元及相关的高速缓存都是或多或少互相独立的。不过，所有的执行单元都共享同样的主内存。执行单元必须竞争使用那些将可以它们链接至主内存的硬件，使得在拥有多个执行单元的计算机中，冯·诺依曼瓶颈的限制变得更加明显。

当执行单元写值时，这个值会首先进入高速缓存内存。不过最终，这个值将被写入至主内存中，这样其他所有的执行单元就都可以看见这个值了。但是，这些执行单元在访问主内存时存在着竞争，所以可能在执行单元改变了一个值，然后又执行几百个指令后，主内存中的值才会被更新。

因此，如果一台计算机有多个执行单元，那么一个执行单元可能需要在很长一段时间后才能看见另一个执行单元所写的数据被反映至主内存中，而且主内存发生改变的顺序可能与指令的执行顺序不一样。受到不可预测的时间因素的干扰，执行单元看到的共享内存字中的值可能是旧的，也可能是被更新后的值。这时，必须使用特殊的同步指令来确保运行于不同执行单元间的线程看到的内存中的值是一致的。对优化而言，这意味着访问线程间的共享数据比访问非共享数据要慢得多。

2.2.9　调用操作系统的开销是昂贵的

除了最小的处理器外，其他处理器都有硬件可以确保程序之间是互相隔离的。这样，程序 *A* 不能读写和执行属于程序 *B* 的物理内存。这个硬件还会保护操作系统内核不会被程序覆写。另一方面，操作系统内核需要能够访问所有程序的内存，这样程序就可以通过系统调用访问操作系统。有些操作系统还允许程序发送访问共享内存的请求。许多系统调用的发生方式和共享内存的分布方式是多样和神秘的。对优化而言，这意味着系统调用的开销是昂贵的，是单线程程序中的函数调用开销的数百倍。

2.3　C++也会说谎

C++ 对用户所撒的最大的谎言就是运行它的计算机的结构是简单的、稳定的。为了假装相信这条谎言，C++ 让开发人员不用了解每种微处理器设备的细节即可编程，如同正在使用真实得近乎残酷的汇编语言编程一样。

2.3.1　并非所有语句的性能开销都相同

在 Kernighan 和 Ritchie 的《C 程序设计语言》一书中，所有语句的性能开销都一样。一个函数调用可能包含任意复杂的计算。但一个赋值语句通常只是将保存在一个寄存器中的内容变为另外一个内容保存在另一个寄存器中。因此，以下赋值语句

```
int i,j;

...

i = j;
```

会从 j 中复制 2 或 4 字节到 i 中。所声明的变量类型可能是 int、float 或 struct big struct *，但是赋值语句所做的工作量是一样的。

不过现在，这已经不再是正确的了。在 C++ 中，将一个 int 赋值给另外一个 int 的工作量与相应的 C 语言赋值语句的工作量是完全一样的。但是，一个赋值语句，如 BigInstance i = OtherObject; 会复制整个对象的结构。更值得注意的是，这类赋值语句会调用 BigInstance 的构造函数，而其中可能隐藏了不确定的复杂性。当一个表达式被传递给一个函数的形参时，也会调用构造函数。当函数返回值时也是一样的。而且，由于算数操作符和比较操作符也可以被重载，所以 A=B*C; 可能是 *n* 维矩阵相乘，if (x<y)... 可能比较的是具有任意复杂度的有向图中的两条路径。对优化而言，这一点的意义是某些语句隐藏了大量的计算，但从这些语句的外表上看不出它的性能开销会有多大。

先学习 C++ 的开发人员不会对此感到惊讶。但是对那些先学习 C 的开发人员来说，他们的直觉可能会将他们引向灾难性的歧途。

2.3.2　语句并非按顺序执行

C++ 程序表现得仿佛它们是按顺序执行的，完全遵守了 C++ 流程控制语句的控制。上句话

中的含糊其辞的"仿佛"正是许多编译器进行优化的基础，也是现代计算机硬件的许多技巧的基础。

当然，在底层，编译器能够而且有时也确实会对语句进行重新排序以改善性能。但是编译器知道在测试一个变量或是将其赋值给另外一个变量之前，必须先确定它包含了所有的最新计算结果。现代处理器也可能会选择乱序执行指令，不过它们包含了可以确保在随后读取同一个内存地址之前，一定会先向该地址写入值的逻辑。甚至微处理器的内存控制逻辑可能会选择延迟写入内存以优化内存总线的使用。但是内存控制器知道哪次写值正在从执行单元穿越高速缓存飞往主内存的"航班"中，而且确保如果随后读取同一个地址时会使用这个"航班"中的值。

并发会让情况变得复杂。C++ 程序在编译时不知道是否会有其他线程并发运行。C++ 编译器不知道哪个变量——如果有的话——会在线程间共享。当程序中包含共享数据的并发线程时，编译器对语句的重排序和延迟写入主内存会导致计算结果与按顺序执行语句的计算结果不同。开发人员必须向多线程程序中显式地加入同步代码来确保可预测的行为的一致性。当并发线程共享数据时，同步代码降低了并发量。

2.4　小结

- 在处理器中，访问内存的性能开销远比其他操作的性能开销大。
- 非对齐访问所需的时间是所有字节都在同一个字中时的两倍。
- 访问频繁使用的内存地址的速度比访问非频繁使用的内存地址的速度快。
- 访问相邻地址的内存的速度比访问互相远隔的地址的内存快。
- 由于高速缓存的存在，一个函数运行于整个程序的上下文中时的执行速度可能比运行于测试套件中时更慢。
- 访问线程间共享的数据比访问非共享的数据要慢很多。
- 计算比做决定快。
- 每个程序都会与其他程序竞争计算机资源。
- 如果一个程序必须在启动时执行或是在负载高峰期时执行，那么在测量性能时必须加载负载。
- 每一次赋值、函数参数的初始化和函数返回值都会调用一次构造函数，这个函数可能隐藏了大量的未知代码。
- 有些语句隐藏了大量的计算。从语句的外表上看不出语句的性能开销会有多大。
- 当并发线程共享数据时，同步代码降低了并发量。

第 3 章

测量性能

测量可测量之物，将不可测量之物变为可测量。

——伽利略·伽利雷（1564—1642）

测量和实验是所有改善程序性能尝试的基础。本章将介绍两种测量性能的工具软件：分析器和计时器软件。我将讨论如何设计性能测量实验，使得测量结果更有指导意义，而不是误导我们。

最基本和最频繁地执行的软件性能测量会告诉我们"需要多长时间"。执行函数需要多长时间？从磁盘读取配置文件需要多长时间？启动和退出程序需要多长时间？

这些测量问题的解答方法有时简单得令人觉得可笑。牛顿通过用物体掉落至地面的时间除以他的心跳速度测量出了重力常数 [1]。我相信每位开发人员都有通过大声数数进行计时的经历。在美国，我们通过喊"one-Mississippi, two-Mississippi, three-Mississippi…" [2] 来得到比较精确的秒数。带有秒表功能的电子手表曾经是计算机极客的必备之物，而非仅仅是潮流的象征。在嵌入式开发中，熟悉硬件的开发人员有很多优秀的工具可以使用，其中有频率计数器和信号示波器等甚至可以精确地测量极短例程的时间的工具。软件厂商也会出售专业工具，由于数量太多，这里不会逐一介绍。

本章将主要介绍两种被广泛使用的、具有通用性且价格低廉的工具。第一个工具是编译器厂商通常在编译器中都会提供的**分析器**（profiler）。分析器会生成各个函数在程序运行过程中被调用的累积时间的表格报表。对性能优化而言，它是一个非常关键的工具，因为它

注 1：根据维基百科的记载牛顿只是提出了重力常数，重力常数是在 71 年后通过扭秤实验（卡文迪许实验）被测量出来的。——译者注。

注 2：很难找到这种计算秒数方法的起源，不过大部分人认为这是美国人在童年时就已经学会的一种数秒方法，因为读完 Mississippi 这个单词刚好大约需要一秒钟时间。——译者注

会列出程序中最热点的函数。

第二个工具是**计时器软件**（software timer）。开发人员可以自己实现这个工具，就像绝地武士自己打造他们的光剑一样（请原谅我在这里引用了《星球大战》中的内容打比喻）。如果带有分析器的豪华版编译器太过昂贵，或是编译器厂商在某些嵌入式平台上不提供分析器，开发人员依然可以通过测量长时间运行的活动来进行性能实验。计时器软件还可以用于测量不受计算限制的任务。

第三个工具是非常古老的"实验笔记本"，许多开发人员认为它已经完全过时了。但是实验笔记本或是其他文本文件仍然是不可或缺的优化工具。

3.1　优化思想

在开始介绍测量和实验之前，我想谈一点点我一直在实践的、也是我想在本书中教授的优化哲学。

3.1.1　必须测量性能

人的感觉对于检测性能提高了多少来说是不够精确的。人的记忆力不足以准确地回忆起以往多次实验的结果。书本中的知识可能会误导你，使你相信了一些并非总是正确的事情。当判断是否应当对某段代码进行优化的时候，开发人员的直觉往往差得令人吃惊。他们编写了函数，也知道这个函数会被调用，但他们并不清楚调用频率以及会被什么代码所调用。于是，一段低效的代码混入了核心组件中并被调用了无数次。经验也可能会欺骗你。编程语言、编译器、库和处理器都在不断地发展。之前曾经肯定是热点的函数可能会变得非常高效，反之亦然。只有测量才能告诉你到底是在优化游戏中取胜了还是失败了。

那些具有最让我折服的优化技巧的开发人员都会系统地完成他们的优化任务：

- 他们做出的预测都是可测试的，而且他们会记录下预测；
- 他们保留代码变更记录；
- 他们使用可以使用的最优秀的工具进行测量；
- 他们会保留实验结果的详细笔记。

停下来思考

请回过头来再次阅读上节中的内容。其中包含了本书中最重要的建议。多数开发人员（包括笔者）都会想当然地，而不是按照以上方式有条不紊地进行优化。这是一项必须不断实践的技能。

3.1.2　优化器是王牌猎人

> 我说起飞后用核弹炸掉这地方。这是唯一的方法。
> ——艾伦·蕾普莉（西格丽·维弗饰演），《异形 2》，1986 年

优化器是王牌猎人。如果只能让程序的运行速度提高 1% 是不值得冒险去修改代码的，因

为修改代码可能会引入 bug。只有能显著地提升性能时才值得修改代码。而且，这 1% 的速度提升可能只是将测量套件的误差当作了性能改善。因此，我们必须用随机抽样统计和置信水平来证明速度的提升。但是完全没有必要为了这么一点点性能提升花费这么大气力。本书中不会推荐大家这么做。

当性能提升 20% 的时候，事情就完全不同了。它会消除所有反对方法论的声音。本书中虽然没有太多统计数字，不过我并不会为此感到抱歉。本书的重点是帮助开发人员找到这样的性能改善点：其显著的效果足以战胜任何对其价值的质疑。这些性能改善点可能仍然取决于操作系统和编译器等因素，因此它们可能会在其他操作系统上或是其他时间点没有太好的效果。但是即使开发人员把他们的代码移植到新操作系统上，这些修改也几乎从来都不会反过来降低程序性能。

3.1.3 90/10规则

性能优化的基本规则是 90/10 规则：一个程序花费 90% 的时间执行其中 10% 的代码。这只是一条启发性的规则，并非自然法则，但对于我们的思考和计划却具有指导性。这条规则有时也被称为 80/20 规则，但思想是一样的。直观地说，90/10 规则表示某些代码块是会被频繁地执行的**热点**（hot spot），而其他代码则几乎不会被执行。这些热点就是我们要进行性能优化的对象。

优化战争故事

我是在作为专业开发人员研发一种叫作 9010A 的带键盘的嵌入式设备（图 3-1）的项目中初识 90/10 规则的。

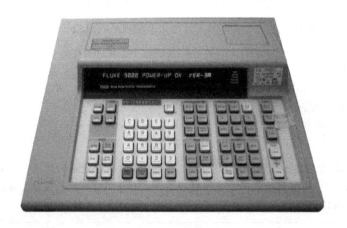

图 3-1：Fluke 9010A（英国计算机历史博物馆）

程序中有个函数会轮询键盘，查看用户是否按下了 STOP 键。这个函数会被每个例程频繁地执行。手动优化 C 编译器输出的这个函数的 Z80 汇编代码（耗费了 45 分钟）将整体吞吐量提高了 7%，对这台设备来说，非常不错了。

一般情况下，这是一条典型的性能优化经验。在优化过程的初期，大量的运行时间都集中消耗在程序中的某个位置。这个位置也非常明显：在每个循环的每次迭代中都要重复进行的处理，就像每天的家务劳动一样。想要优化这些代码需要做出一项痛苦的选择——用汇编语言重写这些 C 语言代码。但是由于使用汇编语言的代码范围极其有限，选择使用汇编语言降低了需要承受的风险。

当这段代码被频繁执行时，这条经验同样很典型。当我们改善了这段代码后，另一段代码成为了最频繁地被执行的代码——不过它对整体运行时间的影响已经小多了。它实在是太小了，以至于我们在进行了这一处改动后就停止了性能优化。我们甚至找不到改动后可以将程序执行速度提高 1% 的地方了。

90/10 规则的一个结论是，优化程序中的所有例程并没有太大帮助。优化一小部分代码事实上已经足够提供你所想要的性能提升了。识别出 10% 的热点代码是值得花费时间的，但靠猜想选择优化哪些代码可能只是浪费时间。

这里我想再一次引用第 1 章中曾经引用过的高德纳的一句名言。不过，此处是那句名言一个较长的版本：

> 程序员浪费了太多的时间去思考和担忧程序中那些非关键部分的速度，而且考虑到调试和维护，这些为优化而进行的修改实际上是有很大负面影响的。我们应当忘记小的性能改善，97% 的情况下，过早优化都是万恶之源。
>
> ——高德纳，"使用 goto 语句进行结构化编程"，ACM Computing Surveys 6 (Dec 1974): 268. CiteSeerX: 10.1.1.103.6084（http://citeseerx.ist.psu.edu/viewdoc/summary?doi=10.1.1.103.6084）

正如有些人所建议的那样，高德纳博士也并非警告我们所有的优化都是罪恶的。他只是说浪费时间去优化那非关键的 90% 的程序是罪恶的。很明显，他也意识到了 90/10 规则。

3.1.4 阿姆达尔定律

阿姆达尔定律是由计算机工程先锋基恩·阿姆达尔（Gene Amdahl）提出并用他的名字命名的，它定义了优化一部分代码对整体性能有多大改善。阿姆达尔定律有多种表达方式，不过就优化而言，可以表示为下面的等式：

$$S_T = \frac{1}{(1-P) + \dfrac{P}{S_P}}$$

其中 S_T 是因优化而导致程序整体性能提升的比率，P 是被优化部分的运行时间占原来程序整体运行时间的比例，S_P 是被优化部分 P 的性能改善的比率。

例如，假设一个程序的运行时间是 100 秒。通过分析（请参见 3.3 节）发现程序花费了 80 秒多次调用函数 f。现在假设修改 f 使其运行速度提升了 30%，那么这对程序整体运行时间有多大改善呢？

P 是函数 f 的运行时间占原来程序整体运行时间的比例，即 0.8；S_P 是被优化的部分 P 的性能改善的比率，即 1.3。将它们代入到阿姆达尔定律的公式中：

$$S_T = \frac{1}{(1 - 0.8) + \frac{0.8}{1.3}} = \frac{1}{0.2 + 0.62} = 1.22$$

也就是说，将这个函数的性能提升 30% 会将程序整体运行时间缩短 22%。在这个例子中，阿姆达尔定律证明了 90/10 规则，而且通过这个例子向我们展示了，对 10% 的热点代码进行适当的优化，就可以带来如此大的性能提升。

下面我们再来看一个例子。我们还是假设一个程序的运行时间是 100 秒。通过分析，你发现有一个函数 g 的运行时间是 10 秒。现在假设你修改了函数 g，将它的运行速度提高了 100 倍。那么这对程序整体性能的提升有多大呢？

P 是函数 g 的运行时间占原来程序整体运行时间的比例，即 0.1；S_P 是 100。将它们代入到阿姆达尔定律的公式中：

$$S_T = \frac{1}{(1 - 0.1) + \frac{0.1}{100}} = \frac{1}{0.9 + 0.001} = 1.11$$

在这个例子中阿姆达尔定律是具有警示性的。即使有异常优秀的编码能力或是黑科技将函数 g 的运行时间缩短为 0，它仍然是那并不重要的 90% 代码中的一部分。将性能提升的比率精确到两个小数位后，对程序整体性能的提升依然只有 11%。阿姆达尔定律告诉我们，如果被优化的代码在程序整体运行时间中所占的比率不大，那么即使对它的优化非常成功也是不值得的。阿姆达尔定律的教训是，当你的同事兴冲冲地在会议上说他知道如何将一段计算处理的速度提高 10 倍，这并不一定意味着性能优化工作就此结束了。

3.2　进行实验

开发软件在某种意义上就是一项实验。你想让程序做一些事情，然后开始编程，最后观察程序的运行结果是否与预想的一样。性能调优则是更有正式意义的实验。在开始性能调优前，必须要有正确的代码，即在某种意义上可以完成我们所期待的处理的代码。你需要擦亮眼睛审视这些代码，然后问自己："为什么这些代码是热点？"为什么某个函数与程序中的上百个函数不同，出现在了分析器的最差性能列表中的最前面？是这个函数浪费了很多时间在冗余处理上吗？有其他更快的方法进行相同的计算吗？这个函数使用了紧缺的计算机资源吗？是这个函数自身已经是非常快了，只不过它被调用了太多次，已经没有优化的余地了吗？

你对于"为什么这些代码是热点"这个问题的回答构成了你要测试的假设。实验要对程序的两种运行时间进行测量：一种是修改前的运行时间，一种是修改后的运行时间。如果后者比前者短，那么实验验证了你的假设。

请注意这里的用词。实验并不需要证明任何事情。修改后的代码可能会因为某些原因运行得更快或者更慢，但这些原因却与你修改的部分没有任何关系。比如：

- 当你在测量运行时间时，计算机可能在接收邮件或是检查 Java 是否有版本更新；
- 在你重编译之前，一位同事刚刚签入了一个性能改善后的库；
- 你的修改可能运行得更快，但是处理逻辑却是不正确的。

优秀的科学家是怀疑论者。他们总是对事物持有怀疑。如果没有出现所期待的实验结果，或是实验结果太好了，不像是对的，那么怀疑论者会再进行一次实验或者质疑她的假设，抑或检查是否有 bug。

优秀的科学家会接受新知识，即使这些知识与他们脑海中的知识相悖。我在编写本书的过程中学到了一些出乎意料的优化知识。本书的技术审核者也从本书中学到了知识。优秀的科学家从不会停止学习。

优化战争故事

在第 5 章有一个查找关键字的示例函数。我为这个示例函数编写了几个不同的版本。其中一个版本是**线性查找**（linear search），另一个版本则是**二分查找**（binary search）。当测量这两个函数的性能时，我发现线性查找的速度比二分查找快几个百分点。这让我觉得不可思议。二分查找本应当更快，但是测量结果却不是这样的。

我注意到有人在互联网上发表报告说线性查找经常会更快，因为相比二分查找，它的**缓存局部性**（cache locality）更好，而且确实我实现的线性查找应当具有非常优秀的缓存局部性。但是这个结果却与我的经验以及我从受人尊崇的书本上学到的有关查找算法性能的知识相违背。

进行了更深入的调查后我发现，在测试时所使用的测试表格中只有几个单词，而且要查找的关键字我自己都能从表格中找到。如果一个表格有 8 个项目，那么线性查找平均会检查其中半数（4）后返回结果。而二分查找每次被调用时都会将表格一分为二（共 4 次），然后才能查找到关键字。这两种算法对小的关键字集有着完全相同的平均性能。直觉告诉我二分查找总是比线性查找更快，但这个结果告诉我我错了。

但是这并非我想证明的结果。所以我扩大了测试数据表格，想着这个表格在达到某个大小时，一定会出现二分查找更快的结果。另外，我还向其中加入了一些原本不在测试表格中的单词。可是测试结果依然不变，线性查找更快。这时，我不得不将编写这份示例代码的任务搁置了几天，但是这个结果却一直折磨着我。

我仍然相信二分查找应当更快。我检查了两种查找方式的单元测试代码，最终发现线性查找在进行第一次比较后总是返回成功。我的测试用例检查了是否返回了非零值，而不是检查是否返回了正确值。接着，我惭愧地修改了线性查找算法和测试用例。现在，实验结果与我所期待的一样，二分查找的速度更快了。

在这个例子中，实验结果先否定然后又验证了我的假设——整个过程中一直在挑战我的假设。

3.2.1 记实验笔记

优秀的优化人员（如同所有优秀的科学家）都会关心可重复性。这时实验室笔记本就可以发挥作用了。为了验证猜想，优化人员在对代码进行一处或多处修改后，利用输入数据集对代码进行性能测试，而测试则会在若干毫秒后结束。在与下次运行时间进行比较前一直记着上次程序的运行时间，这事儿并不难。如果每次代码改善都是成功的，用脑袋记住就足够了。

不过，开发人员的猜想可能会出错，这将导致最近一次的程序运行时间比上一次的更长。这时，无数的疑问会充斥在开发人员的脑中。虽然 5 号测试的运行时间比 4 号长，但是它比 3 号短吗？在进行 3 号测试时修改了哪些代码？两次测试间的速度差异是由其他因素造成的，还是的确变快了？

如果每次的测试运行情况都被记录在案，那么就可以快速地重复实验，回答上述问题就会变得很轻松了。否则，开发人员必须回过头去重新做一次实验来获取运行时间——前提是他还记得应该修改哪些代码或是撤销哪些修改。如果测试运行很简单，开发人员的记忆力也非常好，那么他很幸运，只需要花费一点时间即可重复实验。但是也有可能没那么幸运，明明想重复实验却偏离了正确的前进道路，或是毫无意义地浪费一天去重复实验。

每当我给出这条建议时，总会有人说：“我不需要笔和纸就能做到！我可以写一段 Perl 脚本去修改代码版本管理工具的命令，让它帮忙将每次运行的测试结果和所修改的代码一起保存起来。如果我将测试结果保存在文件中……如果我在不同的目录下做测试……”

我并不想妨碍开发人员创新。如果你是一位主动吸收最佳实践的高级开发经理，那么尽管这么做吧。不过我想说的是，使用纸和笔记录是一种很稳健、容易使用而且有着千年历史的技术。即使在开发团队替换了版本管理工具或测试套件的情况下，这项技术仍然可用。它还适用于开发人员的下一份工作。这项传统的解决方案仍然可以节省开发人员的时间。

3.2.2 测量基准性能并设定目标

独立开发人员可以随意地、迭代地进行优化，直到他觉得性能足够好了为止。不过工作于团队中的开发人员需要满足经理和其他利益相关人员的需求。优化工作受两个数字主导：优化前的性能基准测量值和性能目标值。测量性能基准不仅对于衡量每次独立的改善是否成功非常重要，而且对于向其他利益相关人员就优化成本开销做出解释也是非常重要的。

而优化目标值之所以重要，是因为在优化过程中优化效果会逐渐变小。在优化过程的最初阶段，树上总是有些容易摘取的挂得很低的水果：一些独立的进程或是想当然地编写的函数，优化它们后可以使性能提升很多。但是一旦实现了这些简单的优化目标后，下一轮性能提升就需要付出更多的努力。

许多团队之所以在一开始没有为性能或是响应性设定目标，只是因为他们并不习惯这么做。幸运的是，差劲的性能往往表现得非常明显（例如用户界面长时间不响应、托管服务器的规模没有可扩展性、按照 CPU 时间付费的成本非常高等）。一旦团队研究下性能问题，那么目标数字很容易被设定下来。用户体验（UX）设计的一个学科分支专门研究用户如何看待等待时间。下面是一份常用的性能测试项目清单，你可以从为这些项目设定性能目标开始。这其中有足够多的与用户体验相关的数字，可以让你意识到危险性。

启动时间

从用户按下回车键直至程序进入主输入处理循环所经过的时间。通常，开发人员可以通过测量程序进入 main() 函数到进入主循环的时间来得到启动时间，但是有时候也有例外。为程序提供认证的操作系统厂商对程序在计算机启动时或某个用户登入时就运行有严格的要求。例如，对那些寻求认证的硬件厂商，微软会要求 Windows shell 必须在启动后 10 秒内能够进入它们的主循环。这限制了在忙碌的启动环境中，厂商可以预载和启动的其他程序的数量。为此，微软提供了专用工具来帮助硬件厂商测量启动时间。

退出时间

从用户点击关闭图标或是输入退出命令直至程序实际完全退出所经过的时间。通常，开发人员可以通过测量主窗口接收到关闭命令到程序退出 main() 的时间来得到退出时间，但是有时候也有例外。退出时间也包含停止所有的线程和所依赖的进程所需的时间。为程序提供认证的操作系统厂商对程序的退出时间有严格的要求。退出时间同样非常重要，因为重启一个服务或是长时间运行的程序所需的时间等于它的退出时间加上它的启动时间。

响应时间

执行一个命令的平均时间或最长时间。对于网站来说，平均响应时间和最长响应时间都会影响用户对网站的满意度。响应时间可以粗略地以 10 的幂为单位划分为以下几个级别。

低于 0.1 秒：用户在直接控制

如果响应时间低于 0.1 秒，用户会感觉他们在直接控制用户界面，他们的操作直接改变了用户界面。这是用户开始拖动对象至对象发生移动，或是用户点击输入框至输入框变为高亮之间的最小延迟。任何高于这个值的延迟都会让用户觉得他们发送了一条命令让计算机去执行。

0.1 秒至 1 秒：用户在控制命令

如果响应时间在 0.1 秒至 1 秒之间，用户虽然仍然会觉得他们处于掌控状态，但是这个短暂的延迟会被用户理解为计算机执行了一条命令导致 UI 发生了变化。用户可以忍受这种程度的延迟，不至于分散注意力。

1 秒至 10 秒：计算机在控制

如果响应时间在 1 秒至 10 秒之间，用户会觉得他们在执行了一条命令后失去了对计算机的控制，虽然这时候计算机仍然在处理命令。用户可能会分散注意力，忘记一件刚才发生的事情——他们需要完成自己的任务。10 秒是用户能保持注意力的最长时间。如果他们多次遇到这种长时间等待 UI 发生改变的情况，用户满意度会急速下降。

高于 10 秒：喝杯咖啡休息一下

如果响应时间高于 10 秒，用户会觉得他们有足够的时间去做一些其他的事情。如果他们的工作需要用到 UI，那么他们会利用等待计算机进行计算的时间去喝一杯咖啡。如果可以的话，他们甚至会关闭程序，然后去其他地方找找满足感。

雅各布·尼尔森（Jakob Nielsen）就用户体验中的响应时间范围写了一篇非常有意思的文章（https://www.nngroup.com/articles/powers-of-10-time-scales-in-ux/），这是一份出于好奇而进行的学术研究。

吞吐量

与响应时间相对。通常，吞吐量表述为在一定的测试负载下，系统在每个时间单位内所执行的操作的平均数。吞吐量所测量的东西与响应时间相同，但是它更适合于评估批处理程序，如数据库和 Web 服务等。通常，这个数字越大越好。

有时，也可能会发生过度优化的情况。例如，在许多情况下，用户认为响应时间小于 0.1 秒就是一瞬间的事了。在这种情况下，即使将响应时间从 0.1 秒改善为了 1 毫秒，也不会增加任何价值，尽管响应速度提升了 100 倍。

3.2.3 你只能改善你能够测量的

优化一个函数、子系统、任务或是测试用例永远不等同于改善整个程序的性能。由于测试时的设置在许多方面都与处理客户数据的正式产品不同，在所有环境中都取得在测试过程中测量到的性能改善结果是几乎不可能的。尽管某个任务在程序中负责大部分的逻辑处理，但是使其变得更快可能仍然无法使整个程序变得更快。

例如，一个数据库开发人员通过执行 1000 次某个特定的查询语句分析了数据库性能，然后基于分析结果进行了优化，但这可能并不会提升整个数据库的速度，而是只提升了该查询语句的速度。这也可能会提升其他查询语句的速度，但它可能不会改善删除或更新查询、建立索引或是数据库可以进行的其他处理的速度。

3.3 分析程序执行

分析器是一个可以生成另外一个程序的执行时间的统计结果的程序。分析器可以输出一份包含每个语句或函数的执行频率、每个函数的累积执行时间的报表。

许多编译器套件，如 Windows 上的 Visual Studio 和 Linux 上的 GCC 都带有分析器，可以帮助我们找到程序中的热点。微软曾经只在价格昂贵的 Visual Studio 版本中提供了分析器，但是自 Visual Studio 2015 社区版开始，微软开始向开发者提供免费的分析器。当然，在 Windows 上还有其他开源的分析器以及对应早期的 Visual Studio 版本的分析器。

有几种方式可以实现一个分析器。一种可以同时支持 Windows 和 Linux 的方法如下。

(1) 程序员设置一个特殊的可以分析程序中所有函数的编译选项，重新编译一次程序，让程序变为可分析的状态。这涉及在每个函数的开始和结束处添加一些额外的汇编语言指令。
(2) 程序员将可分析的程序链接到分析库上。
(3) 每次这个可分析的程序运行时都会在磁盘上生成一张**分析表**（profiling table）。
(4) 分析器读取分析表，然后生成一系列可阅读的文字或图形报告。

另外一种分析方法是这样的。

(5) 通过将优化前的程序链接至分析库上使其变为可分析状态。分析库中的例程会以非常高的频率中断程序的执行，记录指令指针的值。

(6) 每次可分析的程序运行时都会在磁盘上生成一张分析表。

(7) 分析器读取分析表，然后生成一系列可阅读的文字或图形报告。

分析器的输出结果可能会有多种形式。一种形式是一份标记有每行代码的执行次数的源代码清单。另一种形式是一份由函数名和该函数被调用的次数组成的清单。第三种形式同样也是函数清单，不过里面记录的是每个函数的累计执行时间和在每个函数中进行的函数调用。还有一种形式是一份函数和在每个函数中花费的总时间的清单，但不包括调用其他函数的时间、调用系统代码的时间和等待事件的时间。

分析器的分析功能都是量身设计的，它自身的性能开销非常小，因此它对程序整体运行时间的影响也很小。通常，程序中每个操作的执行速度只会被降低几个百分点。第一种方法的分析结果会非常精确，代价是更高的间接成本和禁用了某些优化。第二种方法的测量结果是近似值，而且可能会遗漏一些非频繁地被调用的函数，但是它的优点是可以直接运行于正式产品之上。

分析器的最大优点是它直接显示出了代码中最热点的函数。优化过程被简化为列出需要调查的函数的清单，确认各个函数优化的可能性，修改代码，然后重新运行代码得到一份新的分析结果。如此反复，直至没有特别热点的函数或是你无能为力了为止。由于分析结果中的热点函数从定义上来说就是代码中发生大量计算的地方，因此，通常这个过程是直截了当的。

以我个人的分析经验来看，对**调试构建**（debug build）的分析结果和对**正式构建**（release build）的分析结果是一样的。在某种意义上，调试构建更易于分析，因为其中包含所有的函数，包括内联函数，而正式构建则会隐藏这些被频繁调用的内联函数。

专业优化提示

在 Windows 上分析调试构建的一个问题是，调试构建所链接的是调试版本的运行时库。调试版本的内存管理器函数会执行一些额外的测试，以便更好地报告重复释放的内存和内存泄漏问题。这些额外测试的开销会显著地增加某些函数的性能开销。有一个环境变量可以让调试器不要使用调试内存管理器：进入控制面板→系统属性→高级系统设置→环境变量→系统变量，然后添加一个叫作 _NO_DEBUG_HEAP 的新变量并设定其值为 1。

使用分析器是一种帮助我们找到要优化的代码的非常好的方式，但也有它的问题。

- 分析器无法告诉你有更高效的算法可以解决当前的计算性能问题。去优化一个低效的算法只是浪费时间。
- 对于会执行许多不同任务的待优化的程序，分析器无法给出明确的结果。例如，一个 SQL 数据库在执行 insert 语句时和在执行 select 语句时所运行的代码是不一样的。因此，当使用 insert 加载数据库时的热点代码，可能在数据库执行 select 语句的时候完全不会被运行。除非在分析时会进行大量计算，否则请在测试中混合加载数据库操作和查询数据库操作，使执行 insert 语句的代码在分析结果中不那么突出。

因此，要想容易地找出最热点的函数，请尽量一次仅优化一个任务。这对于分析整个程序中的一个子系统在测试套件上的运行情况非常有帮助。不过，如果每次只优化一个任务，那么也会引入另外一种不确定性：即它不一定会改善程序的整体性能。而实际上当程序运行多个任务时，优化的效果可能就体现得不那么明显了。

- 当遇到 IO 密集型程序或是多线程程序时，分析器的结果中可能会含有误导信息，因为分析器减去了系统调用的时间和等待事件的时间。不计算这些时间在理论上是完全合理的，因为程序并不需要为这些等待时间负责。但是结果却是分析器可以告诉我们程序做了多少事情，而不是花了多少实际时间去做这些事情。有些分析器不仅统计了函数调用的次数，还计算出了每个函数的调用时间。如果函数调用次数非常多，意味着分析器可能隐藏了实际时间。

分析器并不完美。有些优化可能性可能不会被分析出来，而且程序员在理解分析器的输出结果时也可能会有问题。不过，对于许多程序来说，分析器的分析结果已经足够好了，不需要再使用其他的优化方法了。

3.4 测量长时间运行的代码

如果程序只是运行一个计算密集型的任务，那么分析器会自动地告诉我们程序中的热点在哪里。不过如果程序要做许多不同的处理，可能在分析器看来，没有任何一个函数是热点。程序还有可能会花费大量的时间等待 I/O 或是外部事件，这样降低了程序的性能，增加了程序的实际运行时间。在这种情况下，我们需要测量程序中各个部分的时间，然后试着减少其中低效部分的运行时间。

开发人员通过不断地缩小长时间运行的任务的范围直至定位其中一段代码花费了太长时间，感觉不对劲这种方式来查找代码中的热点。在找出这些可疑代码后，开发人员会在测试套件中对小的子系统或是独立的函数进行优化实验。

测量运行时间是一种测试关于"如何减少某个特定函数的性能开销"的假设的有效方式。

一般，我们很难意识到可以通过编程在计算机上实现秒表功能。你可以非常方便地使用手机或是手提电脑在工作日的 6：45 叫醒你，或是在早上 10 点的站立会议前 5 分钟提醒你参加会议。但是在现代计算机上测量亚微秒级的运行时间却是有点难度的，特别是因为在普通的 Window/PC 平台上存在没有可以稳定地工作于不同型号的硬件和不同的软件版本上的高精度计时器的历史遗留问题。

因此，作为一名开发人员，你需要随时准备好制作一个自己的秒表，而且必须知道它们以后可能会发生变化。为了使这成为可能，接下来我会讨论如何测量时间以及有哪些工具可用于在计算机上测量时间。

3.4.1 一点关于测量时间的知识

> 浅学害人。
>
> ——亚历山大·蒲柏，"批评论"（http://poetry.eserver.org/
> essay-oncriticism.html），1774 年

一次完美的测量是指精确地得到大小、重量或者在本书中是某个事件每次持续的时间。完美的测量就像是将弓箭不断地精准地射中靶心一样。这种箭术只存在于故事书中，测量也是一样的。

真正的测量实验（就像真正的弓箭）必须能够应对**可变性**（variation）：可能破坏完美测量的误差源。可变性有两种类型：随机的和系统的。随机的可变性对每次测量的影响都不同，就像一阵风导致弓箭偏离飞行线路一样。系统的可变性对每次测量的影响是相似的，就像一位弓箭手的姿势会影响他每一次射箭都偏向靶子的左边一样。

可变性自身也是可以测量的。衡量一次测量过程中的可变性的属性被称为**精确性**（precision）和**正确性**（trueness）。这两种属性组合成的直观特性称为**准确性**（accuracy）。

1. 精确性、正确性和准确性

很明显，对测量感到兴奋的科学家就相关的专业用语展开了喋喋不休的争论。你只需在维基百科上查找一下"准确性"这个词，就会发现关于究竟应该使用哪些词来解释已经达成一致的概念有多少争议了。我选择使用 1994 版的 ISO 5725-1 中的上下文来解释术语："测量方法和结果中的准确性（正确性和精确性）——卷 1：通用原则和定义"（1994）。

如果测量不受随机可变性的影响，它就是精确的。也就是说，如果反复地测量同一现象，而且这些测量值之间非常接近，那么测量就是精确的。一系列精确的测量中可能仍然包含系统的可变性。尽管一位弓箭手将一组弓箭射到了偏离靶心的一块区域中，但我们仍然可以说这是精确的，尽管不太准确。他射中的靶子的样子可能如图 3-2 所示。

图 3-2：高精确性（但低正确性）的射箭结果

如果测量一个事件（比如一个函数的运行时间）10 次，而且 10 次的结果完全相同，我们可以认为测量是精确的。（像在任何实验中一样，我应当会对此持怀疑态度，直到找到足够的证据为止。）如果其中只有 6 次结果相同，3 次结果略微有些不同，1 次结果的差异非常大，那么测量就是不够精确的。

如果测量不受系统可变性的影响，它就是正确的。也就是说，如果反复地测量同一现象，而且所有测量结果的平均值接近实际值，那可以认为测量是正确的。每次独立的测量可能受到随机可变性的影响，所以测量结果可能会更接近或是偏离实际值。正确性并不受弓箭手的技能影响。在图 3-3 中，将四箭的平均值看作是一把箭的话，那么它应当是正中靶心的。而且，就环数（离靶心的距离）而言，这四箭具有相同的准确性。

图 3-3：弓箭手的箭找到了正确的靶心

测量的准确性是一个取决于每次独立的测量结果与实际值有多接近的非正式的概念。与实际值的差异由随机可变性与系统可变性两部分组成。只有同时具有精确性和正确性的测量才是准确的测量。

2. 测量时间

本书中涉及的软件性能测量要么是测量**持续时间**（两个事件之间的时间），要么是测量**速率**（单位时间内事件的数量，与持续时间相对）。用于测量持续时间的工具是**时钟**。

所有时钟的工作原理都是周期性地计数。某些时钟的计数会表示为时、分、秒，有些则是直接显示时标的次数。但是时钟（除了日晷外）是并不会直接测量时、分、秒的。它们只会对时标进行计数，然后只有将时标计数值与秒基准的时钟进行比较后才能校准时钟，显示出时、分、秒。

周期性地改变的东西受到可变性的影响也会出现误差。有些可变性是随机的，有些可变性则是系统的。

- 日晷利用了地球的周期性旋转。从定义上说，一次完整的旋转是一天。地球并非完美的时钟，不仅是因为周期太长，而且我们发现由于大陆在它表面上缓慢地移动，它的旋转速度时快时慢（微秒级别）。这种可变性是随机的；来自月球和太阳的潮汐力会降低地球的整体旋转速率。这种可变性是系统的。
- 老式时钟会对钟摆有规律的摆动计数。齿轮会随着钟摆驱动指针旋转来显示时间。钟摆摆动的间隔可以手动调整，这样所显示的时间可以与地球旋转同步。钟摆摆动的周期取决于钟摆的重量和它的长度，这样就可以根据需要让摆动得更快或是更慢。这种可变性是系统的；而即使在最开始钟摆的摆动非常精准，但摩擦、气压和累积的灰尘都会对摆动造成影响。这些都是随机可变性因素。
- 电子时钟使用它的交流电源的周期性的 60Hz 正弦波驱动同步电机。齿轮会下分基本振荡和驱动指针来显示时间。电子时钟也并非完美的时钟，因为根据惯例（不是自然法则），交流电源的周期只有 60Hz（在美国）。当负荷过高时，电力公司会先降低振荡周期，稍后又提高振荡周期，这样电子时钟并不会走慢。所以，在炎热夏日的午后电子时钟的一秒可能会比凉爽夜晚的一秒快（虽然我们总是对此表示怀疑）。这种可变性是随机的。将一个为美国用户制造的电子时钟插入到欧洲 50Hz 的交流电源插座中，它会走得慢。与气温引起的随机可变性相比，这种由欧洲电源插座引起的可变性是系统的。

- 数字腕表采用石英晶体的诱导振动作为基本振动。逻辑电路会下分基本振动并驱动时间显示。石英晶体的振动周期取决于它的大小、温度以及加载的电压。石英晶体的大小的影响是系统的可变性，而温度和电压的可变性则是随机的。

时标计数值肯定是一个无符号的值。不可能存在 −5 次时标。我之所以在这里提醒大家这个看似非常明显的事实，是因为正如稍后会向大家展示的，许多开发人员实现计时函数时选择有符号类型来表示持续时间。我不知道为什么他们这么做。我那十几岁的儿子应该会说："这没什么大不了。"

3. 测量分辨率

测量的分辨率是指测量所呈现出的单位的大小。

一位弓箭手只要将弓箭射在指定环内的任意位置，所得到的分数都是相同的。靶心并非是无限小的点，而是一个给定直径的圆环（请参见图 3-4）。一支箭要么设在靶心，或是九环、八环等。每一环的宽度就是射箭得分的分辨率。

图 3-4：分辨率：一支箭设在一环中任意地方的得分是相同的

时间测量的有效分辨率会受到潜在波动的持续时间的限制。时间测量结果可以是一次或者两次时标，但不能是这两者之间。这些时标之间的间隔就是时钟的有效分辨率。

观察人员可能会察觉到一个走得很慢的时钟的两次时标之间发生的事情，例如钟摆的一次摆动。这只是说明在人类脑海中有一个更快的时钟（虽然没有那么准确），他们会将这个时钟的时间与钟摆的时间进行比较。观察人员如果想测量那些不可感知的持续时间，例如毫秒级别，只能用时钟的时标。

在测量的准确性与它的分辨率之间是没有任何必需的关联的。例如，假设我记录了我每天的工作，那么我可以报告说我花了两天来编写本节内容。在这个例子中，测量的有效分辨率是"天"。如果我想把这个时间换成秒，那么可以报告说成我花了 172 800 秒来编写本节内容。但除非我手头上有一个秒表,否则以秒为单位进行报告会让人误认为比之前更加准确,或是给人一种没有吃饭和睡觉的错觉。

测量结果的单位可能会比有效分辨率小,因为单位才是标准。我有一个可以以华氏温度为单位显示温度的烤箱。恒温器控制着烤箱,但是有效分辨率只有 5°F。所以在烤箱加热的过程中,显示屏上显示的温度会是 300°F,接着是 305°F、310°F、315°F 等。以一度为单位显示温度应该比恒温器的单位更合理。有效分辨率只有 5°F 只是表示测量的最低有效位只能是 0 或者 5。

当读者知道他们身边廉价的温度计、尺子和其他测量设备的有效分辨率后可能会感到吃惊和失望,因为这些设备的显示分辨率是 1 个单位或是 1/10 单位。

4. 用多个时钟测量

　　只有一块表的人知道现在的时间,而拥有两块表的人却永远不能确定现在的时间。

——多认为该名言出自 Lee Segall

当两个事件在同一个地点发生时,很容易通过一个时钟的时标计数来测量事件的经过时间。但是如果这两个事件发生在相距很远的不同地点,可能就需要两个时钟来测量时间。而两个不同时钟的时标次数无法直接比较。

人类想到了一个办法,那就是通过与国际协调时间(Coordinated Universal Time)同步。国际协调时间与经度 0 度的天文学上的午夜同步,而经度 0 度这条线穿过了英格兰格林威治皇家天文台中的一块漂亮的牌匾(请参见图 3-5)。这样就可以将一个以时标计数值表示的时间转换为以时分秒表示的相对 UTC(Universal Time Coordinated,国际协调时间,由法国和英国的时钟专家商定的一个既不是法式拼写也不是英式拼写的缩写)午夜的时间。

图 3-5:英格兰格林威治皇家天文学馆的本初子午线的标记(摄影: Ævar Arnfjörð Bjarmason, license CC BY-SA 3.0)

如果两个时钟都与 UTC 完美地同步了，那么其中一个时钟的相对 UTC 时间可以直接与另外一个相比较。但是当然，完全的同步是不可能的。两个时钟都有各自独立的可变性因素，导致它们与 UTC 之间以及它们互相之间产生误差。

3.4.2　用计算机测量时间

要想在计算机上制作一个时钟需要一个周期性的振动源——最好有很好的精确性和正确性——以及一种让软件获取振动源的时标的方法。要想专门为了计时而制造一台计算机是很容易的。不过，多数现在流行的计算机体系结构在设计时都没有考虑过要提供很好的时钟。我将会结合 PC 体系结构和微软的 Windows 操作系统讲解问题所在。Linux 和嵌入式平台上也存在类似的问题。

PC 时钟电路核心部分的晶体振荡器的基本精度是 100PPM，即 0.01%，或者每天约 8 秒的误差。虽然这个精度只比数字腕表的精度高一点点，但对性能测量来说已经足够了，因为对于极其非正式的测量结果，精确到几个百分点就可以了。廉价的嵌入式处理器的时钟电路的精确度较低，但是最大的问题并非周期性振动的振动源，更困难的是如何让程序得到可靠的时标计数值。

1. 硬件时标计数器的发展

起初的 IBM PC 是不包含任何硬件时标计数器的。它确实有一个记录一天之中的时间的时钟，软件也可以读取这个时间。最早的微软的 C 运行时库复制了 ANSI C 库，提供了 time_t time(time_t*) 函数。该函数会返回一个距离 UTC 时间 1970 年 1 月 1 日 0:00 的秒数。旧版本的 time() 函数返回的是一个 32 位有符号整数，但是在经历了 Y2K[3] 之后，它被修改成了一个 64 位的有符号整数。

起初的 IBM PC 会使用来自交流电源的周期性的中断来唤醒内核去进行任务切换或是进行其他内核操作。在北美，这个周期是 16.67 毫秒，因为交流电源是 60Hz 的。如果交流电源是 50Hz 的话，这个周期就是 20 毫秒。

自 Windows 98（可能更早）以来，微软的 C 运行时提供了 ANSI C 函数 clock_t clock()。该函数会返回一个有符号形式的时标计数器。常量 CLOCKS_PER_SEC 指定了每秒钟的时标的次数。返回值为 -1 表示 clock() 不可用。clock() 会基于交流电源的周期性中断记录时标。clock() 在 Windows 上的实现方式与 ANSI 所规定的不同，在 Windows 上它所测量的是经过时间而非 CPU 时间 [4]。最近, clock() 被根据 GetSystemTimeAsfileTime() 重新实现了。在 2015 年时它的时标是 1 毫秒，分辨率也是 1 毫秒。这使得它成了 Windows 上一个优秀的毫秒级别的时钟。

自 Windows 2000 开始，可以通过调用 DWORD GetTickCount() 来实现基于 A/C 电源中断的软件时标计数器。GetTickCount() 的时标计数值取决于 PC 的硬件，可能会远比 1 毫秒长。GetTickCount() 会进行一次将时标转换为毫秒的计算来消除部分不确定性。这个方法的一个升级版是 ULONGLONG GetTickCount64()，它会以 64 位无符号整数的形式返回相同的时标

注 3：即千禧危机、千年虫、千年问题。——译者注
注 4：要想测量 CPU 时间，请使用 Win32 的 GetProcessTimes 函数。——译者注

计数值，这样可以测量更长的处理时间。虽然没有办法知道当前的中断周期，但下面这对函数可以缩短和然后恢复周期：

```
MMRESULT timeBeginPeriod(UINT)
MMRESULT timeEndPeriod(UINT)
```

这两个函数作用于全局变量上，会影响所有的进程和其他函数，如取决于交流电源的中断周期的 Sleep()。另外一个函数 DWORD timeGetTime() 可以通过另一种方法获取相同的时标计数值。

自奔腾体系结构后，英特尔提供了一个叫作**时间戳计数器**（Time Stamp Counter，TSC）的硬件寄存器。TSC 是一个从处理器时钟中计算时标数的 64 位寄存器。RDTSC 指令可以非常快地访问该寄存器。

自 Windows 2000 问世后，可以通过调用函数 BOOL QueryPerformanceCounter(LARGE_INTEGER*) 来读取 TSC，这将会产生一次特殊的不带分辨率的时标计数。可以通过调用 BOOL QueryPerformanceFrequency(LARGE_INTEGER*) 来获得分辨率，它会返回每秒钟时标的频率。LARGE_INTEGER 是一个带有有符号格式的 64 位整数的结构体，因为在当时引入了以上这些函数的 Visual Studio 中还没有原生的 64 位有符号整数类型。

初始版本的 QueryPerformanceCounter() 的一个问题是，它的时标速率取决于处理器的时钟。不同处理器和主板的处理器时钟不同。在当时，老式的 PC，特别是那些使用超微半导体公司（Advanced Micro Devices，AMD）处理器的 PC 是没有 TSC 的。在当时没有 TSC 可用的情况下，QueryPerformanceCounter() 会返回 GetTickCount() 返回的低分辨率的时标计数值。

在 Windows 2000 中还新增加了一个 void GetSystemTimeAsfileTime(fiLETIME*) 函数，它会返回一个自 1601 年 1 月 1 日 00:00 UTC 开始计算的以 100 纳秒为时标的计数值。其中，fiLETIME 也是一个带有 64 位整数的结构体，不过这次是无符号的形式。尽管该时标计数器显示出来的分辨率看起来非常高，有些实现却使用了与 GetTickCount() 所使用的低分辨率计数器相同的计数器。

很快，QueryPerformanceCounter() 的更多问题暴露出来了。有些处理器实现了可变时钟频率来管理功耗。这会导致时标周期发生了变化。在拥有多个独立处理器的多处理器系统中，QueryPerformanceCounter() 返回的值取决于线程运行于哪个处理器之上。处理器开始实现指令重排序之后，导致 RDTSC 指令可能会发生延迟，降低使用了 TSC 的软件的准确性。

为了解决这些问题，Windows Vista 为 QueryPerformanceCounter() 使用了一种不同的计数器，称为 Advanced Configuration and Power Interface（ACPI）电源管理计时器。使用这个计数器虽然能够解决多处理器的同步问题，但是却显著地增加了延迟。与此同时，英特尔重新指定了 TSC 为最大且不变的时钟频率。此外，英特尔还增加了不可重排序的 RDTSCP 指令。

自 Windows 8 开始，Windows 提供了一种基于 TSC 的、可靠的、高分辨率的硬件时标计数。只要该系统运行于 Windows 8 或者之后的版本上，void GetSystemTimePreciseAsfileTime(fiLETIME*) 就可以生成一个固定频率和亚微秒准确度的高分辨率时标。

一句话总结本堂历史课的内容就是，PC 从来都不是设计作为时钟的，因此它们提供的时标计数器是不可靠的。如果以过去 35 年的历史为鉴，未来的处理器和操作系统可能依然无法提供稳定的、高分辨率的时标计数值。

历代 PC 都提供的唯一可靠的时标计数器就是 GetTickCount() 返回的时标计数器了，尽管它也有缺点。clock() 返回的毫秒级的时标更好，而且近 10 年生产的 PC 应该都是支持该函数的。如果只考虑 Windows 8 及之后的版本和新的处理器的话，GetSystemTimePreciseAsfileTime() 返回的 100 纳秒级别的时标计数器是非常精确的。不过，就我个人的经验来看，对时间测量来说毫秒级别的准确性已经足够了。

2. 返转

返转（wraparound）是指当时钟的时标计数器值到达最大值后，如果再增加就变为 0 的过程。12 小时制的模拟时钟在每天的正午和午夜各会进行一次返转。Windows 98 在连续运行 49 天后会因 32 位毫秒时标计数器的返转而挂起（请参见 Q216641）。当两位数的年份返转时会发生 Y2K 问题。玛雅日历在 2012 年返转，因为玛雅人认为那就是世界末日。UNIX 时间戳（自 UTC1970 年 1 月 1 日 00:00 起的带符号的 32 位秒数）会在 2038 年 1 月发生返转，这可能会称为某些"历史悠久"的嵌入式系统的"世界末日"。返转的问题出在缺少额外的位去记录数据，导致下次时间增加后的数值比上次时间的数值小。会返转的时钟仅适用于测量持续时间小于返转间隔的时间。

例如，在 Windows 上，GetTickCount() 函数会返回一个分辨率为 1 毫秒的 32 位无符号的整数值作为时标计数值。那么，GetTickCount() 的返回值会每 49 天返转一次。也就是说，GetTickCount() 适用于测量那些所需时间小于 49 天的操作。如果一个程序在某个操作开始时和结束时分别调用了 GetTickCount()，两个返回值之间的差值就是两次调用之间经过的毫秒数。例如：

```
DWORD start = GetTickCount();
    DoBigTask();
DWORD end = GetTickCount();
cout << "Startup took " << end-start << " ms" << endl;
```

C++ 实现无符号算术的方式去确保了即使在发生返转时也可以得到正确的结果。

GetTickCount() 对于记住自程序启动后所经过的时间是比较低效的。许多"历史悠久"的服务器可以持续运行数个月甚至数年。返转的问题在于，由于缺少位数去记录返转的次数，end-start 的结果中可能体现不出发生了返转，或是体现出一个或者多个返转。

自 Windows Vista 开始，微软加入了 GetTickCount64() 函数，它会返回一个 64 位无符号且显示分辨率为 1 毫秒的时标计数值。GetTickCount64() 的结果只有在数百万年后才会发生返转。这就意味着，几乎不会有人能够见证返转发生了。

3. 分辨率不是准确性

在 Windows 上，GetTickCount() 会返回一个无符号的 32 位整数值。如果一个程序在某个操作开始和结束时分别调用了 GetTickCount()，两个返回值之间的差值就是两次调用之间经过的毫秒单位的执行时间。因此，GetTickCount() 的分辨率是 1 毫秒。

例如，下面这段代码通过在循环中反复调用 Foo()，在 Windows 上测量了名为 Foo() 的函数的相对性能。通过在代码块开始和结束时得到的时标计数值，我们可以计算出循环处理所花费的时间：

```
DWORD start = GetTickCount();
for (unsigned i = 0; i < 1000; ++i) {
    Foo();
}
DWORD end = GetTickCount();
cout << "1000 calls to Foo() took " << end-start << "ms" << endl;
```

如果 Foo() 中包含了大量的计算，那么这段代码的输出结果可能如下：

```
1000 calls to Foo() took 16ms
```

不幸的是，从微软网站中关于 GetTickCount() 的文档（https://msdn.microsoft.com/en-us/library/windows/desktop/ms724408(v=vs.85).aspx）来看，调用 GetTickCount() 的准确性可能是 10 毫秒或 15.67 毫秒。也就是说，如果连续调用两次 GetTickCount()，那么结果之间的差值可能是 0 或者 1 毫秒，也可能是 10、15 或 16 毫秒。因此，测量的基础精度是 15 毫秒，额外的分辨率毫无价值。之前代码块的输出结果可能会是 10ms、20ms 或精确的 16ms。

GetTickCount() 特别让人沮丧的一点是，除了分辨率是 1 毫秒外，无法确保在两台 Windows 计算机中该函数是以某种方式或是相同方式实现的。

我在 Windows 上测试了许多计时函数，试图找出它们在某一台计算机（基于 i7 处理器的 Surface 3 平板电脑）的某个操作系统（Windows 8.1）上的可用分辨率。示例代码 3-1 中的测试循环地调用了测量时间的函数，并检查这些连续的函数调用的返回值之间的差值。如果时标的可用分辨率大于函数调用的延迟，那么这些连续的函数调用的返回值将要么相同，要么它们之间的差值是若干个基础时标，单位是函数的分辨率。我计算了非零差值的平均值，以排除操作系统偷用时间片段去执行其他任务的误差。

代码清单 3-1　测量 GetTickCount() 的时标

```
unsigned nz_count = 0, nz_sum = 0;
ULONG last, next;
for (last = GetTickCount(); nz_count < 100; last = next) {
    next = GetTickCount();
    if (next != last) {
        nz_count += 1;
        nz_sum += (next - last);
    }
}
std::cout << "GetTickCount() mean resolution "
          << (double)nz_sum / nz_count
          << " ticks" << std::endl;
```

我将测量结果总结在了表 3-1 中。

表3-1：在i7的Surface Pro 3（Windows 8.1）上测量的时标结果

函数	时标
time()	1 秒
GetTickCount()	15.6 毫秒
GetTickCount64()	15.6 毫秒
timeGetTime()	15.6 毫秒
clock()	1.0 毫秒
GetSystemTimeAsFileTime()	0.9 毫秒
GetSystemTimePreciseAsFileTime()	约 450 纳秒
QueryPerformanceCounter()	约 450 纳秒

需要特别注意的是 GetSystemTimeAsfileTime() 函数。它的显示分辨率是 100 纳秒，但是看起来却似乎是基于同样低分辨率的 1 毫秒时标的 clock() 实现的，而 GetSystemTimePreciseAsfileTime() 看起来则是用 QueryPerformanceCounter() 实现的。

现代计算机的基础时钟周期已经短至了数百皮秒（100 皮秒是 10^{-10} 秒）。它们可以以几纳秒的速度执行指令。但是在这些 PC 上却没有提供可访问的皮秒级或是纳秒级的时标计数器。在 PC 上，可使用的最快的时标计数器的分辨率是 100 纳秒级的，而且它们的基础准确性可能远比它们的分辨率更低。这就导致不太可能测量函数的一次调用的持续时间。读者可以参见 3.4.3 节看看如何应对这个问题。

4. 延迟

延迟是指从发出命令让活动开始到它真正开始之间的时间。延迟是从丢下一枚硬币到井水中到听见井水溅落之间的时间（请参见图 3-6）。它也是发令员鸣枪至选手出发之间的时间。

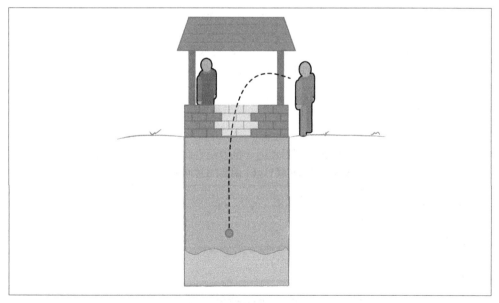

图 3-6：延迟：从丢下一枚硬币到井水中到听见井水溅落之间的时间

就计算机上的时间测量而言，之所以会有延迟是因为启动时钟、运行实验和停止时钟是一系列的操作。整个测量过程可以分解为以下五个阶段。

(1) "启动时钟"涉及调用函数从操作系统中获取一个时标计数。这个调用的时间大于 0。在函数调用过程中，会实际地从处理器寄存器中获取时标计数器的值。这个值就是开始时间。我们称其为间隔 t_1。

(2) 在读取时标计数器的值后，它仍然必须被返回和赋值给一个变量。这些动作也需要花费时间。实际的时钟已经在计时的过程中了，但是时标计数值还没有增加。我们称其为间隔 t_2。

(3) 测量实验开始，然后结束。我们称其为间隔 t_3。

(4) "停止时钟"涉及另外一个函数调用去获取一个时标计数值。虽然实验已经结束了，但是在函数运行至读取时标计数值的过程中，计时器仍然在计时。我们称其为间隔 t_4。

(5) 读取时标计数器的值后，它仍然必须被返回和赋值给一个变量。这时，虽然时钟仍然在计时，但是由于已经读取了时标计数器的值，因此测量结果并不会继续错误地累加。我们称其为间隔 t_5。

因此，虽然实际上测量时间应当是 t_3，但测量到的值却更长一些，是 $t_2+t_3+t_4$。因此，延迟就是 t_2+t_4。如果延迟对相对实验运行时间的比例很大，实验员必须从实验结果中减去延迟。

假设获取一次时标计数值的时间是 1 微秒（μs），而且时标计数值是由当时执行的最后一条指令获得的。在以下这段伪代码中，直到第一次函数调用的最后一条指令调用 get_tick() 才开始测量时间，因此在测量活动之前是没有延迟的。在测试的最后调用 get_tick() 的延迟则被计算到了测量结果中：

```
start = get_tick() // 测量开始之前的1μs延迟没有影响
do_activity()
stop = get_tick() // 测量开始之后的1μs延迟被计算到测量结果中
duration = stop-start
```

如果被测量的活动的执行时间是 1 微秒，那么测量结果就是 2 微秒，误差达将会到 100%；而如果被测量的活动的执行时间是 1 毫秒，那么测量结果就是 1.001 微秒，误差只有 0.1%。

如果同一个函数既在实验前被调用了，也在实验后被调用了，那么有 $t_1=t_4$ 和 $t_2=t_5$。也就是说，延迟就是计时函数的执行时间。

我在 Windows 上测试了计时函数的调用延迟，也就是它们的执行时间。代码清单 3-2 展示了一个典型的用于计算 GetSystemTimeAsfile() 函数的时间的测试套件。

代码清单 3-2 Windows 计时函数的延迟

```
ULONG start = GetTickCount();
LARGE_INTEGER count;
for (counter_t i = 0; i < nCalls; ++i)
    QueryPerformanceCounter(&count);
ULONG stop = GetTickCount();
std::cout << stop - start
          << "ms for 100m QueryPerformanceCounter() calls"
          << std::endl;
```

表 3-2 列出了这次测试的结果。

表3-2：Windows计时函数的延迟（2013，i7，Win 8.1）

函数	执行时间
GetSystemTimeAsFileTime()	2.8 纳秒
GetTickCount()	3.8 纳秒
GetTickCount64()	6.7 纳秒
QueryPerformanceCounter()	8.0 纳秒
clock()	13 纳秒
time()	15 纳秒
TimeGetTime()	17 纳秒
GetSystemTimePreciseAsFileTime()	22 纳秒

测试结果中非常有趣的地方是，在我的 i7 平板电脑上，所有的延迟都在若干纳秒的范围内。所以，这些函数调用是相当高效的。这就意味着延迟不会对在循环中连续调用函数约 1 秒的测量结果的准确性造成影响。不过，对于那些读取相同的低分辨率时标的函数，这些时间开销的差距仍然在 10 倍左右。GetSystemTimePreciseAsfileTime() 的延迟最高，而这个最高的延迟相对于它的时标占到了大约 5%。延迟问题在慢速处理器上更严重。

5. 非确定性行为

计算机是带有大量内部状态的异常复杂的装置，其中绝大多数状态对开发人员是不可见的。执行函数会改变计算机的状态（例如高速缓存中的内容），这样每次重复执行指令时，情况都会与前一条指令不同。因此，内部状态的不可控的变化是测量中的一个随机变化源。

而且，操作系统对任务的安排也是不可预测的，这样在测量过程中，在处理器和内存总线上运行的其他活动会发生变化。这会降低测量的准确性。

操作系统甚至可能会暂停执行正在被测量的代码，将 CPU 时间分配给其他程序。但是在暂停过程中，时标计数器仍然在计时。这会导致与操作系统没有将 CPU 时间分配给其他程序相比，测量出的执行时间变大了。这是一种会对测量造成更大影响的随机变化源。

3.4.3 克服测量障碍

那么，这到底有多糟糕呢？我们能让计算机完全用于计时吗？我们需要做什么才能实现计算机计时呢？在本节中，我将对我个人使用 3.4.4 节中的 stopclass 类来为本书测试函数的经验进行总结。

1. 别为小事烦恼

好消息是测量误差只要在几个百分点以内就足够指引我们进行性能优化了。换种方式说，如果希望从性能优化中获得线性改善效果，误差只需要有两位有效数字就可以了。即对于循环执行某个函数 1000 毫秒的实验来说，大约 10 毫秒。我们将可能的误差源整理在了表 3-3 中。

表3-3：各变化源对在Windows上测量1秒时间的影响度

变化源	影响度
时标计数器函数延迟	< 0.00001
基本时钟稳定性	< 0.01
时标计数器的可用分辨率	< 0.1

2. 测量相对性能

优化后代码的运行时间与优化前代码的运行时间的比率被称为**相对性能**。相对性能有众多优点，其一是它们抵消了系统可变性，因为两次测量受到的可变性影响是一样的。同时，相对性能是一个百分比，比"多少毫秒"这种测量结果更加直观。

3. 通过测量模块测试改善可重复性

模块测试，即使用预录入的输入数据进行的子系统测试，可以让分析运行或性能测量变得具有可重复性。许多组织都有自己的模块测试扩展库，还可以为性能调优加入新的测试。

对于性能调优，有一个常见的担忧："我的代码就像一个大的毛线球，而且我没有为其编写任何测试用例。我必须在最新的输入数据或最新的数据库上测试它的性能，但这些数据经常会发生变化。我得不到一致的或者可重复的测量结果。我应当怎么办呢？"

我没有任何办法来解决这种问题。如果我用一组可重复的 Mock 输入数据来测试模块或是子系统，那么在这些测试中反映出来的性能改善效果通常适用于最新的测试数据。如果我通过一次大型但不可重复的测试找到了热点函数，那么通过模块测试用例去改善这些热点函数，所得到的性能提升效果通常也适用于最新的测试数据。每位开发人员都知道为什么他们应当构建由松耦合的模块组合而成的软件系统；每位开发人员都知道为什么他们应当维护优秀的测试用例库。优化只是应当这样做的又一个理由。

4. 根据指标优化性能

开发人员仍然有一线希望可以基于不可预测的最新数据优化性能。这种方式就是不测量临界响应时间等值，而是收集指标、代码统计数据（例如中间值和方差），或是响应时间的指数平滑平均数。由于这些统计数字是从大量的独立事件中得到的，因此这些数字的持续改善表明对代码的修改是成功的。

以下是在根据指标优化性能时可能遇到的一些问题。

- 代码统计必须基于大量事件才有效。当执行"修改 / 测试 / 评估"这样的循环改善过程时，与使用固定的输入数据进行直接测量相比，根据指标优化性能更加耗费时间。
- 相比于分析代码和测量运行时间，收集指标需要更完善的基础设施。通常都需要持久化的存储设备来存放统计数据。而存储这些数据的时间开销非常大，会对性能产生影响。收集指标的系统必须设计得足够灵活，可以支持多种实验。
- 尽管有行之有效的方法去验证或是推翻基于统计的假设，但是这种方法需要开发人员能够妥当地应对一些统计的复杂性。

5. 通过取多次迭代的平均值来提高准确性

在实验中通过取多次测量的平均值可以提高单次测量的准确性。当开发人员在循环中测量函数调用的时间，或是让程序处理那些会让它多次执行某个函数的输入数据时，就是在取平均值。

对一个函数调用进行多次迭代测量的一个优点是可以抵消随机变化性。这种情况下，高速缓存的状态几乎会聚集于一个值，让我们可以在每次迭代测量的结果之间进行公平合理的比较。经过一段足够长的时间间隔后，随机调度程序的行为对原函数和优化后函数的影响是一样的。尽管同样的函数在另一个更大型程序中的绝对时间是不一样的，但是通过测量相对性能仍然能够准确地反映出性能改善的程度。

另外一个优点是可以使用现成的但不精确的时标计数器。现在，计算机的处理速度已经足够在 1 秒内处理数千次甚至数百万次迭代了。

6. 通过提高优先级减少操作系统的非确定性行为

通过提高测量进程的优先级，可以减小操作系统使用 CPU 时间片段去执行测量程序以外的处理的几率。在 Windows 上，可以通过调用 SetPriorityClass() 函数来设置进程的优先级，而 SetThreadPriority() 函数则可以用来设置线程的优先级。下面这段代码提高了当前进程和线程的优先级：

```
SetPriorityClass(GetCurrentProcess(), ABOVE_NORMAL_PRIORITY_CLASS);
SetThreadPriority(GetCurrentThread(), THREAD_PRIORITY_HIGHEST);
```

在测量结束后，通常应当将进程和线程恢复至正常优先级：

```
SetPriorityClass(GetCurrentProcess(), NORMAL_PRIORITY_CLASS);
SetThreadPriority(GetCurrentThread(), THREAD_PRIORITY_NORMAL);
```

7. 非确定性发生了就克服它

我为性能优化而测量性能的方式是极度非正式的。其中没有深奥的统计学知识。我的测试只运行几秒钟，而不是几小时。但我认为并不需要为这种非正式的方式感到愧疚。这些方法可以将测量结果转换为开发人员可以理解的相对于程序整体运行时间的性能改善结果，因此，我知道我一定是在正确的优化道路上前进。

如果我以两种不同的方式运行相同的测量实验，得到的结果的差异可能在 0.1% 至 1% 之间。这毫无疑问与我的 PC 的初始状态不同有关。我没有办法控制这些状态，因此我并不担心。如果差异比较大，我就会让测试程序运行得时间更长一些。由于这也会让我的测试 / 调试周期变长，所以除非万不得已，否则我不会这么做。

即使我发现两次测量结果之间的差异达到了几个百分点，在单次测量中测量结果的相对变化看起来仍然小于 1%。也就是说，通过在相同的测试中测量一个函数的两种变化，我甚至能看出发生了相当微妙的变化。

我会尽量在一台没有播放视频、升级 Java 或是压缩大文件的"安静"的计算机上测量时间。在测量过程中，我也会尽量不移动鼠标或是切换窗口。特别是当 PC 中只有一个处理器时，这一点非常重要。但是当使用现代多核处理器时，我发现即使我忘记了上面这些注意事项，测量结果也不会有什么大的变化。

如果在测量时间时调用了某个函数 10 000 次，这段代码和相关的数据会被存储在高速缓存中。当为一个实时系统测量最差情况下的绝对时间时，这会有影响。但是现在我是在一个内核本身就充满了非确定性的系统上测量相对时间。而且，我所测试的函数是我的分析器指出的热点函数。因此，即使是当正式版本在运行时，它们也会被缓存于高速缓存中。这样，迭代测试就确确实实地重现了真实运行状态。

如果修改后的函数看起来快了 1%，那么通常不值得进行修改。根据阿姆达尔定律，该函数优化结果对整个程序的运行时间的贡献会变得微不足道。速度提高 10% 是临界值，而速度提高 100% 则对缩短整个程序的运行时间有非常大的帮助。只进行有明显效果的性能改善可以将开发人员从对方法论的担忧中解放出来。

3.4.4　创建 stopwatch 类

我会用一个 stopwatch 类来测量程序中部分代码的执行时间并分析代码。这个类的工作方式非常像一块机械秒表。初始化秒表或是调用它的 start() 成员函数后，秒表将开始计时；调用秒表的 stop() 成员函数或是销毁秒表类的实例后，秒表将停止计时并显示出计时结果。

编写一个 stopwatch 类并不难，网上也有很多现成的代码。代码清单 3-3 展示了我所使用的 stopwatch 类。

代码清单 3-3　stopwatch 类

```
template <typename T> class basic_stopwatch : T {
    typedef typename T BaseTimer;
public:
    // 创建一个秒表,开始计时一项程序活动(可选)
    explicit basic_stopwatch(bool start);
    explicit basic_stopwatch(char const* activity = "Stopwatch",
                             bool start=true);
    basic_stopwatch(std::ostream& log,
                    char const* activity="Stopwatch",
                    bool start=true);

    // 停止并销毁秒表
    ~basic_stopwatch();

    // 得到上一次计时时间(上一次停止时的时间)
    unsigned LapGet() const;

    // 判断:如果秒表正在运行,则返回true
    bool IsStarted() const;

    // 显示累计时间,一直运行,设置/返回上次计时时间
    unsigned Show(char const* event="show");

    // 启动(重启)秒表,设置/返回上次计时时间
    unsigned Start(char const* event_namee="start");

    // 停止正在计时的秒表,设置/返回上次计时时间
    unsigned Stop(char const* event_name="stop");

private:    // 成员变量
    char const*    m_activity;  // "activity"字符串
    unsigned       m_lap;       // 上次计时时间(上一次停止时的时间)
    std::ostream&  m_log;       // 用于记录事件的流
};
```

这段代码只是重新定义了类。为了使性能最优化，成员函数将会被内联展开。

stopwatch 的类型模板参数 T 的值的类是一个更加简单的计时器，它提供了依赖于操作系统和 C++ 标准的函数去访问时标计数器。我编写过多个版本的 TimerBase 类，去测试各种不同的时标计数器的实现方式。在有些现代 C++ 处理器上，T 的值的类可以使用 C++ <chrono> 库，或是可以直接从操作系统中得到时标。代码清单 3-4 展示的 TimerBase 类使用了在 C++11 及之后的版本中提供的 C++ <chrono> 库。

代码清单 3-4 使用了 <chrono> 的 TimerBase 类

```
# include <chrono>
using namespace std::chrono;
class TimerBase {
public:
    // 清除计时器
    TimerBase() : m_start(system_clock::time_point::min()) { }

    // 清除计时器
    void Clear() {
        m_start = system_clock::time_point::min();
    }

    // 如果计时器正在计时,则返回true
    bool IsStarted() const {
        return (m_start.time_since_epoch() != system_clock::duration(0));
    }

    // 启动计时器
    void Start() {
        m_start = system_clock::now();
    }

    // 得到自计时开始后的毫秒值
    unsigned long GetMs() {
        if (IsStarted()) {
            system_clock::duration diff;
            diff = system_clock::now() - m_start;
            return (unsigned)(duration_cast<milliseconds>(diff).count());
        }
        return 0;
    }
private:
    system_clock::time_point m_start;
};
```

这种实现方式的优点是在不同操作系统之间具有可移植性，但是它需要用到 C++11。

代码清单 3-5 中的 TimerBase 类与这个类的功能相同，不过其中使用的是在 Windows 上和 Linux 上都可以使用的 clock() 函数。

代码清单 3-5 使用了 clock() 的 TimerBase 类

```
class TimerBaseClock {
public:
```

```
        // 清除计时器
        TimerBaseClock()         { m_start = -1; }

        // 清除计时器
        void Clear()             { m_start = -1; }

        // 如果计时器正在计时,则返回true
        bool IsStarted() const { return (m_start != -1); }

        // 启动计时器
        void Start()             { m_start = clock(); }

        // 得到自计时开始后的毫秒值
        unsigned long GetMs() {
            clock_t now;
            if (IsStarted()) {
                now = clock();
                clock_t dt = (now - m_start);
                return (unsigned long)(dt * 1000 / CLOCKS_PER_SEC);
            }
            return 0;
        }
    private:
        clock_t m_start;
    };
```

这种实现方式的优点是在不同 C++ 版本和不同操作系统之间具有可移植性,缺点是在 Linux 上和 Windows 上,clock() 函数的测量结果略有不同。

代码清单 3-6 中的 TimerBase 类可以工作于旧版本的 Windows 上和 Linux 上。如果是在 Windows 上,那么还必须显式地提供 gettimeofday() 函数,因为它既不属于 Windows API,也不属于 C 标准库。

代码清单 3-6　使用了 gettimeofday() 的 TimerBase

```
    # include <chrono>
    using namespace std::chrono;
    class TimerBaseChrono {
    public:
        // 清除计时器
        TimerBaseChrono() :
            m_start(system_clock::time_point::min()) {
        }

        // 清除计时器
        void Clear() {
            m_start = system_clock::time_point::min();
        }

        // 如果计时器正在计时,则返回true
        bool IsStarted() const {
            return (m_start != system_clock::time_point::min());
        }
```

```
    // 启动计时器
    void Start() {
        m_start = std::chrono::system_clock::now();
    }

    // 得到自计时开始后的毫秒值
    unsigned long GetMs() {
        if (IsStarted()) {
            system_clock::duration diff;
            diff = system_clock::now() - m_start;
            return (unsigned)
                    (duration_cast<milliseconds>(diff).count());
        }
        return 0;
    }
private:
    std::chrono::system_clock::time_point m_start;
};
```

这种实现方式在不同的 C++ 版本和不同操作系统之间具有可移植性。但当运行于 Windows 上时，需要实现 gettimeofday() 函数。

stopwatch 类的最简单的用法用到了 RAII（Resource Acquisition Is Initialization，资源获取就是初始化[5]）惯用法。程序会在由大括号包围的语句块中的开头处初始化 stopwatch 类，stopwatch 类的默认操作是开始计时。当 stopwatch 在语句块结束前被析构时，它会输出最终计时结果。程序可以在执行过程中通过调用 stopwatch 类的 show() 成员函数输出中间计时结果。这样，开发人员就可以只使用一个计时器来分析几个互相联系的代码块。例如：

```
{
    Stopwatch sw("activity");
    DoActivity();
}
```

这段代码将会在标准输出中打印出以下结果：

```
activity: start
activity: stop 1234mS
```

stopwatch 在运行时不会产生间接开销。开始计时和停止计时的延迟包括了获取当前时间的系统调用的开销，如果调用了 show() 成员函数输出计时结果，那么还要加上产生输出的开销。如果是测试那些需要花费数十毫秒或者更长时间的任务，那么这个延迟可以忽略。但是如果开发人员试图测试微秒级别的活动的时间，那么间接开销的比重将会显著增大，测量结果的准确度也因此会降低。

测量运行时间的最大缺点可能是需要直觉和经验去解释这些结果。在通过多次测量缩小了查找热点代码的范围后，开发人员必须接着检查代码或者进行实验找出和移除热点代码。检查代码时需要依靠开发人员自己的经验或是本书中概述的启发式规则。这些规则的优点是可以帮助你找出那些长时间运行的代码，缺点则是无法明确地指出最热点的代码。

注 5：这是 C++ 等编程语言常用的管理资源、避免内存泄露的方法。它保证在任何情况下，使用对象时先构造对象，最后析构对象。——译者注

3.4.5　使用测试套件测量热点函数

一旦通过分析器或是运行时分析找出了一个候选的待优化函数，一种简单的改善它的方法是构建一个测试套件，在其中多次调用该函数。这样可以将该函数的运行时间增大为一个可测量的值，同时还可以抵消因后台任务、上下文切换等对运行时间造成的影响。采用"修改－编译－运行"的迭代方式去独立地测量一个函数，会比采用"修改－编译－运行"，然后运行分析器并解析它的输出更快。本书中的许多例子都会使用这种技巧。

这个计时测试套件（代码清单 3-7）只是先调用了 stopwatch，然后循环中调用了 10 000 次需要被测量的函数。

代码清单 3-7　计时测试套件

```
typedef unsigned counter_t;
counter_t const iterations = 10000;
    ...
{
    Stopwatch sw("function_to_be_timed()");
    for (counter_t i = 0; i < iterations; ++i) {
        result = function_to_be_timed();
    }
}
```

迭代次数需要凭经验估计。如果 stopwatch 使用的时标计数器的有效分辨率是大约 10 毫秒，那么测试套件在桌面处理器上的运行时间应当在几百到几千毫秒。

这里，我使用了 counter_t 来替代 unsigned 或 unsigned long，这是因为对于一些非常短小的函数，该变量的类型可能需要是 64 位 unsigned long long。相比于回过头来重新修改所有类型名称，我更习惯于使用 typedef。这是对优化过程自身的一种优化。

最外层的一组大括号非常重要，因为它定义了 sw（也就是 Stopwatch 类的实例）的存在范围。由于 stopwatch 使用了 RAII 惯用法，sw 的构造函数会得到第一次时标计数值，而它的析构函数则会得到最后一次时标计数值并将结果放入到标准输出流中。

3.5　评估代码开销来找出热点代码

经验告诉我分析代码和测量运行时间是帮助找出需要优化的代码的两种有效方法。分析器会指出某个函数被频繁地调用了或是在程序总运行时间中所占的比率很大。但它不太可能指出某个具体的 C++ 语句可以优化，或是告诉你"是马斯塔德上校在温室用铅水管杀死的布莱克博士"[6]。分析代码的成本也可能是非常高的。测量时间也可能会表明一大段代码很慢，但不会指出其中存在的具体问题。

开发人员下一步需要做的是，对指出的代码块中的每条语句的开销进行评估。这一步就像是证明一条定理一样，并不需要太精确。大多数情况下，只需大致观察一下这些语句就能得到它们的开销，然后从中找出性能开销大的语句和语法结构。

3.5.1 评估独立的C++语句的开销

正如 2.2.1 节中所讲述的，访问内存的时间开销远比执行其他指令的开销大。在烤箱和咖啡机所使用的简单微处理器中，执行一条指令所花费的时间大致包含从内存中读取指令的每个字节所需要的时间，加上读取指令的输入数据所需的时间，再加上写指令结果的时间。相比之下，隐藏于内存访问时间之下的解码和执行指令的时间就显得微不足道了。

在桌面级微处理器上，情况就更加复杂了。许多处于不同阶段的指令会被同时执行。读取指令流的开销可以忽略。不过，访问指令所操作的数据的开销则无法忽略。正是由于这个原因，读写数据的开销可以近似地看作所有级别的微处理器上的执行指令的相对开销。

有一条有效的规则能够帮助我们评估一条 C++ 语句的开销有多大，那就是计算该语句对内存的读写次数。例如，有一条语句 a = b + c;，其中 a、b 和 c 都是整数，b 和 c 的值必须从内存中读取，而且它们的和必须写入至内存中的位置 a。因此，这条语句的开销是三次内存访问。这个次数不依赖于微处理器的指令集。这是语句不可避免的、必然会发生的开销。

再比如，r = *p + a[i]; 这条语句访问内存的次数如下：一次访问用于读取 i，一次读取 a[i]，一次读取 p，一次读取 *p 所指向的数据，一次将结果写入至 r。也就是说，总共进行了 5 次访问。7.2.1 节中讲解了函数调用访问内存的开销。

理解这是一条启发式规则是非常重要的。在实际的硬件中，获取执行语句的指令会发生额外的内存访问。不过，由于这些访问是顺序的，所以它们可能非常高效。而且这些额外的开销与访问数据的开销是成比例的。编译器可能会在优化时通过复用之前的计算或是发挥代码静态分析的优势来省略一些内存访问。单位时间内的开销也取决于 C++ 语句要访问的内容是否在高速缓存中。

但是其他因素是等价的，有影响的是访问语句要用到的数据需要多少次读写内存。这条启发式规则并不完美，但这是所有你能做的了，除非你想去查看编译器输出的冗长无味、收效甚微的汇编代码。

3.5.2 评估循环的开销

由于每条 C++ 语句都只会进行几次内存访问，通常情况下热点代码都不会是一条单独的语句，除非受其他因素的作用，让其频繁地执行。这些因素之一就是该语句出现在了循环中。这样，合计开销就是该语句的开销乘以该语句被执行的次数了。

注 6：出自牛津大学公开课"犯罪小说"第 1 集"寻凶和死尸"。——译者注

如果你很幸运，可能会偶然找到这样的代码。分析器可能会指出一条单独的语句被执行了100万次，或者其他的热点函数包含以下这样的循环：

```
for (int i=1; i<1000000; ++i) {
    do_something_expensive();
    if (mostly_true) {
        do_more_stuff();
        even_more();
    }
}
```

这个循环中的语句很明显会被执行100万次，因此它是热点语句。看起来你需要花点精力去优化。

1. 评估嵌套循环中的循环次数

当一个循环被嵌套在另一个循环里面的时候，代码块的循环次数是内层循环的次数乘以外层循环的次数。例如：

```
for (int i=0; i<100; ++i) {
    for (int j=0; j<50; ++j) {
        fiddle(a[i][j]);
    }
}
```

在这里，代码块的循环次数是100*50=5000。

上面的代码块非常直接。但是实际上这里可能有无数种变化。例如，当进行数学运算时，在有些重要的情况下会对三角矩阵进行循环计算。而且有时候，代码编写得非常糟糕，需要花费很大气力才能看清嵌套循环的轮廓。

嵌套循环可能并非一眼就能看出来。如果一个循环调用了一个函数，而这个函数中又包含了另外一个循环，那么内层循环就是嵌套循环。正如我们稍后会在7.1.8节中看到的，有时在外层循环中重复地调用函数的开销也是可以消除的。

内存循环可能被嵌入在标准库函数中，特别是处理字符串或字符的I/O函数。如果这些函数被重复调用的次数非常多，那么可能值得去重新实现标准函数库中的函数来回避调用开销。

2. 评估循环次数为变量的循环的开销

不是所有循环中的循环次数都是很明确的。许多循环处理会不断重复直至满足某个条件为止，比如有些循环会重复地处理字符，直至找到空格为止；还有些循环则会重复地处理数字，直到遇到非数字为止。这种循环的重复次数也是可以估算出来的。当然，只需要大致地估算一下即可，例如每个数字的平均位数是5，或是每个单词的平均字母数是6。估算的目的是找出可能需要优化的代码。

3. 识别出隐式循环

响应事件的程序（例如Windows UI程序）在最外层都会有一个隐式循环。这个循环甚至在程序中是看不到的，因为它被隐藏在了框架中。如果这个框架以最大速率接收事件的话，那么每当事件处理器取得程序控制权，或是在事件分发前，抑或是在事件分发过程中都会被执行的代码，以及最频繁地被分发的事件中的代码都可能是热点代码。

4. 识别假循环

不是所有的 while 或者 do 语句都是循环语句。我就曾经遇到过使用 do 语句帮助控制流程的代码。下面这段示例代码还有更好的实现方式，不过使用了更复杂的 if-then-else 逻辑的话，这种惯用法就有其用武之地了。下面这个"循环"只会被执行一次。当它遇到 while(0) 后就会退出：

```
do {
    if (!operation1())
        break;
    if (!operation2(x,y,z))
        break;
} while(0);
```

这种惯用法也时常被用于将几条语句"打包"为 C 风格的宏。

3.6　其他找出热点代码的方法

如果开发人员熟悉需要优化的代码，可以选择仅凭直觉去推测影响程序整体运行时间的代码块在哪里，然后做实验去验证对这些代码的修改是否可以提高程序整体性能。

我不建议选择这种方法，除非整个项目只有你一个人。通过使用分析器或是计时器分析代码，开发人员可以向同事和经理展示他们在性能优化工作中取得的进展。如果你仅凭直觉进行优化，也不发表结果，有时甚至即使你发表了结果，团队成员也会质疑你的方法，使你无法专心于你的工作。他们也应该如此。这是因为他们分不清你到底是在是用你高度专业的直觉进行优化还是只是在碰运气。

优化战争故事

我个人凭借经验和直觉进行优化的经历是五味杂陈的。我曾经将一个在启动时会失去响应的交互式游戏应用程序的启动时间从让人无法接受的 16 秒减少到了大约 4 秒。不过不幸的是，我当时并没有保留原来代码的基准测量值。我的经理认为我只是将启动时间从 8 秒减少到了 4 秒，因为这些数据是我唯一能展示给他看的。然后这位"迷信证据"的经理使用分析器分析了原来的代码，并将结果打印给了我。非常有趣的是，通过他的分析找出的需要优化的函数与我凭直觉找出的函数几乎一样。不过，我失去了作为优化专家的可信性，因为我并没有以一种有理有据的方式完成这项任务。

3.7　小结

- 必须测量性能。
- 做出可测试的预测并记录预测。
- 记录代码修改。
- 如果每次都记录了实验内容，那么就可以快速地重复实验。

- 一个程序会花费 90% 的运行时间去执行 10% 的代码。
- 只有正确且精确的测量才是准确的测量。
- 分辨率不是准确性。
- 在 Windows 上，clock() 函数提供了可靠的毫秒级的时钟计时功能。在 Windows 8 和之后的版本中，GetSystemTimePreciseAsfileTime() 提供了亚微秒级的计时功能。
- 只进行有明显效果的性能改善，开发人员就无需担忧方法论的问题。
- 计算一条 C++ 语句对内存的读写次数，可以估算出一条 C++ 语句的性能开销。

第4章

优化字符串的使用：案例研究

只有少数人才能触摸到魔法琴弦（string），

可是聒噪的名声却企图击败他们；

悲哀于那些从来都不歌唱的人们，

死亡时却要带着他们的音乐陪葬！

——奥利弗·温德尔·霍姆斯[1]，"无声"（1858）

C++ 的 std::string 类模板是 C++ 标准库中使用最广泛的特性之一。例如，谷歌 Chromium[2] 开 发 者 论 坛（https://groups.google.com/a/chromium.org/forum/#!msg/chromium-dev/EUqoIz2iFU4/kPZ5ZK0K3gEJ）上的一篇帖子中提到，"在 Chromium 中，std::string 对内存管理器的调用次数占到了内存管理器被调用的总次数的一半"。只要操作字符串的代码会被频繁地执行，那么那里就有优化的用武之地。本章将会通过讨论"优化字符串处理"来阐释优化中反复出现的主题。

4.1 为什么字符串很麻烦

字符串在概念上很简单，但是想要实现高效的字符串却非常微妙。由于 std::string 中特性的特定组合的交互方式，使得实现高效的字符串几乎不可能。的确，在编写本书时，几种流行的编译器曾经实现的 std::string 在许多方面都不符合标准。

而且，为了能够跟上 C++ 标准的变化，std::string 的行为也在不断地变化。这意味着，在 C++98 编译器中实现的符合标准的 std::string 的行为可能与在 C++11 之后实现的

注 1：奥利弗·温德尔·霍姆斯是美国医生、著名作家，被誉为美国 19 世纪最佳诗人之一。——译者注

注 2：Chromium（http://www.chromium.org/Home）是一个开源的浏览器项目，旨在为所有用户提供更安全、更快速、更稳定的 Web 浏览体验。——译者注

std::string 的行为是不同的。

字符串的某些行为会增加使用它们的开销，这一点与实现方式无关。字符串是动态分配的，它们在表达式中的行为与值相似，而且实现它们需要大量的复制操作。

4.1.1　字符串是动态分配的

字符串之所以使用起来很方便，是因为它们会为了保存内容而自动增长。相比之下，C 的库函数（strcat()、strcpy() 等）工作于固定长度的字符数组上。为了实现这种灵活性，字符串被设计为动态分配的。相比于 C++ 的大多数其他特性，动态分配内存耗时耗力。因此无论如何，字符串都是性能优化热点。当一个字符串变量超出了其定义范围或是被赋予了一个新的值后，动态分配的存储空间会被自动释放。与下面这段代码展示的需要为动态分配的 C 风格的字符数组手动释放内存相比，这样无疑方便了许多。

```
char* p = (char*) malloc(7);
strcpy(p, "string");
    ...
free(p);
```

尽管如此，但字符串内部的字符缓冲区的大小仍然是固定的。任何会使字符串变长的操作，如在字符串后面再添加一个字符或是字符串，都可能会使字符串的长度超出它内部的缓冲区的大小。当发生这种情况时，操作会从内存管理器中获取一块新的缓冲区，并将字符串复制到新的缓冲区中。

为了能让字符串增长时重新分配内存的开销"分期付款"，std::string 使用了一个小技巧。字符串向内存管理器申请的字符缓冲区的大小并非与字符串所需存储的字符数完全一致，而是比该数值更大。例如，有些字符串的实现方式所申请的字符缓冲区的大小是需要存储的字符数的两倍。这样，在下一次申请新的字符缓冲区之前，字符串的容量足够允许它增长一倍。下一次某个操作需要增长字符串时，现有的缓冲区足够存储新的内容，可以避免申请新的缓冲区。这个小技巧带来的好处是随着字符串变得更长，在字符串后面再添加字符或是字符串的开销近似于一个常量；而其代价则是字符串携带了一些未使用的内存空间。如果字符串的实现策略是字符串缓冲区增大为原来的两倍，那么在该字符串的存储空间中，有一半都是未使用的。

4.1.2　字符串就是值

在赋值语句和表达式中，字符串的行为与值是一样的（请参见 6.1.3 节）。2 和 3.14159 这样的数值常量是值。可以将一个新值赋予给一个变量，但是改变这个变量并不会改变这个值。例如：

```
int i,j;
i = 3; // i的值是3
j = i; // j的值也是3
i = 5; // i的值现在是5,但是j的值仍然是3
```

将一个字符串赋值给另一个字符串的工作方式是一样的，就仿佛每个字符串变量都拥有一份它们所保存的内容的私有副本一样：

```
std::string s1, s2;
s1 = "hot"; // s1是"hot"
s2 = s1; // s2是"hot"
s1[0] - 'n'; // s2仍然是"hot",但s1变为了"not"
```

由于字符串就是值,因此字符串表达式的结果也是值。如果你使用 s1 = s2 + s3 + s4; 这条语句连接字符串,那么 s2 + s3 的结果会被保存在一个新分配的临时字符串中。连接 s4 后的结果则会被保存在另一个临时字符串中。这个值将会取代 s1 之前的值。接着,为第一个临时字符串和 s1 之前的值动态分配的内存将会被释放。这会导致多次调用内存管理器。

4.1.3　字符串会进行大量复制

由于字符串的行为与值相似,因此修改一个字符串不能改变其他字符串的值。但是字符串也有可以改变其内容的变值操作。正是因为这些变值操作的存在,每个字符串变量必须表现得好像它们拥有一份自己的私有副本一样。实现这种行为的最简单的方式是当创建字符串、赋值或是将其作为参数传递给函数的时候进行一次复制。如果字符串是以这种方式实现的,那么赋值和参数传递的开销将会变得很大,但是**变值函数**(mutating function)和非常量引用的开销却很小。

有一种被称为"写时复制"(copy on write)的著名的编程惯用法,它可以让对象与值具有同样的表现,但是会使复制的开销变得非常大。在 C++ 文献中,它被简称为 COW(详见 6.5.5 节)。在 COW 的字符串中,动态分配的内存可以在字符串间共享。每个字符串都可以通过引用计数知道它们是否使用了共享内存。当一个字符串被赋值给另一个字符串时,所进行的处理只有复制指针以及增加引用计数。任何会改变字符串值的操作都会首先检查是否只有一个指针指向该字符串的内存。如果多个字符串都指向该内存空间,所有的变值操作(任何可能会改变字符串值的操作)都会在改变字符串值之前先分配新的内存空间并复制字符串:

```
COWstring s1, s2;
s1 = "hot"; // s1是"hot"
s2 = s1;    // s2是"hot"(s1和s2指向相同的内存)
s1[0] = 'n';// s1会在改变它的内容之前将当前内存空间中的内容复制一份
            // s2仍然是"hot",但s1变为了"not"
```

写时复制这项技术太有名了,以至于开发人员可能会想当然地以为 std::string 就是以这种方式实现的。但是实际上,写时复制甚至是不符合 C++11 标准的实现方式,而且问题百出。

如果以写时复制方式实现字符串,那么赋值和参数传递操作的开销很小,但是一旦字符串被共享了,非常量引用以及任何变值函数的调用都需要昂贵的分配和复制操作。在并发代码中,写时复制字符串的开销同样很大。每次变值函数和非常量引用都要访问引用计数器。当引用计数器被多个线程访问时,每个线程都必须使用一个特殊的指令从主内存中得到引用计数的副本,以确保没有其他线程改变这个值(详见 12.2.7 节)。

在 C++11 及之后的版本中,随着"右值引用"和"移动语义"(详见 6.6 节)的出现,使用它们可以在某种程度上减轻复制的负担。如果一个函数使用"右值引用"作为参数,那么当实参是一个右值表达式时,字符串可以进行轻量级的指针复制,从而节省一次复制操作。

4.2　第一次尝试优化字符串

假设通过分析一个大型程序揭示出了代码清单 4-1 中的 remove_ctrl() 函数的执行时间在程序整体执行时间中所占的比例非常大。这个函数的功能是从一个由 ASCII 字符组成的字符串中移除控制字符。看起来它似乎很无辜，但是出于多种原因，这种写法的函数确实性能非常糟糕。实际上，这个函数是一个很好的例子，向大家展示了在编码时完全不考虑性能是多么地危险。

代码清单 4-1　需要优化的 remove_ctrl()

```
std::string remove_ctrl(std::string s) {
    std::string result;
    for (int i=0; i<s.length(); ++i) {
        if(s[i] >= 0x20)
            result = result + s[i];
    }
    return result;
}
```

remove_ctrl() 在循环中对通过参数接收到的字符串 s 的每个字符进行处理。循环中的代码就是导致这个函数成为热点的原因。if 条件语句从字符串中得到一个字符，然后与一个字面常量进行比较。这里没有什么问题。但是第 5 行的语句就不一样了。

正如之前所指出的，字符串连接运算符的开销是很大的。它会调用内存管理器去构建一个新的临时字符串对象来保存连接后的字符串。如果传递给 remove_ctrl() 的参数是一个由可打印的字符组成的字符串，那么 remove_ctrl() 几乎会为 s 中的每个字符都构建一个临时字符串对象。对于一个由 100 个字符组成的字符串而言，这会调用 100 次内存管理器来为临时字符串分配内存，调用 100 次内存管理器来释放内存。

除了分配临时字符串来保存连接运算的结果外，将字符串连接表达式赋值给 result 时可能还会分配额外的字符串。当然，这取决于字符串是如何实现的。

- 如果字符串是以写时复制惯用法实现的，那么赋值运算符将会执行一次高效的指针复制并增加引用计数。
- 如果字符串是以非共享缓冲区的方式实现的，那么赋值运算符必须复制临时字符串的内容。如果实现是原生的，或者 result 的缓冲区没有足够的容量，那么赋值运算符还必须分配一块新的缓冲区用于复制连接结果。这会导致 100 次复制操作和 100 次额外的内存分配。
- 如果编译器实现了 C++11 风格的右值引用和移动语义，那么连接表达式的结果是一个右值，这表示编译器可以调用 result 的移动构造函数，而无需调用复制构造函数。因此，程序将会执行一次高效的指针复制。

每次执行连接运算时还会将之前处理过的所有字符复制到临时字符串中。如果参数字符串有 n 个字符，那么 remove_ctrl() 会复制 $O(n^2)$ 个字符。所有这些内存分配和复制都会导致性能变差。

因为 remove_ctrl() 是一个小且独立的函数，所以我们可以构建一个测试套件，通过反复地调用该函数来测量通过优化到底能将该函数的性能提升多少。关于构建测试套件和测量性能的内容，我们已经在第 3 章中讨论过了。读者可以从我的个人网站（http://www.guntheroth.com）下载这个函数的测试套件以及本书中的其他代码。

我所编写的这个时间测试会以一个长达 222 个字符且其中包含多个控制字符的字符串作为参数，反复地调用 remove_ctrl() 函数。测量结果是平均每次调用花费 24.8 微秒。这个数字自身并不重要，因为这是在我的 PC（英特尔 i7 平板）、操作系统（Windows 8.1）和编译器（Visual Studio 2010，32 位，正式版）上得出的测试结果。重要的是，它是测量性能改善的基准值。

在下面的小节中，我将会介绍 remove_ctrl() 函数的性能优化步骤和结果。

4.2.1　使用复合赋值操作避免临时字符串

我首先通过移除内存分配和复制操作来优化 remove_ctrl()。代码清单 4-2 是 remove_ctrl() 改善后的版本，其中第 5 行中会产生很多临时字符串对象的连接表达式被替换为了复合赋值操作符 +=。

代码清单 4-2　remove_ctrl_mutating()：复合赋值操作符

```
std::string remove_ctrl_mutating(std::string s) {
    std::string result;
    for (int i=0; i<s.length(); ++i) {
        if(s[i] >= 0x20)
            result += s[i];
    }
    return result;
}
```

这个小的改动却带来了很大的性能提升。在相同的测试下，现在，平均每次调用只花费 1.72 微秒，性能提升了 13 倍。这次改善源于移除了所有为了分配临时字符串对象来保存连接结果而对内存管理器的调用，以及相关的复制和删除临时字符串的操作。赋值时的分配和复制操作也可以被移除，不过这取决于字符串的实现方式。

4.2.2　通过预留存储空间减少内存的重新分配

remove_ctrl_mutating() 函数仍然会执行一个导致 result 变长的操作。这意味着 result 会被反复地复制到一个更大的内部动态缓冲区中。正如之前所讨论的，每次字符串的字符缓冲区发生溢出时，std::string 的一种可能的实现方式[3] 会申请两倍的内存空间。如果 std::string 是以这种规则实现的，那么对于一个含有 100 个字符的字符串来说，重新分配内存的次数可能会多达 8 次。

假设字符串中绝大多数都是可打印的字符，只有几个是需要被移除的控制字符，那么参数字符串 s 的长度几乎等于结果字符串的最终长度。代码清单 4-3 通过使用 std::string() 的 reserve() 成员函数预先分配足够的内存空间来优化 remove_ctrl_mutating()。使用 reserve() 不仅移除了字符串缓冲区的重新分配，还改善了函数所读取的数据的缓存局部性（cache locality），因此我们从中得到了更好的改善效果。

───────────────

注 3：即上面提到的非共享缓冲区的方式。——译者注

```
std::string remove_ctrl_reserve(std::string s) {
    std::string result;
    result.reserve(s.length());
    for (int i=0; i<s.length(); ++i) {
        if (s[i] >= 0x20)
            result += s[i];
    }
    return result;
}
```

移除了几处内存分配后，程序性能得到了明显的提升。对 remove_ctrl_reserve() 进行测试的结果是每次调用耗时 1.47 微秒，相比 remove_ctrl_mutating() 提高了 17%。

4.2.3 消除对参数字符串的复制

到目前为止，我已经通过移除对内存管理器的调用成功地优化了 remove_ctrl() 函数。因此，继续寻找和移除其他内存分配操作是合理的。

如果通过值将一个字符串表达式传递给一个函数，那么形参（在本例中即 s）将会通过复制构造函数被初始化。这可能会导致复制操作，当然，这取决于字符串的实现方式。

- 如果字符串是以写时复制惯用法方式实现的，那么编译器会调用复制构造函数，这将执行一次高效的指针复制并增加引用计数。
- 如果字符串是以非共享缓冲区的方式实现的，那么复制造函数必须分配新的缓冲区并复制实参的内容。
- 如果编译器实现了 C++11 风格的右值引用和移动语义，而且实参是一个表达式，那么它就是是一个右值，这样编译器将会调用移动构造函数，这会执行一次高效的指针复制。如果实参是一个变量，那么将会调用形参的构造函数，这会导致一次内存分配和复制。6.6 节中将详细讲解右值引用和移动语义。

代码清单 4-4 中的 remove_ctrl_ref_args() 是改善后的永远不会复制 s 的函数。由于该函数不会修改 s，因此没有理由去复制一份 s。取而代之的是，remove_ctrl_ref_args() 会给 s 一个常量引用作为参数。这省去了另外一次内存分配。由于内存分配是昂贵的，所以哪怕只是一次内存分配，也值得从程序中移除。

```
std::string remove_ctrl_ref_args(std::string const& s) {
    std::string result;
    result.reserve(s.length());
    for (int i=0; i<s.length(); ++i) {
        if (s[i] >= 0x20)
            result += s[i];
    }
    return result;
}
```

改善后的结果令人大吃一惊。remove_ctrl_ref_args() 的测试结果是每次调用花费 1.60 微秒，相比 remove_ctrl_reserve() 性能下降了 8%。

到底发生了什么呢？当这段函数运行时，Visual Studio 2010 应该会复制字符串。因此，这次修改本应该能够省去一次内存分配。原因可能是并没有真正省去这次内存分配，或是将 s 从字符串修改为字符串引用后导致其他相关因素抵消了节省内存分配带来的性能提升。

引用变量是作为指针实现的。因在，当在 remove_ctrl_ref_args() 中每次出现 s 时，程序都会解引指针，而在 remove_ctrl_reserve() 中则不会发生解引。我推测这些额外的开销可能足以导致性能下降。

4.2.4　使用迭代器消除指针解引

解决方法是在字符串上使用迭代器，如代码清单 4-5 所示。字符串迭代器是指向字符缓冲区的简单指针。与在循环中不使用迭代器的代码相比，这样可以节省两次解引操作。

代码清单 4-5　remove_ctrl_ref_args_it()：remove_ctrl_ref_args() 的使用了迭代器的版本

```
std::string remove_ctrl_ref_args it(std::string const& s) {
    std::string result;
    result.reserve(s.length());
    for (auto it=s.begin(),end=s.end(); it != end; ++it) {
        if (*it >= 0x20)
            result += *it;
    }
    return result;
}
```

测试结果令人满意，每次调用 remove_ctrl_ref_args_it() 的时间为 1.04 微秒。与不使用迭代器的版本相比，这绝对是非常棒的结果。但是如果将 s 变为字符串引用的话会怎么样呢？为了确定这项优化到底是否有助于改善性能，我编写了一个使用了迭代器的 remove_ctrl_reserve()。测试结果是每次调用 remove_ctrl_reserve_it() 的时间为 1.26 微秒，比修改前的 1.47 微秒略有减少。这说明将参数类型修改为字符串引用确实提高了程序性能。

实际上，我为函数名以 remove_ctrl() 开头的函数都编写过对应的使用迭代器的版本。在所有这些函数中，使用迭代器都比不使用迭代器要快。（不过，在 4.3 节中，我们将会看到这个技巧并非总是有效。）

在 remove_ctrl_ref_args_it() 中还包含另一个优化点，那就是用于控制 for 循环的 s.end() 的值会在循环初始化时被缓存起来。这样可以节省 $2n$ 的间接开销，其中 n 是参数字符串的长度。

4.2.5　消除对返回的字符串的复制

remove_ctrl() 函数的初始版本是通过值返回处理结果的。C++ 会调用复制构造函数将处理结果设置到调用上下文中。虽然只要可能的话，编译器是可以省去（即简单地移除）调用复制构造函数的，但是如果我们想要确保不会发生复制，那么有几种选择。其中一种选择是将字符串作为输出参数返回，这种方法适用于所有的 C++ 版本以及字符串的所有实现方式。这也是编译器在省去调用复制构造函数时确实会进行的处理。代码清单 4-6 展示了改善后的 remove_ctrl_ref_args_it()。

代码清单 4-6　remove_ctrl_ref_result_it()：移除对返回值的复制

```
void remove_ctrl_ref_result_it (
    std::string& result,
    std::string const& s)
{
    result.clear();
    result.reserve(s.length());
    for (auto it=s.begin(),end=s.end(); it != end; ++it) {
        if (*it >= 0x20)
            result += *it;
    }
}
```

当程序调用 remove_ctrl_ref_result_it() 时，一个指向字符串变量的引用会被传递给形参 result。如果 result 引用的字符串变量是空的，那么调用 reserve() 将分配足够的内存空间用于保存字符。如果程序之前使用过这个字符串变量，例如程序循环地调用了 remove_ctrl_ref_result_it()，那么它的缓冲区可能已经足够大了，这种情况下可能无需分配新的内存空间。当函数返回时，调用方的字符串变量将会接收返回值，无需进行复制。remove_ctrl_ref_result_it() 的优点在于多数情况下它都可以移除所有的内存分配。

remove_ctrl_ref_result_it() 的性能测量结果是每次调用花费 1.02 微秒，比修改之前的版本快了大约 2%。

remove_ctrl_ref_result_it() 已经非常高效了，但是相比 remove_ctrl() 而言，它的接口很容易导致调用方误用这个函数。引用——即使是常量引用——的行为与值的行为并非完全相同。下面的函数调用将会返回一个空字符串，这与预想的结果不同：

```
std::string foo("this is a string");
remove_ctrl_ref_result_it(foo, foo);
```

4.2.6　用字符数组代替字符串

当程序有极其严格的性能需求时，可以如代码清单 4-7 所示，不使用 C++ 标准库，而是利用 C 风格的字符串函数来手动编写函数。相比 std::string，C 风格的字符串函数更难以使用，但是它们却能带来显著的性能提升。要想使用 C 风格的字符串，程序员必须手动分配和释放字符缓冲区，或者使用静态数组并将其大小设置为可能发生的最差情况。如果内存的使用量非常严格，那么可能无法声明很多静态数组。不过，在局部存储区（即函数调用栈）中往往有足够的空间可以静态地声明大型临时缓冲区。当函数退出时，这些缓冲区将会被回收，而产生的运行时开销则微不足道。除了一些限制极度严格的嵌入式环境外，在栈上声明最差情况下的缓冲区为 1000 甚至 10 000 个字符是没有问题的。

代码清单 4-7　remove_ctrl_cstrings()：在底层编码

```
void remove_ctrl_cstrings(char* destp, char const* srcp, size_t size) {
    for (size_t i=0; i<size; ++i) {
        if (srcp[i] >= 0x20)
            *destp++ = srcp[i];
```

```
    }
    *destp = 0;
}
```

测试结果是每次调用 remove_ctrl_cstrings() 的时间为 0.15 微秒。这比上一个版本的函数快了 6 倍，比最初的版本更是快了足足 170 倍。获得这种改善效果的原因之一是移除了若干函数调用以及改善了缓存局部性。

不过，优秀的缓存局部性可能会误导性能测量。通常，在两次调用 remove_ctrl_cstrings() 之间的其他操作会刷新缓存。但是当在一个循环中频繁地调用该函数时，指令和数据可能会驻留在缓存中。

另一个影响 remove_ctrl_cstrings() 的因素是它的接口与初始函数相比发生了太多改变。如果有许多地方都调用了初始版本函数，那么将那些代码修改为调用现在的这个函数需要花费很多人力和时间，而且修改后代码也可能需要优化。尽管如此，remove_ctrl_cstrings() 这个例子仍然说明，只要开发人员愿意完全重写函数和改变它的接口，他们可以获得很大的性能提升。

停下来思考

我想我们可能走得太远了。

——中将弗雷德里克·"博伊"·布朗宁（1896—1965）

1944 年 9 月 10 日对陆军元帅蒙哥马利如是说，表达了他对盟军占领阿纳姆大桥计划的担忧。事实证明，布朗宁的担忧是正确的，因为阿纳姆战役就是一场灾难。

正如在之前的章节中所提到的，在进行性能优化时，要注意权衡简单性、安全性与所获得的性能提升效果。相比 remove_ctrl()，remove_ctrl_ref_result_it() 需要改变函数签名，这可能会引入潜在的错误。remove_ctrl_cstrings() 的性能改善代价是手动管理临时存储空间。对于某些开发团队来说，这个代价太大了。

对于一项性能改善是否值得增加接口的复杂性或是增加需要评审函数调用的工作量，开发人员有不同的观点，有时候观点还非常强硬。特别钟爱通过输出参数返回函数值的开发人员可能会认为危险用例不太可能出现，而且可以记录下来。通过输出参数返回字符串还可以让函数返回值发挥其他作用，例如返回错误代码。那些反对这项优化的开发人员可能会说，这里没有明显地警告用户远离危险的用例，而且一个微妙的 bug 带来的麻烦远比性能优化的价值大。最后，团队必须回答一个问题："我们需要将程序性能提高多少？"

我无法告诉你什么时候优化过度了，因为这取决于性能改善有多重要。但是开发人员应当注意性能的转变，然后停下来多多思考。

C++ 为开发人员提供了很多选择，从编写简单、安全但效率低下的代码，到编写高效但必须谨慎使用的代码。其他编程语言的提倡者可能会认为这是一个缺点，但是就优化而言，这是 C++ 最强有力的武器之一。

4.2.7　第一次优化总结

表 4-1 中总结了对 remove_ctrl() 采取各种优化手段后的测试结果。这些结果都来自于遵循一个简单的规则：移除内存分配和相关的复制操作。第一个优化手段带来的性能提升效果最显著。

许多因素都会影响绝对时间，包括处理器、基础时钟频率、内存总线频率、编译器和优化器。我已经提供了调试版和正式（优化后）版的测试结果来证明这一点。虽然正式版代码比调试版代码的运行速度快得多，但是在调试版和正式版中都可以看出改善效果。

表4-1：性能总结VS 2010, i7

函数	调试版	Δ	正式版	Δ	正式版与调试版
remove_ctrl()	967 微秒		24.8 微秒		3802%
remove_ctrl_mutating()	104 微秒	834%	1.72 微秒	1341%	5923%
remove_crtl_reserve()	102 微秒	142%	1.47 微秒	17%	6853%
remove_ctrl_ref_args_it()	215 微秒	9%	1.04 微秒	21%	20559%
remove_ctrl_ref_result_it()	215 微秒	0%	1.02 微秒	2%	21012%
remove_ctrl_cstrings()	1 微秒	9698%	0.15 微秒	601%	559%

正式版本的性能提升百分比看起来更具有戏剧性。这可能是受到了阿达姆法则的影响。在调试版本中，函数的内联展开被关闭了，这增加了每个函数调用的开销，也导致内存分配的执行时间所占的比重降低了。

4.3　第二次尝试优化字符串

开发人员还可以通过其他途径寻求更好的性能。我们将在本节中讨论几种优化选择。

4.3.1　使用更好的算法

一种优化选择是尝试改进算法。初始版本的 remove_ctrl() 使用了一种简单的算法，一次将一个字符复制到结果字符串中。这个不幸的选择导致了最差的内存分配行为。代码清单 4-8 在初始设计的基础上，通过将整个子字符串移动至结果字符串中改善了函数性能。这个改动可以减少内存分配和复制操作的次数。remove_ctrl_block() 中展示的另外一种优化选择是缓存参数字符串的长度，以减少外层 for 循环中结束条件语句的性能开销。

代码清单 4-8　remove_ctrl_block()：一种更快的算法

```
std::string remove_ctrl_block(std::string s) {
    std::string result;
    for (size_t b=0, i=b, e=s.length(); b < e; b = i+1) {
        for (i=b; i<e; ++i) {
            if (s[i] < 0x20)
                break;
        }
        result = result + s.substr(b,i-b);
    }
```

```
        return result;
    }
```

测试结果是每次调用 remove_ctrl_block() 的运行时间为 2.91 微秒，这个速度大约比初始版本的 remove_ctrl() 快了 7 倍。

这个函数与以前一样，可以通过使用复合赋值运算符替换字符串连接运算符来改善（remove_ctrl_block_mutate1()，每次调用的时间是 1.27 微秒）其性能，但是 substr() 仍然生成临时字符串。由于这个函数将字符添加到了 result 的末尾，开发人员可以通过重载 std::string 的 append() 成员函数来复制子字符串，且无需创建临时字符串。修改后的 remove_ctrl_block_mutate() 函数（如代码清单 4-9 所示）的测试结果是每次调用耗时 0.65 微秒。这个结果轻松地战胜了 remove_ctrl_ref_result_it() 的每次调用 1.02 微秒的成绩，比初始版本的 remove_ctrl() 快了 36 倍。这个简单的例子向我们展示了选择一种更好的算法是一种多么强大的优化手段。

代码清单 4-9　remove_ctrl_block_append()：一种更快的算法

```cpp
std::string remove_ctrl_block_append(std::string s) {
    std::string result;
    result.reserve(s.length());
    for (size_t b=0,i=b; b < s.length(); b = i+1) {
        for (i=b; i<s.length(); ++i) {
            if (s[i] < 0x20) break;
        }
        result.append(s, b, i-b);
    }
    return result;
}
```

这个结果还可以通过预留 result 的存储空间和移除参数复制（remove_ctrl_block_args()，每次调用的时间是 0.55 微秒）以及通过移除返回值的复制（remove_ctrl_block_ret()，每次调用的时间是 0.51 微秒）来改善。

有一件事情对性能没有改善效果，至少在最开始没有，那就是使用迭代器重写 remove_ctrl_block()。不过，如表 4-2 所示，在将参数和返回值都变为引用类型后，使用了迭代器的版本的开销突然从增加 10 倍变为了减少 20%。

表4-2：第二种remove_ctrl算法的性能总结

	每次调用时间	Δ（与上一次相比）
remove_ctrl()	24.8 微秒	
remove_ctrl_block()	2.91 微秒	751%
remove_ctrl_block_mutate()	1.27 微秒	129%
remove_ctrl_block_append()	0.65 微秒	95%
remove_ctrl_block_args()	0.55 微秒	27%
remove_ctrl_block_ret()	0.51 微秒	6%
remove_ctrl_block_ret_it()	0.43 微秒	19%

另外一种改善性能的方法是，通过使用 std::string 的 erase() 成员函数移除控制字符来改

变字符串。代码清单 4-10 展示了这种修改方法。

remove_ctrl_erase()：不创建新的字符串，而是修改参数字符串的值作
为结果返回

```
std::string remove_ctrl_erase(std::string s) {
    for (size_t i = 0; i < s.length();)
        if (s[i] < 0x20)
            s.erase(i,1);
        else ++i;
    return s;
}
```

这种算法的优势在于，由于 s 在不断地变短，除了返回值时会发生内存分配外，其他情
况下都不会再发生内存分配。修改后的函数性能非常棒，测试结果是每次调用耗时 0.81
微秒，比初始版本的 remove_ctrl() 快了 30 倍。如果在第一次优化中取得了这个优异的
结果，开发人员可能认为自己胜利了，然后退出优化战场，不会考虑如何进一步优化。
有时候，选择一种不同的算法后程序会变得更快；即使没有变快，也可能会变得比原来
更容易优化。

4.3.2　使用更好的编译器

我使用 Visual Studio 2013 运行了相同的测试。Visual Studio 2013 实现了移动语义，这应
当会让一些函数更快。不过，结果却有点让人看不懂。在调试模式下的运行结果是 Visual
Studio 2013 比 Visual Studio 2010 快了 5%~15%，不过从命令行运行的结果是 VS2013 慢了
5%~20%。我也试过 Visual Studio 2015 RC 版，结果更慢。这可能与容器类的改变有关。一
个新版本的编译器可能会改善性能，不过这需要开发人员通过测试去验证，而不是想当然。

4.3.3　使用更好的字符串库

std::string 的定义曾经非常模糊，这让开发人员在实现字符串时有更广泛的选择。后来，
对性能和可预测性的需求最终迫使 C++ 标准明确了它的定义，导致很多新奇的实现方式不
再适用。定义 std::string 的行为是一种妥协，它是经过很长一段时间以后从各种设计思
想中演变出来的。

* 与其他标准库容器一样，std::string 提供了用于访问字符串中单个字符的迭代器。
* 与 C 风格的字符串一样，std::string 提供了类似数组索引的符号，可以使用运算符 []
  访问它的元素。std::string 还提供了一种用于获取指向以空字符结尾的 C 风格字符串
  的指针的机制。
* 与 BASIC 字符串类似，std::string 有一个连接运算符和可以赋予字符串值语义（value
  semantics）的返回值的函数。
* std::string 提供的操作非常有限，有些开发人员会感觉受到了限制。

希望 std::string 与 C 风格的字符数组一样高效，这个需求推动着字符串的实现朝着在紧
邻的内存中表现字符串的方向前进。C++ 标准要求迭代器能够随机访问，而且禁止写时复
制语义。这样更容易定义 std::string，而且更容易推论出哪些操作会使在 std::string 中

使用迭代器无效，但它同时也限制了更聪明的实现方式的范围。

而且，商业 C++ 编译器的 std::string 的实现必须足够直接，使其可以被测试，以确保字符串的行为符合标准，并且在所有可考虑到的情况下都具有可接受的性能。编译器厂商犯错的代价是非常大的。这会推动 std::string 的实现趋于简单。

标准所定义的 std::string 的行为有一些缺点。向一个含有 100 万个字符的字符串中插入一个字符会导致整个字符串都被复制一份，而且可能会发生内存分配。类似地，所有返回值的子字符串的操作都必须分配内存和复制它们的结果。一些开发人员会通过避开一个或多个之前提到的限制（迭代器、索引、C 风格的访问方式、值语义、简单性）来寻找优化机会。

1. 采用更丰富的std::string库

有时候，使用更好的库也表示使用额外的字符串函数。许多库都可以与 std::string 共同工作，下面列举了其中一部分。

Boost 字符串库（http://www.boost.org/doc/libs/?view=category_String）

　　Boost 字符串库提供了按标记将字符串分段、格式化字符串和其他操作 std::string 的函数。这为那些喜爱标准库中的 <algorithm> 头文件的开发人员提供了很大的帮助。

C++ 字符串工具包（http://www.partow.net/programming/strtk/index.html）

　　另一个选择是 C++ 字符串工具包（StrTk）。StrTk 在解析字符串和按标记将字符串分段方面格外优秀，而且它兼容 std::string。

2. 使用std::stringstream避免值语义

C++ 已经有几种字符串实现方式了：模板化的、支持迭代器访问的、可变长度的 std::string 字符串；简单的、基于迭代器的 std::vector<char>；老式的、C 风格的以空字符结尾的、固定长度的字符数组。

尽管很难用好 C 风格的字符串，但我们之前已经通过实验看到了，在适当的条件下，使用 C 风格的字符数组替换 C++ 的 std::string 后可以极大程度地改善程序的性能。这两种实现方式都很难完美地适用于所有情况。

C++ 中还有另外一种字符串。std::stringstream 之于字符串，就如同 std::ostream 之于输出文件。std::stringstream 类以一种不同的方式封装了一块动态大小的缓冲区（事实上，通常就是一个 std::string），数据可以被添加至这个实体（请参见 6.1.3 节中的内容）中。std::stringstream 是一个很好的例子，它展示了如何在类似的实现的顶层使用不同的 API 来提高代码性能。代码清单 4-11 展示了 std::stringstream 的使用方法。

代码清单 4-11　std::stringstream：类似于字符串，但却是一个对象

```
std::stringstream s;
for (int i=0; i<10; ++i) {
    s.clear();
    s << "The square of " << i << " is " << i*i << std::endl;
    log(s.str());
}
```

这段代码展示了几个优化代码的技巧。由于 s 被修改为了一个实体，这个很长的插入表达式不会创建任何临时字符串，因此不会发生内存分配和复制操作。另外一个故意的改动是将 s 声明了在循环外。这样，s 内部的缓存将会被复用。第一次循环时，随着字符被添加至对象中，可能会重新分配几次缓冲区，但是在接下来的迭代中就不太可能会重新分配缓冲区了。相比之下，如果将 s 定义在循环内部，每次循环时都会分配一块空的缓冲区，而且当使用插入运算符添加字符时，还有可能重新分配缓冲区。

如果 std::stringstream 是用 std::string 实现的，那么它在性能上永远不能胜过 std::string。它的优点在于可以防止某些降低程序性能的编程实践。

3. 采用一种新奇的字符串实现方式

开发人员可能会发现字符串缺乏抽象性。C++ 最重要的特性之一是没有内置字符串等抽象性，却以模板或者函数库的形式提供了这种抽象性。std::string 等可选的实现方式成为了这门编程语言的特性。所以一位非常聪明的开发人员实现的字符串的性能可能会更好。通过移除一个或多个在本节开头列举出的限制（迭代器、索引、C 风格访问、简单性），可以定义出自己的字符串类来优化那些因使用了 std::string 而无法优化的代码。

随着时间的推移，开发人员提出了许多聪明的字符串数据结构，承诺可以显著地降低内存分配和复制字符串内容的开销。但是出于以下几个原因，这可能会是"塞壬的歌声"[4]。

- 任何想要取代 std::string 的实现方式都必须具有足够的表现力，且在大多数场合都比 std::string 更高效。提议的绝大多数可选实现方式都无法确保在多数情况下可以提高性能。
- 将一个大型程序中出现的所有 std::string 都换成其他字符串是一项浩大的工程，而且无法确保这一定能提高性能。
- 虽然有许多种可选的字符串概念被提出来了，而且有一些已经实现了，但是想要通过谷歌找到一种像 std::string 一样完整的、经过测试的、容易理解的字符串实现，却需要花费一些工夫。

在设计程序时考虑替换 std::string 可能比在进行优化时替换 std::string 更现实。虽然对于一个有足够时间和资源的大团队来说，在进行优化时替换 std::string 也是可能的，但是结果的不确定性太高，因而这种优化不太现实。但是仍然有其他实现方式的字符串可以帮助我们。

std::string_view

　　string_view 可以解决 std::string 的某些问题。它包含一个指向字符串数据的无主指针和一个表示字符串长度的值，所以它可以表示为 std::string 或字面字符串的子字符串。与 std::string 的返回值的成员函数相比，它的 substring 和 trim 等操作更高效。std::string. string_view 可能会被加入到 C++14 中。有些编译器现在已经实现了 std::experimental::string_view。string_view 与 std::string 的接口几乎相同。

　　std::string_view 的问题在于指针是无主的。程序员必须确保每个 string_view 的生命周期都不会比它所指向的 std::string 的生命周期长。

注 4：塞壬是人身鸟足的女妖，她用甜美的歌声诱惑经过的海员，使他们的船触礁沉没。——译者注

folly::fbstring（https://github.com/facebook/folly/blob/master/folly/docs/FBString.md）

Folly 是一个完整的代码库，它被 Facebook 用在了他们自己的服务器上。它包含了高度优化过的、可以直接替代 `std::string` 的 `fbstring`。在 `fbstring` 的实现方式中，对于短的字符串是不用分配缓冲区的。`fbstring` 的设计人员声称他们测量到性能得到了改善。

由于这种特性，Folly 很可能非常健壮和完整。目前，只有 Linux 支持 Folly。

字符串类的工具包（http://johnpanzer.com/tsc_cuj/ToolboxOfStrings.html）

这篇发表于 2000 年的文章和代码描述了一个模板化的字符串类型，其接口与 SGI[5] 的 `std::string` 相同。它提供了一个固定最大长度的字符串类型和一个可变长度的字符串类型。这是模板元编程（template metaprogramming）魔法的一个代表作，但可能会让一些人费解。对于那些致力于设计更好的字符串类的开发人员来说，这是一个切实可行的候选类库。

C++03 表达式模板（http://craighenderson.co.uk/papers/exptempl/）

这是在 2005 年的一篇论文中展示的用于解决特定字符串连接问题的模板代码。表达式模板重写了 + 运算符，这样可以创建一个表示两个字符串的连接或是一个字符串和一个字符串表达式的连接的中间类型。当表达式模板被赋值给一个字符串时，表达式模板将内存分配和复制推迟至表达式结束，只会执行一次内存分配。表达式模版兼容 `std::string`。当既存的代码中有一个连接一长串子字符串的表达式时，使用表达式模板可以显著地提升性能。这个概念可以扩展至整个字符串库。

Better String 库（http://bstring.sourceforge.net/）

这个代码归档文件中包含了一个通用的字符串实现。它与 `std::string` 的实现方式不同，但是包含一些强大的特征。如果许多字符串是从其他字符串中的一部分构建出来的，`bstring` 允许通过相对一个字符串的偏移量和长度来组成一个新的字符串。我用过以这种思想设计实现的有专利权的字符串，它们确实非常高效。在 C++ 中有一个称为 `CBString` 的 bstring 库的包装类。

rope<T,alloc>（https://www.sgi.com/tech/stl/Rope.html）

这是一个非常适合在长字符串中进行插入和删除操作的字符串库。它不兼容 `std::string`。

Boost 字符串算法（http://www.boost.org/doc/libs/1_60_0/doc/html/string_algo.html）

这是一个字符串算法库，它是对 `std::string` 的成员函数的补充。这个库是基于"查找和替换"的概念构建起来的。

4.3.4　使用更好的内存分配器

每个 `std::string` 的内部都是一个动态分配的字符数组。`std::string` 看上去像是下面这样的通用模板的一种特化：

```
namespace std {
    template < class charT,
```

注 5：SGI 即美国硅图公司，成立于 1982 年，是一家生产高性能计算机系统的跨国公司，总部设在美国加州旧金山硅谷。SGI STL 是 STL 的三大版本之一。——译者注

```
            class traits = char_traits<charT>,
            class Alloc = allocator<charT>
            > class basic_string;

        typedef basic_string<char> string;
        ...
    };
```

第三个模板参数 Alloc 定义了一个**分配器**——一个访问 C++ 内存管理器的专用接口。默认情况下，Alloc 是 std::allocator，它会调用 ::operator new() 和 ::operator delete()——两个全局的 C++ 内存分配器函数。

我将会在第 13 章中详细讲解 ::operator new() 和 ::operator delete() 以及分配器对象的行为。现在，我只能告诉读者，::operator new() 和 ::operator delete() 会做一项非常复杂和困难的工作，为各种动态变量分配存储空间。它们需要为大大小小的对象以及单线程和多线程程序工作。为了实现良好的通用性，它们在设计上做出了一些妥协。有时，选择一种更加特化的分配器可能会更好。因此，我们可以指定默认分配器以外的为 std::string 定制的分配器作为 Alloc。

我编写了一个极其简单的分配器来展示可以获得怎样的性能提升。这个分配器可以管理几个固定大小的内存块。如代码清单 4-12 所示，我首先为使用这种分配器的字符串创建了一个 typedef。接着，我修改初始的、非常低效的 remove_ctrl() 来使用这种特殊的字符串。

代码清单 4-12 使用简单的、管理固定大小内存块的分配器的原始版本的 remove_ctrl()

```
    typedef std::basic_string<
        char,
        std::char_traits<char>,
        block_allocator<char, 10>> fixed_block_string;

    fixed_block_string remove_ctrl_fixed_block(std::string s) {
        fixed_block_string result;
        for (size_t i=0; i<s.length(); ++i) {
            if (s[i] >= 0x20)
                result = result + s[i];
        }
        return result;
    }
```

测试结果非常有戏剧性。在相同的测试中，remove_ctrl_fixed_block() 的运行时间为 13 636 毫秒，大约比初始版本快了 7.7 倍。

修改分配器并不适用于怯懦的开发人员。你无法将基于不同分配器的字符串赋值给另外一个字符串。修改后的示例代码之所以能够工作，仅仅是因为 s[i] 是一个字符，而不是一个只有一个字符的 std::string。你可以通过将字符串转换为 C 风格的字符串，将一个字符串的内容复制到另一个字符串中。例如，可以将示例代码修改为 result = s.c_str();。

将代码中所有的 std::string 都修改为 fixed_block_string 将会带来很大的影响。因此，如果一个团队认为需要对他们使用的字符串做些改变，那么最好在设计阶段就定义全工程范围的 typedef：

```
typedef std::string MyProjString;
```

之后，当要进行涉及大量代码修改的实验时，只需要修改这一处代码即可。仅在新的字符串与要替换的字符串有相同的成员函数时，这种方法才奏效。不同分配器分配的 std::basic_strings 具有这种特性。

4.4 消除字符串转换

现代世界的复杂性之一是不止有一种字符串。通常，字符串函数只适用于对相同类型的字符串进行比较、赋值或是作为运算对象和参数，因此，程序员必须将一种类型的字符串转换为另外一种类型。任何时候，涉及复制字符和动态分配内存的转换都是优化性能的机会。

转换函数库自身也可以被优化。更重要的是，大型程序的良好设计是可以限制这种转换的。

4.4.1 将C字符串转换为std::string

从以空字符结尾的字符串到 std::string 的无谓转换，是浪费计算机 CPU 周期的原因之一。例如：

```
std::string MyClass::Name() const {
    return "MyClass";
}
```

这个函数必须将字符串常量 MyClass 转换为一个 std::string，分配内存和复制字符到 std::string 中。C++ 会自动地进行这次转换，因为在 std::string 中有一个参数为 char* 的构造函数。

转换为 std::string 是无谓的。std::string 有一个参数为 char* 的构造函数，因此当 Name() 的返回值被赋值给一个字符串或是作为参数传递给另外一个函数时，会自动进行转换。上面的函数可以简单地写为：

```
char const* MyClass::Name() const {
    return "MyClass";
}
```

这会将返回值的转换推迟至它真正被使用的时候。当它被使用时，通常不需要转换：

```
char const* p = myInstance->Name(); // 没有转换
std::string s = myInstance->Name(); // 转换为'std::string'
std::cout << myInstance->Name();     // 没有转换
```

一个大型软件系统可能含有很多层（layer），这会让字符串转换成为一个大问题。如果在某一层中接收的参数类型是 std::string，而在它下面一层中接收的参数类型是 char*，那么可能需要写一些代码将 std::string 反转为 char*：

```
void HighLevelFunc(std::string s) {
    LowLevelFunc(s.c_str());
}
```

4.4.2　不同字符集间的转换

现代 C++ 程序需要将 C 的字面字符串（ASCII，有符号字节）与来自 Web 浏览器的 UTF-8（无符号，每个字符都是可变长字节）字符串进行比较，或是将由生成 UTF-16 的字流（带或者不带端字节）的 XML 解析器输出的字符串转换为 UTF-8。转换组合的数量令人生畏。

移除转换的最佳方法是为所有的字符串选择一种固定的格式，并将所有字符串都存储为这种格式。你可能希望提供一个特殊的比较函数，用于比较你所选择的格式和 C 风格的以空字符结尾的字符串，这样就无需进行字符串转换。我个人比较喜欢 UTF-8，因为它能够表示所有的 Unicode 代码点，可以直接与 C 风格的字符串进行比较（是否相同），而且多数浏览器都可以输出这种格式。

在时间紧迫的情况下编写的大型程序中，你可能会发现在将一个字符串从软件中的一层传递给另一层时，先将它从原来的格式转换为一种新的格式，然后再将它转换为原来的格式的代码。可以通过重写类接口中的成员函数，让它们接收相同的字符串类型来解决这个问题。不幸的是，这项任务就像是在 C++ 程序中加入常量正确性（const-correctness）。这种修改涉及程序中的许多地方，难以控制其范围。

4.5　小结

- 由于字符串是动态分配内存的，因此它们的性能开销非常大。它们在表达式中的行为与值类似，它们的实现方式中需要大量的复制。
- 将字符串作为对象而非值可以降低内存分配和复制的频率。
- 为字符串预留内存空间可以减少内存分配的开销。
- 将指向字符串的常量引用传递给函数与传递值的结果几乎一样，但是更加高效。
- 将函数的结果通过输出参数作为引用返回给调用方会复用实参的存储空间，这可能比分配新的存储空间更高效。
- 即使只是有时候会减少内存分配的开销，仍然是一种优化。
- 有时候，换一种不同的算法会更容易优化或是本身就更高效。
- 标准库中的类是为通用用途而实现的，它们很简单。它们并不需要特别高效，也没有为某些特殊用途而进行优化。

第5章

优化算法

时间能治愈理智无法抚平的伤痛。

——塞内加（公元前 4 年—公元 65 年）

当一个程序需要在数秒内执行完毕，实际上却要花费数小时时，唯一可以成功的优化方法可能就是选择一种更高效的算法了。多数优化方法的性能改善效果是线性的，但是使用更高效的算法替换低效算法可以使性能呈现指数级增长。

设计高效算法是许多计算机科学教科书和博士学术论文的主题。许多专业计算机科学家一生致力于分析算法。由于篇幅有限，本章无法覆盖这个主题所有方面的内容。在本章中，我只会简单介绍一下常用算法的时间开销，为读者提供一份当遇到麻烦时可以查阅的指南。

我将介绍常用的查找和排序算法，然后介绍一个用在现有的程序中优化查找和排序的工具。除了为未知数据选择一种最优算法外，对于已经排序好或是几乎排序好的数据以及具有其他特性的数据，有些算法会特别高效。

计算机科学家之所以研究重要的算法和数据结构，是因为它们是展示如何优化代码的典型示例。我收集了一些重要的优化技巧，希望读者可以认识到在哪些地方可以使用它们。

优化战争故事

许多程序问题既有简单但异常低效的解决方案，也有公开发表的微妙但更加高效的解决方案。对开发团队而言，最好的选择可能是从团队外部寻找一位算法分析专家，来帮助判断某个特定问题是否有更高效的解决方案。雇用这么一位顾问是值得的。

我曾经在一个团队中开发电路板功能测试仪（包括第 3 章中的 Fluke 9010A 图片）。我们在电路板测试仪中内置了一项 RAM 测试，通过这项测试可以诊断出设备的制造缺陷。

有一次，我试图将测试仪连接到 Commodore PET 计算机，然后使用它的显存运行 RAM 测试来检查这项测试的覆盖率，这样我就可以直接在 PET 中内置的屏幕上看到测试模式了。我通过一种粗鲁但是有效的方法——在 PET 的视频 RAM 芯片上的相邻引脚间插入一把螺丝刀——让 RAM 电路出错。我们惊奇地发现，聪明的工程师开发出的测试仪竟然多次没有检测出这种明显地改变了写入到 RAM 的模式的错误。而且，根据摩尔定律，每 18 个月所需测试的 RAM 的容量就会翻倍。我们需要一种新的、更快的、故障覆盖率更高的 RAM 测试算法。

RAM 穷举测试是不可行的，它访问内存的时间是 $O(2^n)$（其中 n 是 RAM 的地址的数量，请参见 5.1 节了解更多关于大 O 标记的知识）。在当时已发表的 RAM 测试算法中，大部分的速度都非常缓慢，只有 $O(n^2)$ 或是 $O(n^3)$。这些测试算法并没有过多考虑当内存设备只有几百个字的情况。这些理论上可行的已发表的测试需要访问每个单元 30 次，才能得到基础故障覆盖率。我当时提议使用伪随机序列来实现一种更好的测试，但是我缺乏数学知识来证明它是正确的。我们已经充分地证明过了仅凭直觉是无法确保成功的。我们需要一位算法专家。

我给华盛顿大学的老教授打了一通电话，他给我介绍了一位名叫 David Jacobson 的在读博士。David Jacobson 很乐意暂时放弃作为研究助手的助学金，换取作为开发人员的薪水。我们的合作成果是研究出了一种只需要访问内存 5 次的一流的 RAM 测试、几种新奇的功能测试算法，并获得了几项美国专利。

5.1 算法的时间开销

算法的**时间开销**是一个抽象的数学函数，它描述了随着输入数据规模的增加，算法的时间开销会如何增长。有许多因素都会影响程序在一台特定计算机上的运行时间，结果导致程序运行时间不是讨论算法性能的完美方法。但时间开销不考虑这些细节，只是简单地表示输入数据规模和开销之间的关系。我们可以将算法近似地按照时间开销分类，然后研究同一类算法的共同特征。任何一本讲述算法和数据结构的教科书都会讨论时间开销——我喜欢 Steven S. Skiena 的《算法设计手册（第 2 版）》——所以本章不会进行广泛且深入的讨论。

时间开销通常使用大 O 标记表示，例如 $O(f(n))$，其中 n 是某个会显著影响输入数据规模的因素，$f(n)$ 描述的是一个算法对规模为 n 的输入数据执行了多少次显著的操作。通常，函数 $f(n)$ 被简化为仅表示增长最快的因素，因为对于很大的 n 来说，这个因素决定了 $f(n)$ 的值。

以查找和排序算法为例，如果 n 就是被查找的项目或是要排序的项目的数量，通常 $f(n)$ 就是为了将两个项目排序而需要在这两个项目之间进行比较的次数。

下面概括介绍了一些常用算法的时间开销以及相对于程序运行时开销的倍数。

$O(1)$，即常量时间

最快的算法的时间开销是常量时间；也就是说，它们的开销是固定的，完全不取决于输入数据的规模。常量时间算法就像是"圣杯"一样，如果你找到它，它就具有难以置信的价值，但是你也可能穷极一生都找不到它，因此要当心那些向你兜售常量时间算法的陌生人。常量的比例可能非常高；也就是说，开销可能只是一次操作，但这次操作的时间可能非常长。实际上，它可能是 $O(n)$ 伪装而成的，甚至可能更糟。

$O(\log_2 n)$

时间开销比线性更小。例如，一种可以在每一步都将输入数据分为两半的查找算法，其时间开销是 $O(\log_2 n)$。时间开销比线性更小，表示这类算法的时间开销的增长速度比输入数据规模的增长速度缓慢。因此，它们通常足够高效，以至于许多情况下（但并非所有情况下）都无需再去寻找更快的算法。算法的实现代码也不会出现在分析器列出的昂贵函数列表中。我们可以在程序中大量地调用 $O(\log_2 n)$ 时间开销的算法，而不用担心这会明显地降低程序性能。二分查找算法是一种常用的具有 $O(\log_2 n)$ 时间开销的算法。

$O(n)$，即线性时间

如果一个算法的时间开销是 $O(n)$，那么算法需要花费的时间与输入数据的规模成正比。这种算法称为**线性时间**算法。时间开销是 $O(n)$ 的算法通常是那些从输入数据的一端向另一端扫描，直至找到最小值或最大值的算法。线性时间算法的时间开销的增长速度与其输入数据规模的增长速度相同。这种算法也并不昂贵，即使不断地扩大程序的输入数据的规模，也不必担心会占用巨大的计算资源。不过，当多种线性时间算法合并在一起时，可能会导致它们的时间开销变为 $O(n^2)$ 或者更差。因此，当一个程序对大型输入数据集的处理时间很长时，很可能就是这个原因。

$O(n \log_2 n)$

算法可能具有超线性时间开销。例如，许多排序算法会在每一步都成对地比较输入数据，并将待排序的数据分成两部分。这些算法的时间开销是 $O(n\log_2 n)$。虽然随着 n 的增加，时间开销是 $O(n \log_2 n)$ 的算法时间开销相对更大，但其增长速率是如此之慢，以至于通常情况下即使 n 很大，使用这类算法也没有问题。当然，还是要避免在程序中无谓地调用这类算法。

$O(n^2)$、$O(n^3)$ 等

有些算法，包括一些比较低效的排序算法，必须将每个输入数据都与其他所有输入数据进行比较。这类算法的时间开销是 $O(n^2)$。这类算法的时间开销的增长速度非常快，以至于让人不免有些担心它在 n 很大的数据集上的效率。对于有些问题，简单解决方案的时间开销是 $O(n^2)$ 或 $O(n^3)$，而微妙一点的解决方案的速度会更快。

$O(2^n)$

$O(2^n)$ 算法的时间开销增长得太快了，它们应当只被应用于 n 很小的情况下。有时，这是没问题的。那些需要检查规模为 n 的输入数据集中的所有数据组合的算法的时间复杂度是 $O(2^n)$。调度问题和行程规划问题，如著名的旅行商问题（Traveling Salesman Problem）的时间开销是 $O(2^n)$。如果解决基本问题时使用的算法的时间开销是 $O(2^n)$，那么开发人员将面临几个难以抉择的选项：使用一种无法确保最优解决方案的启发式算法，将解决方案限制在 n 很小的输入数据集上；或是找到其他方法加上与解决问题完全无关的值。

表 5-1 估算了在规模为 n 的数据集上，每次操作耗时 1 纳秒的情况下，具有不同时间开销的各类算法的执行时间。读者可以在 Skiena 的《算法设计手册》中找到这个表的完整版本。

表5-1：每次操作耗时1纳秒的情况下各类算法的运行时间

	$\log_2 n$	n	$n\log_2 n$	n^2	2^n
10	<1 微秒	<1 微秒	<1 微秒	<1 微秒	1 微秒
20	<1 微秒	<1 微秒	<1 微秒	<1 微秒	1 微秒
30	<1 微秒	<1 微秒	<1 微秒	<1 微秒	1 秒
40	<1 微秒	<1 微秒	<1 微秒	1.6 微秒	18 分
50	<1 微秒	<1 微秒	<1 微秒	2.5 微秒	10^{13} 年
100	<1 微秒	<1 微秒	<1 微秒	10 微秒	∞
1000	<1 微秒	1 微秒	10 微秒	1 毫秒	∞
10 000	<1 微秒	10 微秒	130 微秒	100 毫秒	∞
100 000	<1 微秒	100 微秒	2 毫秒	10 秒	∞
1 000 000	<1 微秒	1 毫秒	>20 毫秒	17 分	∞

5.1.1　最优情况、平均情况和最差情况的时间开销

通常的大 O 标记假设算法对任意输入数据集的运行时间是相同的。不过，有些算法对输入数据的特性非常敏感，例如，它们在按照某种顺序排序的输入数据上的运行速度，可能比在其他规模相同但顺序不同的输入数据上的运行速度上要快。当考虑在有严格的性能需求的代码中使用哪种算法时，非常重要的一点是必须知道该算法是否有最差情况。我们将在5.4.1 节中举例进行讲解。

有些算法在最优情况下同样也具有最优时间开销，例如，对那些已经排序完成或是几乎排序完成的输入数据集进行排序时的时间开销会较小。当输入数据集具有某些可以利用的特性时（例如几乎排序完成），选择一种在最优情况下具有最佳性能的算法可以减少程序的运行时间。

5.1.2　摊销时间开销

摊销时间开销表示在大量输入数据上的平均时间开销。例如，向堆中插入一个元素的时间复杂度是 $O(\log_2 n)$，那么如果每次插入一个元素，构建整个堆的时间就是 $O(n \log_2 n)$。不过，构建堆的最高效方法的时间开销是 $O(n)$，这意味着该方法插入每个元素的摊销时间复杂度是 $O(1)$。但是最高效的算法并不会每次只插入一个元素。它会使用**分治法算法**（divide-and-conquer algorithm）将所有数据插入到依次增大的子堆中。

最显著的摊销时间开销，发生在当某些独立的操作很快而其他操作很慢时。例如，将一个字符添加到 std::string 中的摊销时间开销是一个常量，但这其中包含了一次对内存管理器的调用所占用的部分时间。如果这个字符串很短，那么可能几乎每次在添加字符的时候都需要调用内存管理器。只有当程序再添加了数千个或是数百万个字符后，摊销时间开销才会变小。

5.1.3　其他开销

有时候，通过保存中间结果可以提高算法的速度。因此，这种算法不仅有时间开销，还有额外的存储开销。例如，我们所熟知的遍历二叉树的递归算法的时间开销是线性的，但是在递归过程中还会发生额外的 $\log_2 n$ 的栈空间存储开销。需要大量存储空间开销的算法可能不适用于内存容量很小的运行环境。

另外还有一些算法在进行并行计算时会更快，但是需要购买相应数量的处理器来获取理论上的速度提升。在普通的计算机上，处理器的数量很少，也是固定的。因此，对于那些需要多于 $\log_2 n$ 个处理器的算法来说，使用普通计算机不合适。这些算法可能适用于为特殊用途构建的硬件或是图形处理器上。不过遗憾的是，由于篇幅限制，本书将不会讲解如何设计并行算法。

5.2　优化查找和排序的工具箱

在优化查找和排序的工具箱中只有下面这三个工具。

- 用平均时间开销更低的算法替换平均时间开销较大的算法。
- 加深对数据的理解（例如，知道数据是已经排序完成的或是几乎排序完成的），然后根据数据的特性选择具有最优时间开销的算法，避免使用那些针对这些数据特性有较差时间开销的算法。
- 调整算法来线性地提高其性能。

我将会在第 9 章中讲解如何使用这些工具。

5.3　高效查找算法

在每门本科计算机科学课程中都会介绍最重要的查找和排序算法的时间开销，所有的开发人员在他们大学生涯早期都会记住这些知识。本科的算法和数据结构课程的问题在于太过简短。教师要么会深入地讲解几种算法，教会大家如何分析时间开销；要么会肤浅地介绍许多算法，告诉学生记住它们的时间开销。教师可能同时还会教授如何进行编程。结果是学生在结课时学到了很多新知识，但是却不知道他们遗漏了许多细节。这些不完整的知识会存在即使在使用了最优算法的情况下仍然有优化的可能性。

5.3.1　查找算法的时间开销

在大 O 标记中，多快才是最快的查找表的方法呢？提示：时间开销为 $O(\log_2 n)$ 的二分查找是一个有用的基准值，但它并不是最快的。

可能有些读者会说："等等，你在说什么啊？"他们只学习过线性查找和二分查找，但是实际上存在着许多种查找算法。

- **线性查找算法**的时间开销为 $O(n)$，它的开销虽然大，却极其常用。它可以用于无序表。即使无法对表中的关键字进行排序，只要能够比较关键字是否相等，即可使用它。对于有序表，线性查找算法可以在查找完表中的所有元素之前结束。虽然它的时间开销仍然是 $O(n)$，但是平均速度的确比原来快了一倍。

如果允许改变表，一种将每次查找结果都移动至表头的线性查找算法在某些情况下可能会有更高的性能。例如，每次在表达式中用到标识符时，都会去查找编译器中的符号表。如果程序中有很多形如 i = i + 1; 的表达式，这项优化就可以使线性算法有用武之地了。

- **二分查找算法**的时间开销是 $O(\log_2 n)$，效率更高，但它并不是可能的最好的查找算法。二分查找算法要求表已经按照查找关键字排序完成，不仅需要可以比较查找关键字是否相等，还需要可以比较它们之间的大小关系。

  在查找和排序世界中，二分查找是最常用的算法。它是一种分治法算法，通过将待排序元素的关键字与位于表中间的元素的关键字进行比较，来决定该元素究竟是排在中间元素之前还是之后，不断地将表一分为二。

- **插补查找**（interpolation search）与二分查找类似，也是将有序表分为两部分，不过它用到了查找关键字的一些其他特性来改善分块性能。当查找关键字均匀分布时，插补查找的性能可以达到非常高效的 $O(\log \log n)$。如果表很大或是测试表项的成本很高（例如当在一个旋转盘上时），这种改善效果是非常显著的。不过，插补查找仍然不是可能的最快的查找算法。

- 通过**散列法**，即将查找关键字转换为散列表中的数组索引，是可以以平均 $O(1)$ 的时间找出一条记录的。散列法无法工作于键值对的链表上，它需要一种特殊结构的表。它只需要比较散列表项是否相等即可。散列法在最差情况下的性能是 $O(n)$，而且它所需要的散列表项的数量可能比要查找的记录的数量多。不过，当表的内容是固定时（例如月份的名字或是编程语言的关键字），就不会发生最差情况了。

5.3.2 当 n 很小时，所有算法的时间开销都一样

查找只有一个表项的表的开销是多大呢？这时，不同算法的开销是不同的吗？表 5-2 展示了使用可能的最好版本的线性查找算法、二分查找算法和散列查找算法查找一个有序表的开销。答案是对于小型表，所有方法检查的表项的数量是相同的。不过，对于一个有100 000项的表，所检查的表项的数量将会变得大不相同，所需的时间将遵从时间开销函数。

表5-2：表规模与要访问的表项的数量

表规模	线性查找算法	二分查找算法	散列法
1	1	1	1
2	1	2	1
4	2	3	1
8	4	4	1
16	8	5	1
26	13	6	1
32	16	6	1

5.4 高效排序算法

排序算法种类繁多,其中许多是在最近 10 年才提出的。许多比较新的排序算法都是改善了最佳情况性能或是最差情况性能的混合型算法。如果你是在 2000 年之前完成了计算机科学学习的,那么应该花费时间去阅读一下相关文献。维基百科上有对排序算法的全面总结。下面是一些在算法课程中没有提到过的有趣事实,它们证明了深入研究是非常有益的。

- "每个人都知道"最佳排序算法的时间开销是 $O(n \log_2 n)$,对吧?错,又错了。只有成对地比较输入值的算法才是这样的。基数排序算法(将输入数据反复地分到一个或 r 个桶中的排序算法)的时间开销是 $O(n \log_r n)$,其中 r 是**基数**,即排序桶的个数。在大型输入数据集上,它的效率比比较排序算法更高。而且,如果要排序的关键字属于某个特定的集合,例如从 1 到 n 的连续整数,Flash Sort 的排序时间开销是 $O(n)$。
- 快速排序算法是一种经常被实现和使用的算法,它的最差情况下的性能是 $O(n^2)$。没有可靠的方法可以避免最差情况,而且它的原生实现方式的效率很差。
- 有些排序算法,包括插入排序算法,虽然并非常适合用于随机数据,但在几乎排序完成的数据集上却具有非常棒的(线性)效率。其他排序算法(例如之前提到过的原生快速排序算法)在已经排序完成或是几乎排序完成的数据集上会出现最差情况的性能。如果通常数据都是已经排序完成或是几乎排序完成的,那么利用这些额外的数据特性可以帮助我们选择一种在有序表上具有更高性能的排序算法。

5.4.1 排序算法的时间开销

表 5-3 列举出了几种排序算法对于最好情况、平均情况和最差情况下的输入数据的时间复杂度。虽然这些算法中大多数的平均性能都是 $O(n \log_2 n)$,但它们在最好情况和最差情况下的性能是不同的,而且所消耗的额外的内存空间也不同。

表5-3:一些排序算法的时间开销

排序算法	最好情况	平均情况	最差情况	空间需求	最好/最差情况的注意点
插入排序	n	n^2	n^2	1	最好情况出现在当数据集已经排序完成或是几乎排序完成时
快速排序	$n\log_2 n$	$n \log_2 n$	n^2	$\log_2 n$	最差情况出现在数据集已经排序完成或是支点元素的原生选择(第一个/最后一个)
归并排序	$n\log_2 n$	$n\log_2 n$	$n\log_2 n$	1	
树形排序	$n\log_2 n$	$n\log_2 n$	$n\log_2 n$	n	
堆排序	$n\log_2 n$	$n\log_2 n$	$n\log_2 n$	1	
Timsort[1]	n	$n\log_2 n$	$n\log_2 n$	n	最好情况出现在当数据集已经排序完成时
内省排序	$n\log_2 n$	$n\log_2 n$	$n\log_2 n$	1	

5.4.2 替换在最差情况下性能较差的排序算法

快速排序算法一种非常流行的排序算法。它内部的开销非常小,而且对于基于比较两个查

注 1:是一个对归并排序做了大量优化的版本。——译者注

找关键字的排序，它的平均性能是最优的。但是，快速排序算法也有缺陷。如果你在已经排序完成（或是几乎排序完成）的数组上使用快速排序算法，而且使用第一个或最后一个元素作为支点元素，那么它的性能是非常差的。复杂的快速排序算法的实现方式多数情况下都可以通过随机选择支点元素来克服这个缺点，或是消耗额外的 CPU 周期去计算中值，然后将它作为初始支点元素。因此，如果认为快速排序算法总是具有优秀的性能，是非常天真的想法。你必须对输入数据集有所了解，特别是知道它是否已经排序完成；要么对算法的实现有所了解，知道它是否仔细地筛选了初始支点元素。

如果你对输入数据集一无所知，那么归并排序、树形排序和堆排序都可以确保不会发生性能变得无法接受的最坏情况。

5.4.3　利用输入数据集的已知特性

如果你知道输入数据集已经排序完成或是几乎排序完成，通常情况下性能差得让人无法接受的插入排序算法反而在这些数据上的性能很棒，达到了 $O(n)$。

Timsort 是一种相对较新的混合型排序算法，它在输入数据集已经排序完成或是几乎排序完成时，性能也能达到 $O(n)$；而对于其他情况，最优性能则是 $O(n \log_2 n)$。Timsort 现在已经成为 Python 语言的标准排序算法了。

最近还出现了一种称为内省排序（introsort）的算法，它是快速排序和堆排序的混合形式。内省排序首先以快速排序算法开始进行排序，但是当输入数据集导致快速排序的递归深度太深时，会切换为堆排序。内省排序可以确保在最差情况下的时间开销是 $O(n \log_2 n)$ 的同时，利用了快速排序算法的高效实现来减少平均情况下的运行时间。自 C++11 开始，内省排序已经成为了 std::sort() 的优先实现。

另外一种最近非常流行的算法是 Flash Sort。对于抽取自某种概率分布的数据，它的性能非常棒，达到了 $O(n)$。Flash Sort 是与基数排序类似，都是基于概率分布的百分位将数据排序至桶中。Flash Sort 的一个简单的适用场景是当数据元素均匀分布时。

5.5　优化模式

经验丰富的开发人员不会只凭借自己独特的直觉去寻找改善性能的机会。那些被优化的代码中其实是存在着优化模式的。开发人员研究算法和数据结构的原因之一是其中蕴含着用于改善性能的"思维库"。

在本节中，我收集了一些用于改善性能的通用技巧。它们非常实用，希望读者能加以注意。读者可能会发现其中的一些模式是大家所熟悉的数据结构、C++ 语言特性或是硬件创新的核心。

预计算
    可以在程序早期，例如设计时、编译时或是链接时，通过在热点代码前执行计算来将计算从热点部分中移除。

延迟计算
    通过在真正需要执行计算时才执行计算，可以将计算从某些代码路径上移除。

批量处理

　　每次对多个元素一起进行计算，而不是一次只对一个元素进行计算。

缓存

　　通过保存和复用昂贵计算的结果来减少计算量，而不是重复进行计算。

特化

　　通过移除未使用的共性来减少计算量。

提高处理量

　　通过一次处理一大组数据来减少循环处理的开销。

提示

　　通过在代码中加入可能会改善性能的提示来减少计算量。

优化期待路径

　　以期待频率从高到低的顺序对输入数据或是运行时发生的事件进行测试。

散列法

　　计算可变长度字符串等大型数据结构的压缩数值映射（散列值）。在进行比较时，用散列值代替数据结构可以提高性能。

双重检查

　　通过先进行一项开销不大的检查，然后只在必要时才进行另外一项开销昂贵的检查来减少计算量。

5.5.1　预计算

预计算是一种常用的技巧，通过在程序执行至热点代码之前，先提前进行计算来达到从热点代码中移除计算的目的。预计算有多种不同的形式，既可以将计算从热点代码移至程序中不那么热点的部分，也可以移动至程序链接时、编译时和设计时。通常，越早进行计算越好。

预计算仅当被计算的值不依赖于上下文时才适用。编译器能够对以下的表达式进行预计算，因为它不依赖于程序中的任何东西：

　　int sec_per_day = 60 * 60 * 24;

而下面这种相关的计算则依赖于程序中的变量：

　　int sec_per_weekend = (date_end - date_beginning + 1) * 60 * 60 * 24;

预计算的关键在于要么注意到 (date_end - date_beginning + 1) 在程序中是一个不会改变的值，因此可以用 2 替代它；要么对表达式中可以被预计算的部分提取因子。

以下是预计算的几个例子。

- C++ 编译器会使用编译器内建的相关性规则和运算符优先级，对常量表达式的值自动地进行预计算。编译器对上例中的 sec_per_day 的值进行预计算是没有问题的。
- 编译器会在编译时评估调用模板函数时所用到的参数。如果参数是常量的话，编译器会生成高效代码。

- 当设计人员可以观察到，例如，当在一段程序的上下文中，"周末"的概念总是两天，那么他可以在编写程序的时候预计算这个常量。

5.5.2 延迟计算

延迟计算的目的在于将计算推迟至更接近真正需要进行计算的地方。延迟计算带来了一些好处。如果没有必要在某个函数中的所有执行路径（if-then-else 逻辑的所有分支）上都进行计算，那就只在需要结果的路径上进行计算。以下是延迟计算的例子。

两段构建（two-part construction）

当实例能够被静态地构建时，经常会缺少构建对象所需的信息。在构建对象时，我们并不是一气呵成，而是仅在构造函数中编写建立空对象的最低限度的代码。稍后，程序再调用该对象的初始化成员函数来完成构建。将初始化推迟至有足够的额外数据时，意味着被构建的对象总是高效的、扁平的数据结构（请参见 6.7 节）。

在某些情况下，检查延迟计算的值是否已经计算完成会产生额外的开销。这种开销与确保指向动态构建的类的指针是有效的开销相当。

写时复制

写时复制是指当一个对象被复制时，并不复制它的动态成员变量，而是让两个实例共享动态变量。只在其中某个实例要修改该变量时，才会真正进行复制。

5.5.3 批量处理

批量处理的目标是收集多份工作，然后一起处理它们。批量处理可以用来移除重复的函数调用或是每次只处理一个项目时会发生的其他计算。当有更高效的算法可以处理所有输入数据时，也可以使用批量处理将计算推迟至有更多的计算资源可用时。举例如下。

- 缓存输出是批量处理的一个典型例子。输出字符会一直被缓存，直至缓存满了或是程序遇到行尾（EOL）符或是文件末尾（EOF）符。相比于为每个字符都调用输出例程，将整个缓存传递给输出例程节省了性能开销。
- 将一个未排序的数组转换为堆的最优方法是通过批量处理使用更高效算法的一个例子。将 n 个元素一个一个地插入到堆中的时间开销是 $O(n \log_2 n)$，而一次性构建整个堆的开销则只有 $O(n)$。
- 多线程的任务队列是通过批量处理高效地利用计算资源的一个例子。
- 在后台保存或更新是使用批量处理的一个例子。

5.5.4 缓存

缓存指的是通过保存和复用昂贵计算的结果来减少计算量的方法。这样可以避免在每次需要计算结果时都重新进行计算。举例如下。

- 就像用于解引数组元素的计算一样，编译器也会缓存短小的、重复的代码块的结果。当编译器发现了像 a[i][j] = a[i][j] + c; 这样的语句后会保存数组表达式，然后生成一段像这样的代码：auto p = &a[i][j]; *p = *p + c;。

- **高速缓存**指的是计算机中使处理器可以更快地访问那些需要频繁访问的内存地址的特殊电路。缓存是计算机硬件设计中的一个重要概念。在 x86 架构的 PC 的硬件和软件中有多级缓存。
- 在每次需要知道 C 风格的字符串的长度时，都必须计算字符的数量，而 std::string 则会缓存字符串的长度，不会在每次需要时都进行计算。
- 线程池缓存了那些创建开销很大的线程。
- 动态规划是一项算法技术，通过计算子问题并缓存结果来提高具有递归关系的计算的速度。

5.5.5　特化

特化与泛化相对。特化的目的在于移除在某种情况下不需要执行的昂贵的计算。

通过移除那些导致计算变得昂贵的特性可以简化操作或是数据结构，但是在特定情况下，这是没有必要的。可以通过放松问题的限制或是对实现附加限制来实现这一点，例如，使动态变为静态，限制不受限制的条件，等等。举例如下。

- 模板函数 std::swap() 的默认实现可能会复制它的参数。不过，开发人员可以基于对数据结构内部的了解提供一种更高效的特化实现。（当参数类型实现了移动构造函数时，C++11 版本的 std::swap() 会使用移动语义提高效率。）
- std::string 可以动态地改变长度，容纳不定长度字符的字符串。它提供了许多操作来操纵字符串。如果只需要比较固定的字符串，那么使用 C 风格的数组或是指向字面字符串的指针以及一个比较函数会更加高效。

5.5.6　提高处理量

提高处理量的目标是减少重复操作的迭代次数，削减重复操作带来的开销。这些策略如下。

- 向操作系统请求大量输入数据或是或发送大量输出数据，来减少为少量内存块或是独立的数据项调用内核而产生的开销。提高处理量的副作用是，当程序崩溃，特别是在写数据时崩溃时，损失的数据量更大。对写日志文件等操作来说，这可能会是一个问题。
- 在移动缓存或是清除缓存时，不要以字节为单位，而要以字或是长字为单位。这项优化仅在两块内存对齐至相同大小的边界时才能改善性能。
- 以字或是长字来比较字符串。这项优化仅适用于大端计算机，不适用于小端的 x86 架构计算机（请参见 2.2.4 节）。像这种依赖于计算机架构的技巧可能会非常危险，因为它们是不可移植的。
- 在唤醒线程时执行更多的工作。在唤醒线程后，不要只让处理器执行一个工作单元后就放弃它，应当让它处理多个工作单元。这样可以节省重复唤醒线程的开销。
- 不要在每次循环中都执行维护任务,而应当每循环 10 次或是 100 次再执行一次维护任务。

5.5.7　提示

使用提示来减少计算量，可以达到减少单个操作的开销的目的。

例如，`std::map` 中有一个重载的 `insert()` 成员函数，它有一个表示最优插入位置的可选参数。最优提示可以使插入操作的时间开销变为 $O(1)$，而不使用最优提示时的时间开销则是 $O(\log_2 n)$。

5.5.8 优化期待路径

在有多个 `else-if` 分支的 `if-then-else` 代码块中，如果条件语句的编写顺序是随机的，那么每次执行经过 `if-then-else` 代码块时，都有大约一半的条件语句会被测试。如果有一种情况的发生几率是 95%，而且首先对它进行条件测试，那么在 95% 的情况下都只会执行一次测试。

5.5.9 散列法

大型数据结构或长字符串会被一种算法处理为一个称为散列值的整数值。通过比较两个输入数据的散列值，可以高效地判断出它们是否相等。如果散列值不同，那么这两个数据绝对不相等。如果散列值相等，那么输入数据可能相等。散列法可与双重检查一起使用，以优化条件判断处理的性能。通常，输入数据的散列值都会被缓存起来，这样就无需重复地计算散列值。

5.5.10 双重检查

双重检查是指首先使用一种开销不大的检查来排除部分可能性，然后在必要时再使用一个开销很大的检查来测试剩余的可能性。举例如下。

- 双重检查常与缓存同时使用。当处理器需要某个值时，首先会去检查该值是否在缓存中，如果不在，则从内存中获取该值或是通过一项开销大的计算来得到该值。
- 当比较两个字符串是否相等时，通常需要对字符串中的字符逐一进行比较。不过，首先比较这两个字符串的长度可以很快地排除它们不相等的情况。
- 双重检查可以用于散列法中。首先比较两个输入数据的散列值，可以高效地判断它们是否不相等。如果散列值不同，那么它们肯定不相等。只有当散列值相等时才需要逐字节地进行比较。

5.6 小结

- 注意那些推销常量时间算法的陌生人。这些算法的时间开销可能是 $O(n)$。
- 混合使用多种高效算法可能会导致它们的整体运行时间变为 $O(n^2)$ 或是更差。
- 时间开销为 $O(\log_2 n)$ 的二分查找算法并非最快的查找算法。插补查找法的时间开销是 $O(\log \log n)$，散列法的时间开销是常量时间。
- 对于表项数量小于 4 的表，所有查找算法所检查的表项的数量几乎都是相同的。

第6章

优化动态分配内存的变量

因为钱都放在那里。

——银行抢劫犯威利·萨顿[1]（1901—1980）

这句话引用自 1952 年萨顿对记者提出的"为什么你要抢劫银行"这一问题的回
答。后来萨顿否认他曾经说过这句话。

除了使用非最优算法外，乱用动态分配内存的变量就是 C++ 程序中最大的"性能杀手"
了。改善程序对动态分配内存的变量的使用往往如同"钱都放在那里"，以至于开发人员
只要知道如何减少对内存管理器的调用就可以成为优秀的性能优化专家。

C++ 中的一些特性使用标准库容器、智能指针和字符串等动态分配内存的变量。这些特
性可以提高 C++ 程序的编写效率。但是，这种强大力量也有副作用。当发生性能问题时，
new 就不再是你的好朋友了。

不要惊慌，优化内存管理的目标并不是避免使用用到动态分配内存的变量的 C++ 特性。
相反，它的目标是通过巧妙地使用这些特性移除对内存管理器的无谓的、会降低性能的
调用。

以我的经验来看，从循环处理中或是会被频繁调用的函数中移除哪怕一次对内存管理器的
调用，就能显著地改善性能，而且通常程序中有很多可被移除的调用。

在开始讲解如何优化动态分配内存的变量的使用之前，我们先来回顾 C++ 是如何看待变量
的。同时，我们还会回顾动态分配内存 API 中的工具箱。

注 1：威利·萨顿（Willie Sutton）是美国著名银行抢劫犯。他以抢银行为业，持续时间长达 22 年。

——译者注

83

6.1　C++变量回顾

每个 C++ 变量（每个普通数据类型的变量；每个数组、结构体或类实例）在内存中的布局都是固定的，它们的大小在编译时就已经确定了。C++ 允许程序获得变量的字节单位的大小和指向该变量的指针，但并不允许指定变量的每一位的布局。C++ 的规则允许开发人员讨论结构体成员变量的顺序和内存布局，C++ 也提供了多个变量可以共享同一内存块的联合类型，但是程序所看到的联合是依赖于实现的。

6.1.1　变量的存储期

每个变量都有它的**存储期**，也称为生命周期。只有在这段时间内，变量所占用的存储空间或者内存字节中的值才是有意义的。为变量分配内存的开销取决于存储期。

由于 C++ 既要维持与 C 中变量声明语法的兼容性，又需要加入一些新概念，因此 C++ 中的变量声明语法有时会让人感到困惑。虽然 C++ 中并不能直接指定变量的存储期，但可以从变量声明中推断出来。

静态存储期

具有静态存储期的变量被分配在编译器预留的内存空间中。在程序编译时，编译器会为每个静态变量分配一个固定位置和固定大小的内存空间。静态变量的内存空间在程序的整个生命周期内都会被一直保留。所有的全局静态变量都会在程序执行进入 main() 前被构建，在退出 main() 之后被销毁。在函数内声明的静态变量则会在"程序执行第一次进入函数前"被构建，这表示它可能会和全局静态变量同时被构建，也可能直到第一次调用该函数时才会被构建。C++ 为全局静态变量指定了构建和销毁的顺序，因此开发人员可以准确地知道它们的生命周期。但是这些规则太复杂了，实际上在使用存储期时，这些规则更像是警告而非行为。

我们既可以通过名字访问静态变量，也可以通过指针或是引用来访问该变量。静态变量的名字与指向该变量的指针和引用一样，可能会在这个名字变得有意义之前就出现在了其他静态变量的构造函数中，或是在这个名字被销毁后又出现了其他静态变量的析构函数中。

为静态变量创建存储空间是没有运行时开销的。不过，我们无法再利用这段存储空间。因此，静态变量适用于那些在整个程序的生命周期内都会被使用数据。

在命名空间作用域内定义的变量以及被声明为 static 或是 extern 的变量具有静态存储期。

线程局部存储期

自 C++11 开始，程序可以声明具有线程局部存储期的变量。在 C++11 之前，有些编译器和框架也以一种非标准的形式提供了类似的机制。

线程局部变量在进入线程时被构建，在退出线程时被析构。它们的生命周期与线程的生命周期一样。每个线程都包含一份这类变量的独立的副本。

访问线程局部变量可能会比访问静态变量开销更高，这取决于操作系统和编译器。在某些系统中，线程局部存储空间是由线程分配的，所以访问线程局部变量的开销比访问全局变量的开销多一次指令。而在其他系统中，则必须通过线程 ID 索引一张全局表来访问线程局部变量。尽管这个操作的时间开销是常量时间，但是会发生一次函数调用和一些计算，导致访问线程局部变量的开销变得更大。

自 C++11 开始，用 thread_local 存储类型指示符关键字声明的变量具有线程局部存储期。

自动存储期

具有自动存储期的变量被分配在编译器在函数调用栈上预留的内存空间中。在编译时，编译器会计算出距离栈指针的偏移量，自动变量会以该偏移量为起点，占用一段固定大小的内存，但是自动变量的绝对地址直到程序执行进入变量的作用域内才会确定下来。

在程序执行于大括号括起来的代码块内的这段时间，自动变量是一直存在的。当程序运行至声明自动变量的位置时，会构建自动变量；当程序离开大括号括起来的代码块时，自动变量将会被析构。

与静态变量一样，我们可以通过名字访问自动变量。但是与静态变量不同的是，该名字只在变量被构建后至被析构前可见。当变量被析构后，指向该变量的指针和引用可能仍然存在，而解引它们会导致未定义的程序行为。

与静态变量一样，为自动变量分配存储空间不会发生运行时开销。但与静态变量不同的是，自动变量每次可以占用的总的存储空间是有限的。当递归不收敛或是发生深度函数嵌套调用导致自动变量占用的存储空间大小超出这个最大值时，会发生**栈溢出**，导致程序会突然终止。自动变量适合于那些只在代码块附近被使用的对象。

函数的形参变量具有自动存储期。除非使用了特殊的关键字，那些声明在可执行代码块内部的变量也具有自动存储期。

动态存储期

具有动态存储期的变量被保存在程序请求的内存中。程序会调用内存管理器，即 C++ 运行时系统函数和代表程序管理内存的数据结构的集合。程序会在 new 表达式（在 13.1.3 节进行详细讲解）中显式地为动态变量请求存储空间并构建动态变量，这可能会发生在程序中的任何一处地方。稍后，程序在 delete 表达式（在 13.1.4 节进行详细讲解）中显式地析构动态变量，并将变量所占用的内存返回给内存管理器。当程序不再需要该变量时，这可能会发生在程序的任何一处地方。

与自动变量类似，但与静态变量不同的是，动态变量的地址是在运行时确定的。

不同于静态变量、线程局部变量和自动变量的是，数组的声明语法被扩展了，这样可以在运行时通过一个（非常量）表达式来指定动态数组变量的最高维度。在 C++ 中，这是唯一一种在编译时变量所占用的内存大小不固定的情况。

动态变量没有自己的名字。当它被构建后，C++ 内存管理器会返回一个指向动态变量的指针。程序必须将这个指针赋值给一个变量，这样就可以在最后一个指向该变量的指针被析构之前，将动态变量返回给内存管理器，否则就会有因不断地创建动态变量而耗尽内存的危险。如果没有正确地返回动态变量，现代处理器可能会在数分钟内耗尽数吉字节的内存。

不同于静态变量和线程局部变量的是，动态变量的数量和类型可以随着时间改变，而不受到它们所消耗的内存总量的限制。另外，与静态变量和自动变量不同的是，管理动态变量使用的内存时会发生显著的运行时开销。

new 表达式返回的变量具有动态存储期。

6.1.2　变量的所有权

C++ 变量的另一个重要概念是**所有权**。变量的所有者决定了变量什么时候会被创建，什么时候会被析构。有时，存储期会决定变量什么时候会被创建，什么时候会被析构，但所有权是另外一个单独的概念，而且是对优化动态变量而言非常重要的概念。下面是一些指导原则。

全局所有权

　　具有静态存储期的变量整体上被程序所有。程序会在进入 main() 前构建它们，并在从 main() 返回后销毁它们。

词法作用域所有权

　　具有自动存储期的变量被一段由大括号括起来的代码块构成的词法作用域所拥有。词法作用域可能是函数体，if、while、for 或者 do 控制语句块，try 或者 catch 子句，抑或是由大括号括起来的多条语句。这些变量在程序进入词法作用域时会被构建，在程序退出词法作用域时会被销毁。

　　最外层的词法作用域，即最先进入和最后退出的词法作用域，是 main() 的函数体。也就是说，声明在 main() 中的自动变量的生命周期与静态变量相同。

成员所有权

　　类和结构体的成员变量由定义它们的类实例所有。当类的实例被构建时，它们会被类的构造函数构建；当类的实例被销毁时，它们也会随之被销毁。

动态变量所有权

　　动态变量没有预定义的所有者。取而代之，new 表达式创建动态变量并返回一个必须由程序显式管理的指针。动态变量必须在最后一个指向它的指针被销毁之前，通过 delete 表达式返回给内存管理器销毁。因此，动态变量的生命周期是可以完全通过编程控制的，它是一个强大且危险的工具。如果在最后一个指向它的指针被销毁之前，动态变量没有通过 delete 表达式被返回给内存管理器，内存管理器将会在程序剩余的运行时间中丢失对变量的跟踪。

　　动态变量的所有权必须由程序员执行并编写在程序逻辑中。它不受编译器控制，也不由 C++ 定义。动态变量所有权对于性能优化非常重要。具有强定义所有权的程序会比所有权分散的程序更高效。

6.1.3　值对象与实体对象

有些变量通过它们的内容体现出它们在程序中的意义，这些变量被称为**值对象**。其他变量通过在程序中所扮演的角色体现出它们的意义，这些变量被称为**实体**或**实体对象**。

C++ 不会指定某个变量表现为值对象还是实体对象，开发人员需要在程序逻辑中编写变量所扮演的角色。C++ 允许开发人员为许多类定义复制构造函数和 operator==()。而决定开发人员是否应当为它们定义这些运算符的则是变量。如果开发人员不采取措施禁止那些无意义的运算，编译器也不会作出任何警告。

我们可以通过实体对象的下列共通特性识别出它们。

实体是独一无二的

程序中的有些对象在概念上有唯一的标识符，典型的例子有：守护某个特定临界区的互斥锁和有许多表元素的符号表。

实体是可变的

程序可以对互斥锁加锁或是解锁，但是它仍然是同一个互斥锁。程序也可以向符号表中加入符号，但它仍然是同一个符号表。你可以发动你的爱车，开着它上班，但它仍然是你的车。实体作为整体才是有意义的。改变实体的状态并不会改变它对于程序的基本意义。

实体是不可复制的

实体不是通过复制得到的。它们的本质来源于使用它们的方式，而不是来自它们内部的每个位。你可以将系统符号表中的所有位复制到另外一个数据结构中，但它不会成为系统的符号表。程序依然会去原来的地址查找符号表，而不会使用那份副本。如果有时程序修改了符号表的副本，而不是原始版本，那么符号表将不再有效。你也可以复制守护某个临界区的互斥锁的所有位，但是对副本加锁不会产生排他锁。排他锁是一种只有当两个线程同意使用一组特定的位来互相收发信号时才会产生的特性。

实体是不可比较的

比较两个实体是否相等的运算没有任何意义。实体的本质是独立的。对两个实体的比较必须永远返回 false。

同样，值对象具有与实体对象相反的下列共通特性。

值是可互换和可比较的

整数 4 和字符串 "Hello, World!" 都是值。表达式 2 + 2 与值 4 进行比较的结果是相等，但与值 5 进行比较的结果是不等。表达式 string("Hello") + string("!") 与字符串 "Hello!" 比较的结果是相等，但与字符串 "Hi" 比较的结果是不等。值的意义来自于它内部的每个位，而不是它在程序中的使用方法。

值是不可变的

没有任何一种运算可以将 4 变为 5，包括 2 + 2 = 5。你可以改变一个整数变量，让它保存的值从 4 变为 5。这个操作可以改变变量，因为变量是一个带有唯一名字的实体，但这个操作无法改变值 4。

值是可以复制的

复制一个值是有意义的。两个字符串可以有同样的值 "foo"，这在程序中仍然是正确的。

一个变量是实体对象还是值对象决定了复制以及比较相等是否有意义。实体不应当被复制和比较。一个类的成员变量是实体还是值决定了应该如何编写该类的构造函数。类实例可以共享实体的所有权，但是无法有效地复制实体。透彻地理解实体对象和值对象非常重要，因为实体变量中往往包含许多动态分配内存的变量，即使复制这些变量是合理的，但其性能开销也是昂贵的。

6.2　C++动态变量API回顾

C++有一个完善的工具箱用于管理动态变量，这些工具允许对内存管理和动态分配内存的C++变量的构建，选择进行自动控制还是精准控制。即使是经验丰富的开发人员，可能也只使用了这个工具箱中最基本的工具。在深入讨论那些对性能优化有益的特性前，先来快速地浏览下这些工具。

指针和引用

C++中的动态变量是没有名字的。我们可以通过C风格的指针变量或是引用变量来访问它们。指针抽象了硬件的地址来隐藏计算机架构的复杂性和变化性。并非指针变量保存的所有值都对应一个有效的内存地址，但没有任何位会告诉程序员这些。在C++11中有一个称为nullptr的指针，根据C++标准，它绝对不会指向有效的内存地址。在C++11之前，整数0代表nullptr，而在C++11中，它可以被转换为nullptr。不过，即使指针变量中保存的所有位都为0，也不一定等于nullptr。未初始化的C风格的指针没有预定义值（出于性能考虑）。而由于声明引用变量时必须初始化它，因此它们总是指向有效地址[2]。

new和delete表达式

C++中的动态变量是通过new表达式（请参见13.1.3节）创建的。new表达式会分配存储变量所需的空间，在存储空间中构建指定类型的变量，并返回一个指向新构建的变量的带类型的指针。用于创建数组的new表达式与用于创建单实例的new表达式不同，但都会返回相同类型的指针。

动态变量是通过delete表达式（请参见13.1.4节）释放的。delete表达式会销毁变量并释放它的存储空间。用于释放数组的delete表达式与用于销毁单实例的delete表达式不同。两者都可以作用于相同类型的指针上，不过，从指针上我们看不出它到底是指向一个数组还是一个标量。开发人员必须记住用于创建动态变量的new表达式的类型，并使用与它相同类型的delete表达式来销毁这个动态变量，否则就会出现混乱。当一个指向数组的指针被当作指向实例的指针删除时，会导致未定义的行为，反之亦然。

new表达式和delete表达式都是C++语言的原生语法。下面这段简短的示例代码展示了所有开发人员都熟悉的基本类型的new表达式和delete表达式：

```
{
    int n = 100;
    char* cp;                // 没有指定cp的值
```

注2：开发人员可能会将机器地址的数值转换为引用来初始化引用变量。尽管这看起来有些疯狂，但在嵌入式编程中，当知道目标机的架构，而且它一定不会改变时，这种方法却是非常有效的。用链接器设置外部变量的地址比编译器将数值常量转换为引用或是指针更高效。我的建议是："走开，这儿没什么可看的。"

```
        Book* bp = nullptr;    // bp指向无效地址

    //      ...

        cp = new char[n];                // cp指向一个新的动态数组
        bp = new Book("Optimized C++"); // 新的动态类的实例

    //      ...

        char array[sizeof(Book)];
        Book* bp2 = new(array) Book("Moby Dick"); // placement new操作符

    //      ...

        delete[] cp;    // 在改变指针之前删除动态数组
        cp = new char; // cp现在指向一个动态char

    //      ...

        delete bp;       // 类实例使用完毕
        delete cp;        // 动态分配的char使用完毕
        bp2->~Book();   // placement new操作符创建出的类实例使用完毕
    }
    // 在指针超出作用域前删除动态变量
```

内存管理函数

new 和 delete 表达式会调用 C++ 标准库的内存管理函数，在 C++ 标准中称为"自由存储区"的内存池中分配和归还内存。这些函数是 new() 运算符的重载、对数组的 new[]() 运算符的重载、delete() 运算符的重载以及对数组的 delete[]() 运算符的重载。C++ 还提供了经典的 C 函数库中的内存管理函数，如用于分配和释放无类型的内存块的 malloc() 和 free()。

类构造函数和析构函数

C++ 允许每个类定义一个构造成员函数，在创建该类的实例时会调用这个函数来进行初始化。另一个成员函数——析构函数——则会在每次销毁类实例时被调用。除了其他优点以外，这些特殊的成员函数提供了放置 new 和 delete 表达式的场地，这样所有的动态成员变量都可以在类的实例中被自动管理起来。

智能指针

C++ 标准库提供了"智能指针"模板类。它的行为与原始指针类型类似，但是它们在超出作用域后还会删除它们所指向的变量。智能指针可以记住分配的存储空间是数组还是一个单实例，它们会根据智能指针的类型调用正确的 delete 表达式。我将会在下一节中深入讲解智能指针。

分配器模板

C++ 标准库提供了分配器模板，它是 new 和 delete 表达式的泛化形式，可以与标准容器一起使用。我将会在 13.4 节中进行详细讲解。

6.2.1　使用智能指针实现动态变量所有权的自动化

动态变量的所有权既不受编译器控制，也不由 C++ 定义。我们可以在程序中的某个地方声明一个指针变量，然后在另一个地方使用 new 表达式将一个动态变量赋值给指针，再在另一个地方复制这个指针到另一个指针中，然后再在另外一个地方通过第二个指针使用 delete 表达式销毁这个动态变量。不过，这样编写出来的程序难以测试和调试，因为动态变量的所有权太分散了。动态变量的所有权是由开发人员赋予，并编码在程序逻辑中的。当所有权很分散时，每行代码都可能会创建出动态变量，添加或是移除引用，或是销毁变量。开发人员必须追踪所有的执行路径，确保动态变量总是正确地被返回给了内存管理器。

使用编程惯用法可以降低这种复杂性。一种常用的方法是将指针变量声明为某个类的私有成员变量。我们可以在类的构造函数中将指针设置为 nullptr，复制指针参数，抑或是编写一个创建动态变量的 new 表达式。由于指针是私有成员，因此，任何对指针的修改都必须经由类的成员函数。这样就对限制了会影响该指针的代码的行数，使测试和调试都变得更容易。类的析构函数中可以包含用于销毁动态变量的 delete 表达式。我们称具有这种行为的类的实例"拥有动态变量"。

我们可以设计一个仅仅用于拥有动态变量的简单的类。除了构造和销毁动态变量外，还让这个类实现 operator->() 运算符和 operator*() 运算符。这样的类称为**智能指针**，因为不仅它的行为几乎与 C 风格的指针一样，当它被销毁时还能够销毁它所指向的动态对象。

C++ 提供了一个称为 std::unique_ptr<T> 的智能指针模板来维护 T 类型的动态变量的所有权。相比于自己编写代码实现的智能指针，unique_ptr 被编译后产生的代码更加高效。

1. 动态变量所有权的自动化

智能指针会通过耦合动态变量的生命周期与拥有该动态变量的智能指针的生命周期，来实现动态变量所有权的自动化。动态变量将会被正确地销毁，其所占用的内存也会被自动地释放，这些取决于指针的声明。

- 当程序执行超出智能指针实例所属的作用域时，具有自动存储期的智能指针实例会删除它所拥有的动态变量，无论这发生在执行 break 或是 continue 语句时，退出函数时，还是在作用域内抛出异常时。
- 声明为类的成员函数的智能指针实例在类被销毁时会删除它所拥有的动态变量。除此之外，由于类的析构规则决定了在类的析构函数执行后，所有成员变量都会被销毁，因此没有必要再显式地在析构函数中编写销毁动态变量的代码。智能指针会被 C++ 的内建机制所删除。
- 当线程正常终止时（通常不包括操作系统终止线程的情况），具有线程局部存储期的智能指针实例会删除它所拥有的动态变量。
- 当程序结束时，具有静态存储期的智能指针实例会删除它所拥有的动态变量。

在通常情况下维护一个所有者，在特殊情况下使用 std::unique_ptr 维护所有权，这样可以更加容易地判断一个动态变量是否指向一块有效的内存地址，以及当不再需要它时它是否会被正确地返回给内存管理器。使用 unique_ptr 时会发生一些小的性能损失，因此当开发人员想要优化性能时，unique_ptr 是首选。

2. 共享动态变量的所有权的开销更大

C++ 允许多个指针和引用指向同一个动态变量。如果多个数据结构指向同一个动态变量，或是指向动态变量的指针被作为参数传递给了一个函数，那么多个指针可能会引用同一个变量。这样，一个指针在调用方的作用域内，另外一个指针在被调用的函数的作用域内。多个指针指向同一变量的情况会短暂地存在于赋值或是创建一个拥有动态变量的对象过程中。

任何时候，只要有多个指针指向同一变量，开发人员必须注意哪个指针是变量的所有者。开发人员不应当显式地通过非所有者指针来删除动态变量，在删除动态变量后不应当再解引用任何一个指针，也不应进行会导致两个指针拥有相同对象的操作，这样它会被删除两次。当程序发生了错误或是异常时，这种分析变得尤为重要。

有时，动态变量的所有权一定会在两个或多个指针间共享。当两个指针的生命周期重叠，但任何一个方的生命周期都不包含另一方的生命周期时，就一定会共享所有权。

C++ 标准库模板 std::shared_ptr<T> 提供了一个智能指针，可以在所有权被共享时管理被共享的所有权的。shared_ptr 的实例包含一个指向动态变量的指针和另一个指向含有引用计数的动态对象的指针。当一个动态变量被赋值给 shared_ptr 时，赋值运算符会创建引用计数对象并将引用计数设置为 1。当一个 shared_ptr 被赋值给另一个 shared_ptr 时，引用计数会增加。当 shared_ptr 被销毁后，析构函数会减小引用计数；如果此时引用计数变为了 0，还会删除动态变量。由于在引用计数上会发生性能开销昂贵的原子性的加减运算，因此 shared_ptr 可以工作于多线程程序中。std::shared_ptr 也因此比 C 风格指针和 std::unique_ptr 的开销更大。

开发人员不能将 C 风格的指针（例如 new 表达式返回的指针）赋值给多个智能指针，而只能将其从一个智能指针赋值给另外一个智能指针。如果将同一个 C 风格的指针赋值给多个智能指针，那么该指针会被多次删除，导致发生 C++ 标准中所谓的"未定义的行为"。这听起来很容易，不过由于智能指针可以通过 C 风格的指针创建，因此传递参数时所进行的隐式的类型转换会导致这种情况发生。

3. std::auto_ptr与容器类

在 C++11 之前，有一个称为 std::auto_ptr<T> 的智能指针，它也能够管理动态变量未共享的所有权。auto_ptr 与 unique_ptr 在许多方面十分相似。不过，auto_ptr 并没有实现移动语义（我将会在 6.6 节讨论），也没有复制构造函数。

C++11 之前的绝大多数标准库容器都会通过复制构造函数将它们的值类型复制到容器内部的存储空间中，因此 auto_ptr 无法被用作值类型。在引入 unique_ptr 之前，不得不使用 C 风格的指针、对象深复制或 shared_ptr 实现标准库容器。这些解决方法都有问题。使用原生 C 风格指针会带来错误和内存泄漏的风险；对象深复制对于大型对象非常低效；shared_ptr 的开销非常大。容器类的复制构造函数会执行一个类似移动的操作，例如使用 std::swap() 将无主指针传递交换给构造函数，有些项目为这些容器类实现了特殊的非安全的智能指针。这能够让许多（但并非所有）容器类成员函数正常工作。这虽然高效，却不安全，而且难以调试。

在 C++11 之前，通常都会为标准库容器类实例中的值类型使用 std::shared_ptr。使用这种方法可以得到正确且可调式的代码，但代价是 std::shared_ptr 非常低效。

6.2.2　动态变量有运行时开销

由于 C++ 代码会被编译为机器码，并由计算机直接执行，因此大多数 C++ 语句的开销都不过是几次内存访问而已。不过，为动态变量分配内存的开销则是数千次内存访问。平均来看，这种开销太大了。我们已经在第 4 章中反复看到，哪怕只是移除一次对内存管理器的调用就可以带来显著的性能提升。

从概念上说，分配内存的函数会从内存块集合中寻找一块可以使用的内存来满足请求。如果函数找到了一块正好符合大小的内存，它会将这块内存从集合中移除并返回这块内存。如果函数找到了一块比需求更大的内存，它可以选择拆分内存块然后只返回其中一部分。显然，这种描述为许多实现留下了可选择的空间。

如果没有可用的内存块来满足请求，那么分配函数会调用操作系统内核，从系统的可用内存池中请求额外的大块内存，这次调用的开销非常大。内核返回的内存可能会（也可能不会）被缓存在物理 RAM 中（请参见 2.2.5 节），可能会导致初次访问时发生更大的延迟。遍历可使用的内存块列表，这一操作自身的开销也是昂贵的。这些内存块分散在内存中，而且与那些运行中的程序正在使用的内存块相比，它们也不太会被缓存起来。

未使用内存块的集合是由程序中的所有线程所共享的资源。对未使用内存块的集合所进行的改变都必须是线程安全的。如果若干个线程频繁地调用内存管理器分配内存或是释放内存，那么它们会将内存管理器视为一种资源进行竞争，导致除了一个线程外，所有线程都必须等待。

当不再需要使用动态变量时，C++ 程序必须释放那些已经分配的内存。从概念上说，释放内存的函数会将内存块返回到可用内存块集合中。在实际的实现中，内存释放函数的行为会更复杂。绝大多数实现方式都会尝试将刚释放的内存块与临近的未使用的内存块合并。这样可以防止向未使用内存集合中放入过多太小的内存块。调用内存释放函数与调用内存分配函数有着相同的问题：降低缓存效率和争夺对未使用的内存块的多线程访问。

6.3　减少动态变量的使用

动态变量对于许多问题来说是一种强大的解决方案。不过，有时使用它们解决某些问题太过于昂贵了。静态创建的变量常常可以用于替代动态变量。

6.3.1　静态地创建类实例

虽然我们可以动态创建类的实例，但大多数非容器类实例都能够且应当被静态地创建（即不使用 new 表达式）。有时，开发人员之所以动态创建类实例，只是因为他们不知道还有其他选择。例如，以 Java 作为第一门编程语言而没有 C++ 开发经验的开发人员可能知道，可以像下面这样使用 Java 语法来初始化一个类：

```
MyClass myInstance = new MyClass("hello", 123);
```

如果用户在 C++ 程序中输入这段 Java 语法，C++ 编译器会报告"cannot convert from 'MyClass *' to 'MyClass'"，建议他创建一个实例指针。稍微有些经验的开发人员则会将 myInstance 声明为一个智能指针，以避免显式地删除动态创建的类实例，前提是他注意到了这个问题：

```
MyClass* myInstance = new MyClass("hello", 123);
```

不过，这两种解决方案都很低效。相反，我们应当像下面这样静态地创建类实例：

```
MyClass myInstance("hello", 123);
```

或者：

```
MyClass anotherMC = MyClass("hello", 123); // 可能稍微低效
```

如果 myInstance 声明于一个可执行代码块中，那么它具有自动存储期。它会在程序退出包含这段声明语句的代码块时被销毁。如果我们希望 myInstance 的存储期更长些，可以将 myInstance 定义在更外层的作用域中，或是定义在一个具有较长存储期的对象中，然后将指针传递给那些要使用 myInstance 的函数。如果我们希望 myInstance 的存储期与整个程序的生命周期一样长，那么可以将它的声明移至文件作用域中。

静态地创建类的成员变量

当类的成员变量也是类时，我们可以在创建类时静态地创建这些成员变量。这样可以节省为这些成员变量分配内存的开销。

有时候看起来必须动态地创建类实例，因为它是其他类的成员变量，而且用于创建该成员变量的资源在创建类实例时还未就绪。一种解决模式是将这个"问题类"（而不是指向它的指针）声明为其他类的成员，并在创建其他类时部分初始化这个"问题类"。然后，在"问题类"中定义一个用于在资源准备就绪时完全地初始化变量的成员函数。最后，在原来使用 new 表达式动态地创建实例的地方，插入一段调用这个初始化成员函数的代码就可以了。这种常用的解决模式被称为**两段初始化**。

"两段初始化"没有额外开销，因为成员变量在完全创建之前是无法使用的。任何判断成员变量是否初始化完成的开销，都与判断指向它的指针是否为 nullptr 的开销是相同的。这种方法还有一个额外的好处，那就是初始化成员函数可以返回错误代码或是其他信息，而构造函数则不行。

当一个类必须在初始化的过程中做一些非常耗时的事情，如读取文件（这可能会失败）或是从互联网上获取网页的内容时，"两段初始化"特别有效。提供一个单独的初始化函数使得与其他程序活动一起并发地（请参见第 12 章）进行这类初始化工作成为可能，而且如果失败了，也很容易进行第二次初始化。

6.3.2 使用静态数据结构

std::string、std::vector、std::map 和 std::list 是 C++ 程序员几乎每天必用的容器。只要使用得当，它们的效率还是比较高的。但它们并非是唯一选择。当向容器中添加新的元素时，std::string 和 std::vector 偶尔会重新分配它们的存储空间。std::map 和

std::list 会为每个新添加的元素分配一个新节点。有时，这种开销非常昂贵。下面我们来看看其他选择。

1. 用std::array替代std::vector

std::vector 允许程序定义任意类型的动态大小的数组。如果在编译时能够知道数组的大小，或是最大的大小，那么可以使用与 std::vector 具有类似接口，但数组大小固定且不会调用内存管理器的 std::array。

std::array 支持复制构造，且提供了标准库风格的随机访问迭代器和下标运算符 []。size() 函数会返回数组的固定大小。

从性能优化的角度看，std::array 几乎与 C 风格的数组不分伯仲；从编程的角度看，std::array 与标准库容器具有相似性。

2. 在栈上创建大块缓冲区

在第 4 章中我讲解了随着字符串的增长，可能需要重新分配内存空间，因此向字符串中插入一个字符或是子字符串的开销非常昂贵。如果开发人员能够知道字符串可能会增至的最大长度，或者至少估算出一个比较合理的最大长度，那么就可以使用一个具有自动存储期且长度超过可能的最大长度的 C 风格的字符数组作为临时字符串，然后利用这个临时字符串进行字符串连接操作，最后再将结果从临时字符串中复制出来。

这种设计模式是调用函数来创建或是改变那些被声明为大型自动数组的数据。该函数会从参数中将数据复制至局部数组中，并在这个静态数组上执行插入操作、删除操作或是其他排列操作。

尽管在栈上可以声明的总存储空间是有限的，但这种限制往往非常大。例如，在桌面系统中，除非算法会进行深度递归计算，否则通常都会有足够的空间来分配可容纳 10 000 个字符的数组。

担心可能会发生局部数组溢出的谨慎的开发人员，可以先检查参数字符串或是数组的长度，如果发现参数长度大于局部数组变量的长度了，那么就使用动态构建的数组。

为什么这种复制的速度比使用 std::string 等动态数据结构要快呢？其中一个原因是变值操作通常会复制输入数据。另一个原因则是，相比于为中间结果分配动态存储空间的开销，在桌面级硬件上复制上千字节的开销更小。

3. 静态地创建链式数据结构

可以使用静态初始化的方式构建具有链式数据结构的数据。例如，可以静态地创建图 6-1 中所展示的树形结构。

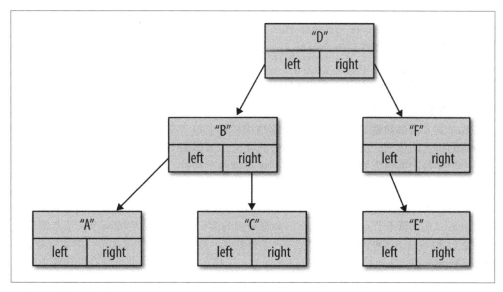

图 6-1：简单树形结构

在这个例子中，这棵树是一棵二分查找树，节点在一个广度优先（breadth-first）顺序的数组中，其中第一个节点是根节点：

```
struct treenode {
    char const* name;
    treenode* left;
    treenode* right;
} tree[] = {
    { "D", &tree[1], &tree[2] }
    { "B", &tree[3], &tree[4] },
    { "F", &tree[5], nullptr },
    { "A", nullptr, nullptr },
    { "C", nullptr, nullptr },
    { "E", nullptr, nullptr },
};
```

这段代码之所以能够正常工作，是因为数组元素的地址是常量表达式。我们可以使用这种标记法定义任何链式结构，但是这种初始化方法难以记住，所以在构建这种结构时很容易出现编码错误。

另外一种静态地创建链式结构的方法是为结构中的每个元素都初始化一个变量。这种方式非常容易记忆，但是它的缺点是必须特别声明前向引用（就像下面示例代码中从第四个节点前向引用到第一个节点这样）。声明这种结构的最自然的方法（第一个节点、第二个节点、第三个节点、第四个节点的顺序）需要将这四个变量都声明为 extern。之所以我在下面的代码片段中反过来定义它们，是因为这样可以使得大多数引用都指向已经定义的变量：

```
struct cyclenode {
    char const* name;
    cyclenode* next;
```

```
    }
extern cyclenode first; // 前向引用
cyclenode fourth = { "4", &first );
cyclenode third  = { "3", &fourth };
cyclenode second = { "2", &third };
cyclenode first  = { "1", &second };
```

4. 在数组中创建二叉树

大多数开发人员都知道二叉树是链式数据结构，其中每个节点都是包含指向左侧和右侧子节点的指针的单独的类实例。以这种方式定义二叉树的不幸的结果是，即使对于存储小至一个字符的类也需要足够的存储空间来存储两个指针，另外还需要加上内存管理器的开销。

一种解决方法是在数组中构建二叉树，然后不在节点中保存子节点的链接，而是利用节点的数组索引来计算子节点的数组索引。如果节点的索引是 i，那么它的两个子节点的索引分别是 $2i$ 和 $2i+1$。这种方法带来的另外一个好处是，能够很快地知道父节点的索引是 $i/2$。由于这些乘法和除法运算在代码中可以实现为左位移和右位移，因此即使在处理能力非常差的处理器上这些计算也不会太慢。

以数组方式实现的树中的节点需要一种机制来判断它们的左节点和右节点是否有效，或是它们是否等于空指针。如果树是左平衡的，那么用一个整数值保存第一个无效节点的数组索引就足够了。

这些特性——能够计算子节点和父节点的能力以及左平衡树所表现出的高效——使得对于堆数据结构而言，在数组中构建树是一种高效的实现方法。

对于平衡二叉树而言，数组形式的树可能会比链式树低效。有些平衡算法保存一棵有 n 个节点的树可能需要 $2n$ 长度的数组。而且，一次平衡操作需要复制节点到不同的数组位置中，而不仅仅是更新指针。在更加小型的处理器上，对有很多节点的树进行处理时，这种复制操作的开销可能非常大。但是，如果节点的大小小于三个指针时，数组形式的树可能会在性能上领先。

5. 用环形缓冲区替代双端队列

std::deque 和 std::list 经常被用于 FIFO（first-in-first-out，先进先出）缓冲区，以至于在标准库中有一个称为 std::queue 的容器适配器。

其实，还可以在环形缓冲区上实现双端队列。环形缓冲区是一个数组型的数据结构，其中，队列的首尾两端由两个数组索引对数组的长度取模给定。环形缓冲区与双端队列有着相似的特性，包括都有时间开销为常量时间的 push_back() 和 pop_front() 以及随机访问迭代器。不过，只要缓冲区消费者跟得上缓冲区生产者，环形缓冲区就无需重新分配内存。环形缓冲区的大小并不决定它能处理多少输入数据，而是决定了缓冲区生产者能领先多少。

环形缓冲区与链表或是双端队列的不同在于，环形缓冲区使得缓冲区中元素的数量限制变得可见。通过暴露这项限制条件给使用者来特化通用队列数据结构，使得显著地性能提升成为可能。

在 Boost 中，环形缓冲区（http://www.boost.org/doc/libs/1_58_0/doc/html/circular_buffer.html）被实现为了标准库容器。在互联网上还有许多其他实现方式。我们可以用静态缓冲区设计一个大小由模板参数确定，具有初始大小，需要一次内存分配的环形缓冲区，抑或是用像 std::vector 一样具有动态可变大小的缓冲区来设计环形缓冲区。环形缓冲区的性能与 std::vector 相近。

6.3.3 使用std::make_shared替代new表达式

像 std::shared_ptr 这样的共享指针实际上了包含了两个指针：一个指针指向 std::shared_ptr 所指向的对象；另一个指针指向一个动态变量，该变量保存了被所有指向该对象的 std::shared_ptr 所共享的引用计数。因此，下面这条语句：

```
std::shared_ptr<MyClass> p(new MyClass("hello", 123));
```

会调用两次内存管理器：第一次用于创建 MyClass 的实例，第二次用于创建被隐藏起来的引用计数对象。

在 C++11 之前，分配引用计数器的开销是添加侵入式引用计数作为 MyClass 的基类，然后创建一个自定义的智能指针使用该侵入式引用计数。

```
custom_shared_ptr<RCClass> p(new RCClass("Goodbye", 999));
```

C++ 标准库的编写者在了解到了开发人员的这种痛苦后，编写了一个称为 std::make_shared() 的模板函数，这个函数可以分配一块独立的内存来同时保存引用计数和 MyClass 的一个实例。std::shared_ptr 还有一个删除器函数，它知道被共享的指针是以这两种方式中的哪一种被创建的。现在，你应该知道为什么当你在调试器中进入到 std::shared_ptr 内部后会发现它的内部看起来非常复杂了吧：

make_shared() 的使用方法很简单：

```
std::shared_ptr<MyClass> p = std::make_shared<MyClass>("hello", 123);
```

也可以使用更简单的 C++11 风格的声明：

```
auto p = std::make_shared<MyClass>("hello", 123);
```

6.3.4 不要无谓地共享所有权

多个 std::shared_ptr 实例可以共享一个动态变量的所有权。当各个指针的生命周期会不可预测地发生重叠时，shared_ptr 非常有用。但它的开销也很昂贵。增加和减少 shared_ptr 中的引用计数并不是执行一个简单的增量指令，而是使用完整的内存屏障（请参见 12.2.7 节）进行一次非常昂贵的原子性增加操作，这样 shared_ptr 才能工作于多线程程序中。

如果一个 shared_ptr 的生命周期完全地包含了另一个 shared_ptr 的生命周期，那么第二个 shared_ptr 的开销是无谓的。下面的代码描述了一种经常发生的场景：

```
void fiddle(std::shared_ptr<Foo> f);
    ...
shared_ptr<Foo> myFoo = make_shared<Foo>();
```

```
        ...
    fiddle(myFoo);
```

myFoo 拥有动态变量的实例 Foo。当程序调用 fiddle() 时，会创建第二个指向动态 FOO 实例的链接，并增加 shared_ptr 的引用计数。当 fiddle() 返回时，shared_ptr 参数会释放它对动态 FOO 实例的所有权，但调用方仍然拥有指针。这次调用的最小开销是一次无谓的原子性增加和减小操作，而且这两次操作都带有完整的内存屏障。在一次函数调用过程中，这种开销微不足道。但是作为一项编程实践，如果在程序中传递每个指向 FOO 的指针的函数参数时都使用 shared_ptr，那么整个开销就是非常巨大的。

将传递给 fiddle() 的参数改为一个普通指针可以避免这种开销：

```
    void fiddle(Foo* f);
        ...
    shared_ptr<Foo> myFoo = make_shared<Foo>();
        ...
    fiddle(myFoo.get());
```

在 C++ 编程世界中有一个常识，那就是永远不要在程序中使用 C 风格的指针，除非是要实现智能指针。但是也有另外一种观点认为，只要理解了普通指针，那么使用它们作为无主指针是没有问题的。如果在一个团队中，开发人员都强烈地认为普通指针是"恶魔的游戏"，那么可以使用引用达到同样的效果。将函数参数改为 Foo& 传递出了两条信息：第一，调用方负责确保在调用过程中引用是有效的；第二，指针是非空指针。

```
    void fiddle(Foo& f);
        ...
    shared_ptr<Foo> myFoo = make_shared<Foo>();
        ...
    if (myFoo)
        fiddle(*myFoo.get());
```

解引运算符 * 将 get() 返回的指向 FOO 的指针转换为指向 FOO 的引用。也就是说，这不会产生任何代码，只是对编译器的提示。在 C++ 的编程世界中，引用是一种"习俗"，它表示"无主且非空的指针"。

6.3.5　使用"主指针"拥有动态变量

std::shared_ptr 很简单。它会自动管理动态变量。但是正如之前提到过的，共享指针的开销是昂贵的。在许多情况下，这都是没必要的。

经常出现的一种情况是，一个单独的数据结构在它的整个生命周期内拥有动态变量。指向动态变量的引用或是指针可能会被传递给函数和被函数返回，或是被赋值给变量，等等。但是在这些引用中，没有哪个的寿命比"主引用"长。

如果存在主引用，那么我们可以使用 std::unique_ptr 高效地实现它。然后，我们可以在函数调用过程中，用普通的 C 风格的指针或是 C++ 引用来引用该对象。如果在程序中贯彻了这种方针，那么普通指针和引用就会被记录为"无主"指针。

当离开了使用 std::shared_ptr 时，一部分开发人员会变得不安。不过，这些开发人员每天使用迭代器，却丝毫没有意识到也许它们的行为与无主指针一样，可能会失效。就我在多个大型项目中使用"主指针"的经验而言，实际上并不会发生导致内存泄漏或是双重释放的问题。当指针的拥有者显而易见时，使用"主指针"性能会更好；而当不确定指针的拥有者时，可以使用 std::shared_ptr。

6.4 减少动态变量的重新分配

动态变量带来的便利太多了。我首先想到了 std::string。但这并不意味着开发人员可以大意。当使用标准库容器时，总是有技术可以帮助我们减少内存分配的次数。我们可以泛化这些技术，让它们也适用于开发人员自己的数据结构。

6.4.1 预分配动态变量以防止重新分配

随着在 std::string 或是 std::vector 上数据的增加，它内部的动态分配的存储空间终究会枯竭。下一个添加操作会导致需要分配更大的存储空间，以及将旧的数据复制到新存储空间中。对内存管理器的调用以及复制操作将会多次访问内存并消耗很多指令。诚然，添加操作的时间开销是 $O(1)$，但是比例常量（即常量时间是多少毫秒）可能会非常大。

string 和 vector 都有成员函数 reserve(size_t n)，调用该函数会告诉 string 或是 vector 请确保至少有存储 n 个元素的空间。如果可以事先计算或是预估出这个大小，那么调用 reserve() 为 string 或是 vector 预留足够的内部存储空间，可以避免出现它们到达增长极限后需要重新分配存储空间的情况：

```
std::string errmsg;
errmsg.reserve(100); // 下面这些字符串连接操作中只会发生一次内存分配
errmsg += "Error 1234: variable ";
errmsg += varname;
errmsg += " was used before set. Undefined behavior.";
```

调用 reserve() 如同是对 string 或是 vector 的一种提示。与分配最差情况下的静态缓存不同的是，即使过小地估计了预留的容量，惩罚也不过是额外的重新分配。而即使过大地估计了预留的容量，只要 string 或是 vector 会在短暂地使用后被销毁，就都没有问题。在使用 reserve() 预分配 string 或是 vector 后，还可以使用 std::string 或是 std::vector 的 shrink_to_fit() 成员函数将未使用的空间返回给内存管理器。

标准库散列表类型 std::unordered_map（请参见 10.8 节）有一个链接到其他数据结构的骨干数组（桶的链表）。它也有一个 reserve() 成员函数。不幸的是，std::deque 虽然也有一个骨干数组，却没有 reserve() 成员函数。

如果开发人员在设计包含了骨干数组的数据结构时，能够实现用于预分配骨干数组的内存的 reserve() 函数，那就帮了这些数据结构的用户一个大忙了。

6.4.2 在循环外创建动态变量

在下面这段代码中，循环虽小，问题却大。这段程序会将 namelist 中的每个文件中的每行都添加到 std::string 类型的变量 config 中，接着再从 config 中抽出一小部分数据。问题出在每次循环中都会创建 config，并且在每次循环内部，随着 config 的不断增大，都会重新分配内存。接着，在循环末尾离开了它的作用域后，config 将会被销毁，它的存储空间会被返回给内存管理器：

```
for (auto& filename : namelist) {
    std::string config;
    ReadFileXML(filename, config);
    ProcessXML(config);
}
```

提高这段循环的性能的一种方法是将 config 的声明移至循环外部。在每次循环中，我都会先清除该变量。不过，clear() 函数并不会释放 config 内部的动态缓冲区，它只是将config 的内容的长度设置为 0。从第二次循环开始，只要接下来的文件没有比第一次循环中使用的文件大很多，就不会重新分配内存：

```
std::string config;
for (auto& filename : namelist) {
    config.clear();
    ReadFileXML(filename, config);
    ProcessXML(config);
}
```

本节主题的一种变化形式是将 config 声明为类的成员变量。对于某些开发人员来说，这种修改方式像是滥用全局变量。不过，延长动态分配内存的变量的生命周期可以显著提升性能。

这种技巧不仅适用于 std::string，也适用于 std::vector 和其他任何拥有动态大小骨架的数据结构。

优化战争故事

我曾经编写过一个多线程程序，其中的每个线程都会进入一个类实例，记录它们自身的活动。记录函数原来定义了一个局部临时字符串变量来保存格式化的记录信息。我发现当超过 6 个线程时，由于每个线程都会请求内存管理器来为记录信息分配内存，这种竞争内存管理器的现象导致性能陡然下降。解决方法是将保存每一行记录信息的临时字符串变量修改为类的成员变量，使其可以被每一行记录信息所复用。当这个字符串被使用一定次数后，它会变得足够长，这样就可以避免重新分配内存。我取得的最大战果是在一个大型程序中反复使用这个技巧来获取最大程度的性能改善，使得程序（一个电话服务器）轻易地扩容至同时呼入数量的 10 倍。

6.5　移除无谓的复制

在 Kernighan 和 Ritchie（K & R）定义的 C 中，所有可以被直接赋值的实体都是 char、int、float 和指针等基本类型，它们都会被保存在一个单独的寄存器中。因此，类似 a = b 这样的赋值语句是高效的，只会生成一两个用于获取 b 的值并将其存在 a 中的指令。在 C++ 中，char、int 或是 float 等基本类型的赋值同样高效。

但是，在 C++ 中，也存在着看似简单，但其实并不高效的赋值语句。如果 a 和 b 都是 BigClass 类的实例，那么赋值语句 a = b; 会调用 BigClass 的**赋值运算符**成员函数。赋值运算符可以只是简单地将 b 的字段全部复制到 a 中去。但是问题在于这个函数可能会做任何 C++ 函数都会做的事情。BigClass 可能有很多字段需要复制。如果 BigClass 中有动态变量，复制它们可能会引发对调用内存管理器的调用。如果 BigClass 中有一个保存有数百万元素的 std::map 或是一个保存有数百万字符的字符数组，那么赋值语句的开销会非常大。

在 C++ 中，如果 Foo 是一个类，初始化声明 Foo a = b; 可能会调用一个称为复制构造函数的成员函数。复制构造函数和赋值运算符是两个紧密相关的成员函数，它们所做的事情几乎相同：将一个类实例中的字段复制到另一个类实例中去。而且与赋值运算符一样，复制构造函数的开销是没有上限的。

开发人员在寻找一段热点代码中的优化机会时，必须特别注意赋值和声明，因为在这些地方可能会发生昂贵的复制。实际上，复制可能会发生于以下任何一种情况下：

- 初始化（调用构造函数）
- 赋值（调用赋值运算符）
- 函数参数（每个参数表达式都会被移动构造函数或复制构造函数复制到形参中）
- 函数返回（调用移动构造函数或复制构造函数，甚至可能会调用两次）
- 插入一个元素到标准库容器中（会调用移动构造函数或复制构造函数复制元素）
- 插入一个元素到 vector 中（如果需要重新为 vector 分配内存，那么所有的元素都会通过移动构造函数或复制构造函数复制到新的 vector 中）

Scott Meyers 在他的著作 *Effective C++* 中就复制构造进行了广泛而详细的讲解。以上这段简短的总结只是一个纲要。

6.5.1　在类定义中禁止不希望发生的复制

并非程序中所有的对象都应当被复制。例如，具有实体行为的对象（请参见 6.1.3 节）不应当被复制，否则会失去它们的意义。

许多具有实体行为的对象都会有一些状态（例如，一个保存了 1000 个字符串的 vector 或是一个保存了 1000 个符号的符号表）。如果程序不经意地将实体复制到了一个会检查该实体状态的函数中，虽然在功能上是没有问题的，但是运行时开销会非常大。

如果复制类实例过于昂贵或是不希望这么做，那么一种可以有效地避免发生这种昂贵开销的方法就是禁止复制。将复制构造函数和赋值运算符的可见性声明为 private 可以防止它们被外部调用。既然它们无法被调用，那么也就不需要任何定义，只需要声明就足够了。例如：

```
// 在C++11之前禁止复制的方法
class BigClass {
private:
    BigClass(BigClass const&);
    BigClass& operator=(BigClass const&);
public:
    ...
};
```

在 C++11 中，我们可以在复制构造函数和赋值运算符后面加上 delete 关键字来达到这个目的。将带有 delete 关键字的复制构造函数的可见性设为 public 更好，因为在这种情况下调用复制构造函数的话，编译器会报告出明确的错误消息：

```
// 在C++11中禁止复制的方法
class BigClass {
public:
    BigClass(BigClass const&) = delete;
    BigClass& operator=(BigClass const&) = delete;
    ...
};
```

任何企图对以这种方式声明的类的实例赋值——或通过传值方式传递给函数，或通过传值方式返回，或是将它用作标准库容器的值时——都会导致发生编译错误。

但是还可以用指向该类的指针和引用来赋值或初始化变量，或是在函数中传递和返回指向该类实例的引用或指针。从性能优化的角度看，使用指针或引用进行赋值和参数传递，或是返回指针或引用更加高效，因为指针或引用是存储在寄存器中的。

6.5.2　移除函数调用上的复制

在本节中，我将首先详细讲解在函数调用过程中 C++ 程序计算参数时发生的开销。请仔细阅读本节中的内容，因为此处的结论对于性能优化而言是非常重要的。当程序调用函数时，会计算每个参数表达式，并以相对应的参数表达式的值作为初始化器创建每个形参。

"创建"意味着会调用形参的构造函数。当形参是诸如 int、double 或是 char* 等基本类型时，由于基本类型的构造函数是概念上的而非实际的函数，因此程序只会简单地将值复制到形参的存储空间中。

但是当形参是某个类的实例时，程序将调用这个类的复制构造函数之一来初始化实例。通常情况下，复制构造函数都是一个实际的函数。程序会调用这个函数，不论复制构造函数做了什么。如果参数类是一个含有 100 万个元素的 std::list，那么复制构造函数将会调用 100 万次内存管理器来创建新的元素。如果参数是一个由保存着字符串的 map 构成的链表，可能会逐节点地复制整个数据结构。对于一个大型且复杂的参数，复制所花费的时间可能足以引起开发人员的注意。但是如果在测试时参数中只有几个元素，那么恐怕这个问题直到这种数据结构的设计被广泛使用后才会被发现，导致其成为提高程序可扩展性的绊脚石。请考虑以下示例代码：

```
int Sum(std::list<int> v) {
    int sum = 0;
    for (auto it : v)
        sum += *it;
    return sum;
}
```

当调用这里展示的 Sum() 函数时，实参是一个链表：例如，int total = Sum(MyList);。形参 v 也是一个链表。v 是通过一个接收链表作为参数的构造函数创建的。它就是复制构造函数。std::list 的复制构造函数会为链表中所有的元素创建一份副本。如果 MyList 总是只有几个元素，那么这个开销尽管没有必要，但是依然可以忍受。但是随着 MyList 变大，这个开销将会降低程序性能。如果它有 1000 个元素，那么内存管理器会被调用 1000 次。在函数最后，形参 v 会超出它的作用域，其中的 1000 个元素也会被逐一返回给不会再被使用的链表。

为了避免这种开销，我们可以将形参定义为带有平凡（trivial）构造函数的类型。为了将类实例传递给函数，指针和引用具有普通构造函数。例如，在之前的例子中，我们可以将 v 定义为 std::list<int> const&。接着，该引用会被指向实参的引用初始化，而不会使用复制构造函数初始化类的实例。引用通常被实现为指针。

当一个类和标准库容器一起使用时，或是这个类包含了一个必须要复制的数组，又或者是它有许多局部变量，那么通过复制构造函数创建它的实例可能会调用内存管理器来复制它内部的数据，而传递指向类实例的引用可以改善程序性能。通过引用访问实例也会产生开销：每次访问实例时，都必须解引实现该引用的指针。如果函数很大，而且在函数体中多次使用了参数值，那么连续地解引引用的开销会超过所节省下来的复制开销，导致性能改善收益递减。但是对于小型函数，除了特别小的类以外，通过引用传递参数总是能获得更好的性能。

引用参数的行为与值参数并不完全相同。引用参数在函数内部发生改变会导致它所引用的实例也发生改变，但是值参数在函数内部发生改变却不会对函数外的值造成任何影响。将引用参数声明为常量引用可以防止不小心修改所引用的实例。

引用参数还会引入别名，这会导致不曾预料到的影响。也就是说，如果函数签名是：

```
void func(Foo& a, Foo& b);
```

函数调用 func(x,x); 引入了一个别名。如果 func() 更新了 a，那么你会发现 b 突然也被更新了。

6.5.3　移除函数返回上的复制

如果函数返回一个值，那么这个值会被复制构造到一个未命名的与函数返回值类型相同的临时变量中。对于 long、double 或指针等基本类型会进行默认的复制构造，而当变量是类时，复制构造通常都会发生实际的函数调用。类越大越复杂，复制构造函数的时间开销也越大。下面来看一个例子：

```
std::vector<int> scalar_product(std::vector<int> const& v, int c) {
    std::vector<int> result;
    result.reserve(v.size());
    for (auto val : v)
        result.push_back(val * c);
    return result;
}
```

正如在前一节中所讨论的一样，在有些情况下，通过返回引用而不是返回已经创建的返回值，可以避免发生复制构造开销。不幸的是，如果在函数内计算出返回值后，将其赋值给了一个具有自动存储期的变量，那么这个技巧将无法适用。当函数返回后，这个变量将超出它的作用域，导致悬挂引用将会指向一块堆内存尾部的未知字节，而且该区域通常都会很快被其他数据覆盖。更糟糕的是，函数计算返回结果是很普遍的情况，所以多数函数都会返回值，而非引用。

就像返回值的复制构造的开销并不算太糟糕，调用方常常会像 auto res =scalar_product(argarray, 10);这样将函数返回值赋值给一个变量。因此，除了在函数内部调用复制构造外，在调用方还会调用复制构造函数或赋值运算符。

在早期的 C++ 程序中，这两次复制构造函数的开销简直是性能杀手。幸运的是，C++ 标准的制定人员和许多优秀的 C++ 编译器找到了一种移除额外的复制构造函数调用的方法。这种优化方法被称为复制省略（copy elision）或是返回值优化（return value optimization, RVO）。开发人员可能听说过 RVO，他们会误认为他们可以通过值返回对象，而不必担心复制构造的性能开销。但实际情况并非这样。只有在某些特殊的情况下编译器才能够进行 RVO。函数必须返回一个局部对象。编译器必须能够确定在所有的控制路径上返回的都是相同的对象。返回对象的类型必须与所声明的函数返回值的类型相同。最简单的情况是，如果一个函数非常短小，并且只有一条控制路径，那么编译器进行 RVO 的可能性非常大。如果函数比较庞大，或是控制路径有很多分支，那么编译器将难以确定是否可以进行 RVO。当然，各种编译器的分析能力也是不同的。

有一种方法可以移除函数内部的类实例的构造以及从函数返回时发生的两次复制构造（或是等价于复制构造函数的赋值运算符）。这需要开发人员手动编码实现，所以其结果肯定比寄希望于编译器在给定的情况下进行 RVO 要好。这种方法就是不用 return 语句返回值，而是在函数内更新引用参数，然后通过**输出参数**返回该引用参数：

```
void scalar_product(
    std::vector<int> const& v,
    int c,
    vector<int>& result) {
    result.clear();
    result.reserve(v.size());
    for (auto val : v)
        result.push_back(val * c);
}
```

这里，我们在函数参数列表中加入了一个称为 result 的输出参数。这种机制有以下几个优点。

- 当函数被调用时，该对象已经被构建。有时，该对象必须被清除或是重新初始化，但是这些操作不太可能比构造操作的开销更大。
- 在函数内被更新的对象无需在 return 语句中被复制到未命名的临时变量中。
- 由于实际数据通过参数返回了，因此函数的返回类型可以是 void，也可以用来返回状态或是错误信息。
- 由于在函数中被更新的对象已经与调用方中的某个名字绑定在了一起，因此当函数返回时不再需要复制或是赋值。

但是等等，还有其他情况。当在程序中多次调用一个函数时，许多数据结构（如字符串、矢量和散列表）都有一个可复用的动态分配的骨干数组。有时，函数的结果必须保存在调用方中，但是这种开销永远不会比当函数通过值返回类的实例时调用复制构造函数的开销大。

这种机制会产生额外的运行时开销，例如额外的参数开销吗？其实并不会。编译器在处理返回实例的函数时，会将其转换为一种带有额外参数的形式。这个额外的参数是一个引用，它指向为用于保存函数所返回的未命名的临时变量的未初始化的存储空间。

在 C++ 中有一种情况只能通过值返回对象：运算符函数。当开发人员在编写矩阵计算函数时，如果希望使用通用的运算符 A = B * C;，就无法使用引用参数。在实现运算符函数时必须格外小心，确保它们会使用 RVO 和移动语义，这样才能实现最高效率。

6.5.4　免复制库

当需要填充的缓冲区、结构体或其他数据结构是函数参数时，传递引用穿越多层库调用的开销很小。我听说过有些叫作“免复制”的库实现了这样的行为。这种模式出现在了许多性能需求严格的函数库中。这种方法值得学习。

例如，C++ 标准库 istream::read() 成员函数的签名如下：

```
istream& read(char* s, streamsize n);
```

这个函数会读取 n 个字节的内容到 s 所指向的存储空间中。这段缓冲区是一个输出参数，因此要读取的数据不会被复制到新分配的存储空间中。由于 s 是一个参数，istream::read() 可以将返回值用于其他用途。在本例中，函数将 this 指针作为引用返回。

但是 istream::read() 自身并不会从操作系统内核获取数据。它会调用另外一个函数。在某些实现方式下，它可能会调用 C 的库函数 fread()。fread() 的函数签名如下：

```
size_t fread(void* ptr, size_t size, size_t nmemb, FILE* stream);
```

fread() 会读取 size*nmemb 个字节的数据并将它们存储在 ptr 所指向的存储空间中。fread() 中的 ptr 参数与 read() 中的 s 相同。

但是 fread() 并不是调用链的终点。在 Linux 上，fread() 会调用标准 Unix 函数 read()；而在 Windows 上，fread() 则会调用 Win32 的 Readfile() 函数。这两个函数具有相似的函数签名：

```
ssize_t read(int fd, void *buf, size_t count);

BOOL ReadFile(HANDLE hFile, void* buf, DWORD n, DWORD* bytesread,
              OVERLAPPED* pOverlapped);
```

这两个函数都接收一个指向需要填充的缓冲区的 void* 以及一个要读取的最大字节数。尽管在调用链中向下传递的时候，它的类型从 char* 变为了 void*，但是指针指向的是同一块存储空间。

另一种设计审美认为，这些数据结构和缓冲区应当通过值返回。它们是在函数中创建的，因此不应当存在于函数调用之前。如果函数少一个参数，它看起来也更加“简单”。C++ 允许开发人员通过值返回数据结构，因此在 C++ 中，这种方法是一种很“自然”的方法。无论是 Unix 还是 Windows，无论是 C 还是 C++，都有开发人员躲在“免复制”的开发风格之后。这种设计审美居然有这么多支持者，对此我感到很困惑，因为这种设计的开销太大了：当数据结构或缓冲区被传递于库的各层之间时，它们会不止一次地被复制。如果返回值有一个动态变量，那么这个开销可能还会包括多次调用内存管理器进行复制的开销。每次为数据结构分配内存和返回一个指针，都需要多次转换指针的所有权。RVO 和移动语义只能降低部分开销，而且需要开发人员仔细地实现它们。从性能的角度看，"免复制"的设计更加高效。

6.5.5　实现写时复制惯用法

写时复制（copy on write，COW）是一项编程惯用法，用于高效地复制那些含有复制开销昂贵的动态变量的类实例。COW 是一项具有悠久历史、被广泛使用的优化技巧。在过去的数年中，它被频繁地用于 C++ 程序中，特别是用于实现 C++ 的字符串类。Windows 上的 CString 字符串中就使用了 COW。有些旧式的 std::string 中也使用了 COW。不过，C++11 标准禁止在 std::string 中使用 COW。COW 并非总是能够带来优秀的性能，因此尽管它有光荣的历史，但我们仍然必须小心地使用它。

通常来说，当一个带有动态变量的对象被复制时，也必须复制该动态变量。这种复制被称为**深复制**。通过复制指针，而不是复制指针指向的变量得到包含无主指针的对象的副本，这种复制被称为**浅复制**。

写时复制的核心思想是，在其中一个副本被修改之前，一个对象的两个副本一直都是相同的。因此，直到其中一个实例或另外一个实例被修改，两个实例能够共享那些指向复制开销昂贵的字段的指针。写时复制首先会进行一次"浅复制"，然后将深复制推迟至对象的某个元素发生改变时。

在现代 C++ 的 COW 的实现方式中，任何引用动态变量的类成员都是用如 std::shared_ptr 这样的具有共享所有权的智能指针实现的。类的构造函数复制具有共享所有权的指针，将动态变量的一份新的复制的创建延迟到任何一份复制想要修改该动态变量时。

作用于类上的任何变值操作都会在真正改变类之前先检查共享指针的引用计数。引用计数值大于 1 表明所有权被共享了，那么这个操作会为对象创建一份新的副本，用指向新副本的共享指针交换之前的共享指针成员，并释放旧的副本和减小引用计数。由于已经确保了动态变量没有被共享，现在可以进行变值操作了。

在 COW 类中使用 std::make_shared() 构建动态变量是非常重要的。否则，使用共享指针会发生额外的调用内存管理器来获取引用计数对象的开销。如果在类中有许多动态变量，那么这个开销与简单地将动态变量复制到新的存储空间中并赋值给一个（非共享的）智能指针的开销无异。因此，除非要复制很多份副本，或者变值运算符通常不会被调用，否则 COW 惯用法可能不会发挥什么作用。

6.5.6　切割数据结构

切割（slice）是一种编程惯用法，它指的是一个变量指向另外一个变量的一部分。例如，C++17 中推荐的 string_view 类型就指向一个字符串的子字符串，它包含了一个指向子字符串开始位置的 char* 指针以及到子字符串的长度。

被切割的对象通常都是小的、容易复制的对象，将其内容复制至子数组或子字符串中而分配存储空间的开销不大。如果被分割的数据结构为被共享的指针所有，那么切割是完全安全的。但是经验告诉我，被切割的对象的生命是短暂的。它们在短暂地实现了存在的意义后，就会在被切割的数据结构能够被销毁前超出它们的作用域。例如，string_view 使用一个无主指针指向字符串。

6.6　实现移动语义

就性能优化而言，C++11 中加入的**移动语义**对 C++ 具有非常重要的意义。移动语义解决了之前版本的 C++ 中反复出现的问题，例子如下。

- 将一个对象赋值给一个变量时，会导致其内部的内容被复制。这个运行时开销非常大。而在这之后，原来的对象立即被销毁了。复制的努力也随之化为乌有，因为本来可以复用原来对象的内容的。
- 开发人员希望将一个实体（请参见 6.1.3 节），例如一个 auto_ptr 或是资源处理句柄，赋值给一个变量。在这个对象中，赋值语句中的"复制"操作是未定义的，因为这个对象具有唯一的识别符。

以上这两种情况对 std::vector 等动态容器有很大影响，因为伴随着容器中元素数量的增加，容器内部的存储空间必须被重新分配。第一种情况会导致重新分配容器的开销比实际所需更大。第二种情况则会导致 auto_ptr 等实体无法被存储在容器中。

问题的起因在于，复制构造函数和赋值运算符执行的复制操作对于基本类型和无主指针没有问题，但是对于实体则没有意义。拥有这种类型的成员变量的类可以被保存在 C 风格的数组中，但是无法被保存在 std::vector 等动态容器中。

在 C++11 之前，C++ 没有提供任何标准方式来高效地将一个变量的内容移动到另一个变量中，无法避免那些不应当发生的复制开销。

6.6.1　非标准复制语义：痛苦的实现

当一个变量表现为实体时，创建它的一个副本通常都是一张通往未定义行为大陆的单程票。较好的做法是对这类变量禁用复制构造函数和赋值运算符。但是当 std::vector 等容器重新分配时，又需要复制其中所容纳的对象，因此禁止复制意味着无法在容器中使用这类对象。

对于在移动语义出现之前，想把实体放进标准库容器的绝望的设计人员来说，一种解决方法是以非标准的形式实现赋值。例如，可以如代码清单 6-1 所示这样实现一种智能指针。

代码清单 6-1　非复制赋值的 hacky 智能指针

```
hacky_ptr& hacky_ptr::operator=(hacky_ptr& rhs) {
    if (*this != rhs) {
        his->ptr_ = rhs.ptr_;
        rhs.ptr_ = nullptr;
    }
    return *this;
}
```

这个赋值运算符可以编译通过和正常运行。q = p; 这样的赋值语句会将指针所有权传递给 q 并将 p 中的指针设置为 nullptr。这个定义确保了所有权。以这种方式定义的指针可以在 std::vector 中工作。

尽管赋值运算符的签名中给出了一个微妙的提示，告诉调用方 rhs 被修改了——这在赋值运算中并不常见——但从赋值运算自身上看不出它的行为异常（请参见代码清单 6-2）。

代码清单 6-2 hacky_ptr 的用法让人吃惊

```
hacky_ptr p, q;
p = new Foo;
q = p;
    ...
p->foo_func(); // 令人吃惊,解引|nullptr
```

可能在一段长时间的调试后，期待这段代码能够正常工作的开发新手会失望了。以这种方式来贬低"复制"的意义简直是代码噩梦，甚至找不到任何使用它的必要。

6.6.2 std::swap(): "穷人"的移动语义

在两个变量之间可能会进行的另外一种操作是"交换"——互换两个变量所保存的内容。即使当两个变量都是实体时，交换操作也很容易定义。这是因为在操作结束后，每个变量都各含有一个实体。C++ 提供了模板函数 std::swap() 来交换两个变量的内容：

```
std::vector<int> a(1000000,0);
    ...
std::vector<int> b; // b是空的
std::swap(a,b);      // 现在b有100万个元素
```

在移动语义出现之前，std::swap() 的默认实例化类似于下面这样：

```
template <typename T> void std::swap(T& a, T& b) {
    T tmp = a; // 为a创建一份新的临时副本
    a = b;      // 将b复制到a中,放弃a以前的值
    b = tmp;    // 将临时副本复制到b中,放弃b以前的值
}
```

这段默认的实例化代码仅工作于那些已经定义了复制操作的对象上。它还有潜在的性能问题：a 的原始值被复制了两次，而 b 的原始值也被复制了一次。如果类型 T 包含了动态分配内存的成员变量，那么会创建三个它的副本，其中两个会被销毁。这比概念上只进行一次复制和一次销毁的复制操作更加昂贵。

交换操作的强大之处在于它可以递归地应用于类的成员变量上。交换并不会复制指针所指向的对象，而是交换指针自身。对于那些指向大的、动态分配内存的数据结构，交换比复制更加高效。在实践中，std::swap() 可以为某些类特化。标准容器提供了 swap() 成员函数来交换指向它们的动态成员变量的指针。容器类还提供了特化的 std::swap()，可以在不调用内存管理器的情况下高效地进行一次交换。用户定义类型也同样可以提供特化版的 std::swap()。

std::vector 的定义使得当它的骨干数组增长时并不会使用交换来复制它的内容，但是我

们可以定义另外一种相似的数据结构来实现这个功能。

交换的问题在于，尽管对于带有需要深复制的动态变量的类而言，交换比复制更加高效，但对于其他类则比较低效。无论如何，"交换"至少对于有主指针和简单类型还是有意义的，它朝着正确的方向迈进了一步。

6.6.3　共享所有权的实体

实体无法复制。不过，一个指向实体的共享指针却可以复制。因此，虽然在移动语义出现之前无法创建 std::vector<std::mutex> 等，但是我们可以定义一个 std::vector<std::shared_ptr<std::mutex>>。复制一个 shared_ptr 意义重大：创建一个额外的引用指向一个唯一的对象。

当然，让一个 shared_ptr 指向实体也是一种方法。虽然这种方法的优点是使用了 C++ 标准库工具——当然，这些工具本身就旨在供开发者使用的——但是它充满了不必要的复杂性和运行时开销。

6.6.4　移动语义的移动部分

标准库的实现人员认识到，他们需要将"移动"操作作为 C++ 的基础概念。"移动"应当负责处理所有权的转移，它需要比复制更加高效，而且无论对于值还是实体都应当有良好的定义。其结果就是**移动语义**的诞生。这里，我将讲解移动语义的精华部分，但限于篇幅，本节无法覆盖许多细节。我强烈建议读者阅读 Scott Meyers 的 *Effective Modern C++* 一书，这本书的 42 节中有 10 节都在讨论移动语义。读者还可以在互联网上免费学习 Thomas Becker 的 "C++ Rvalue References Explained"（http://thbecker.net/articles/rvalue_references/section_01.html），它介绍了移动语义，但读者应当更深入地理解移动语义。

为了实现移动语义，C++ 编译器需要能够识别一个变量在什么时候只是临时值。这样的实例是没有名字的。例如，函数返回的对象或 new 表达式的结果就没有名字。不可能会有其他引用指向该对象。该对象可以被初始化、赋值给一个变量或是作为表达式或函数的参数。但是接下来它会立即被销毁。这样的无名值被称为**右值**，因为它与赋值语句右侧的表达式的结果类似。相反，**左值**是指通过变量命名的值。在语句 y = 2*x + 1; 中，表达式 2*x + 1 的结果是一个右值，它是一个没有名字的临时值。等号左侧的变量是一个左值，y 是它的名字。

当一个对象是右值时，它的内容可以被转换为左值。所需做的就是保持右值为有效状态，这样它的析构函数就可以正常工作了。

C++ 的类型系统被扩展了，它能够从函数调用上的左值中识别出右值。如果 T 是一个类型，那么声明 T&& 就是指向 T 的右值引用——也就是说，一个指向类型 T 的右值的引用。函数重载的解析规则也被扩展了，这样当右值是一个实参时，优先右值引用重载；而当左值是实参时，则需要左值引用重载。

特殊成员函数的列表被扩展了，现在它包含了移动构造函数和一个移动赋值运算符。这些函数是复制构造函数和赋值运算符的重载，它们接收右值引用作为参数。如果一个类实现了移动构造函数和移动赋值运算符，那么在进行初始化或是赋值实例时就可以使用高效的移动语义。

代码清单 6-3 是一个包含唯一实体的简单的类。编译器会为这个类自动地生成移动构造函数和移动赋值运算符。如果类的成员定义了移动操作，这些移动运算符就会对这些成员进行一次移动操作；如果没有，则进行一次复制操作。这等同于对每个类成员都执行 this->member = std::move(rhs.member)。

代码清单 6-3　带有移动语义的类

```
class Foo {
    std::unique_ptr<int> value_;
public:
    ...
    Foo(Foo&& rhs) {
        value_ = rhs.release();
    }
    Foo(Foo const& rhs) : value_(nullptr) {
        if (rhs.value_)
            value_ = std::make_unique<int*>(*rhs.value_);
    }
};
```

实际上，编译器只会在当程序没有指定复制构造函数、赋值运算符或是析构函数[3]，而且父类或是任何类成员都没有禁用移动运算符的简单情况下，才会自动生成移动构造函数和移动赋值运算符。这条规则是有意义的，因为这些特殊的函数定义的出现暗示可能需要一些特殊的东西（而不是"成员逐一移动"）。

如果开发人员没有提供或是编译器没有自动生成移动构造函数和移动赋值运算符，程序仍然可以编译通过。这时候，编译器会使用比较低效的复制构造函数和复制赋值运算符。由于自动生成的规则太过复杂，因此最好显式地声明、默认声明或是禁用所有特殊函数（默认构造函数、复制构造函数、复制赋值运算符、移动构造函数、移动赋值运算符和析构函数），这样可以让开发人员的意图更清晰。

6.6.5　更新代码以使用移动语义

我们可以修改各个类来让现有的代码也可以使用移动语义。下面这份检查项目清单有助于读者进行这项工作。

- 找出一个从移动语义中受益的问题。例如，在复制构造函数和内存管理函数上花费了太多时间可能表明，增加移动构造函数或移动赋值运算符可能会使那些频繁被使用的类受益。
- 升级 C++ 编译器（如果编译器中不带有标准库，那么还需要升级标准库）到一个更高级的支持移动语义的版本。在升级后要重新运行性能测试，因为改变编译器可能会显著地改变那些使用了字符串和矢量等标准库组件的代码的性能，导致热点函数排行榜也随之发生变化。

注 3：尽管在 C++11 中已经不主张这么做了，但是即使定义了析构函数，也会自动生成复制构造函数和赋值运算符。最佳实践是如果确实不应当定义复制构造函数和赋值运算符，那么应当显式地删除它们。

- 检查第三方库，查看是否有新的支持移动语义的版本。如果继续使用那些不支持移动语义的库，那么即使编译器支持移动语义，对开发人员也不会有任何帮助。
- 当碰到性能问题时，为类定义移动构造函数和移动赋值运算符。

6.6.6　移动语义的微妙之处

移动语义并非黑科技。这种特性太重要了，而且标准库的实现人员确实做得很棒，让它在语义上与复制构造函数十分相似。但是我认为，可以说移动语义是非常微妙的。这是 C++ 中必须谨慎使用的特性之一，如果你对它足够了解，你的程序就可以获得极大的性能提升。

1. 移动实例至 std::vector

如果你希望你的对象在 std::vector 中能够高效地移动，那么仅仅编写移动构造函数和移动赋值运算符是不够的。开发人员必须将移动构造函数和移动赋值运算符声明为 noexcept。这很有必要，因为 std::vector 提供了强异常安全保证（strong exception safety guarantee）：当一个 vetcor 执行某个操作时，如果发生了异常，那么该 vetcor 的状态会与执行操作之前一样。复制构造函数并不会改变源对象。移动构造函数则会销毁它。任何在移动构造函数中发生的异常都会与强异常安全保证相冲突。

如果没有将移动构造函数和移动赋值运算符声明为 noexcept，std::vector 会使用比较低效的复制构造函数。当发生这种情况时，编译器可能不会给出警告，代码仍然可以正常运行，不过会变慢。

noexcept 是一种强承诺。使用 noexcept 意味着不会调用内存管理器、I/O 或是其他任何可能会抛出异常的函数。同时，它也意味着必须忍受所有异常，因为没有任何办法报告在程序中发生了异常。在 Windows 上，这意味着将结构化异常转换为 C++ 异常充满了危险，因为打破了 noexcept 的承诺意味着程序会突然且不可撤销地终止。但是，这是高效要付出的代价。

2. 右值引用参数是左值

当一个函数接收一个右值引用作为参数时，它会使用右值引用来构建形参。因为形参是有名字的，所以尽管它构建于一个右值引用，它仍然是一个左值。

幸运的是，开发人员可以显式地将左值转换为右值引用。如代码清单 6-4 所示，标准库提供了漂亮的 <utility> 中的模板函数 std::move() 来完成这项任务。

代码清单 6-4　显式地移动

```
std::string MoveExample(std::string&& s) {
    std::string tmp(std::move(s));
    // 注意! 现在s是空的
    return tmp;
}
    ...
std::string s1 = "hello";
std::string s2 = "everyone";
std::string s3 = MoveExample(s1 + s2);
```

在代码清单 6-4 中，调用 MoveExample(s1 + s2) 会导致通过右值引用构建 s，这意味着实参被移动到了 s 中。调用 std::move(s) 会创建一个指向 s 的内容的右值引用。由于右值引用是 std::move() 的返回值,因此它没有名字。右值引用会初始化 tmp,调用 std::string 的移动构造函数。此时,s 已经不再指向 MoveExample() 的实参字符串。它可能是一个空字符串。当返回 tmp 的时候,从概念上讲,tmp 的值会被复制到匿名返回值中,接着 tmp 会被删除。MoveExample() 的匿名返回值会被复制构造到 s3 中。不过,实际上,在这种情况下编译器能够进行 RVO,这样参数 s 会被直接移动到 s3 的存储空间中。通常,RVO 比移动更高效。

下面是一个使用了 std::move() 的移动语义版本的 std::swap():

```
template <typename T> void std::swap(T& a, T& b) {
{
  T tmp(std::move(a));
  a = std::move(b);
  b = std::move(tmp);
}
```

只要 T 实现了移动语义,这个函数就会执行三次移动,且不会进重新分配。否则,它会进行复制构造。

3. 不要返回右值引用

移动语义的另外一个微妙之处在于不应当定义函数返回右值引用。直觉上,返回右值引用是合理的。在像 x = foo(y) 这样的函数调用中,返回右值引用会高效地将返回值从未命名的临时变量中复制到赋值目标 x 中。

但是实际上,返回右值引用会妨碍返回值优化(请参见 6.5.3 节),即允许编译器向函数传递一个指向目标的引用作为隐藏参数,来移除从未命名的临时变量到目标的复制。返回右值引用会执行两次移动操作,而一旦使用了返回值优化,返回一个值则只会执行一次移动操作。

因此,只要可以使用 RVO,无论是返回语句中的实参还是函数的返回类型,都不应当使用右值引用。

4. 移动父类和类成员

正如代码清单 6-5 所示,要想为一个类实现移动语义,你必须为所有的父类和类成员也实现移动语义。否则,父类和类成员将会被复制,而不会被移动。

代码清单 6-5 移动父类和类成员

```
class Base {...};
class Derived : Base {
    ...
    std::unique_ptr<Foo> member_;
    Bar* barmember_;
};

Derived::Derived(Derived&& rhs)
  : Base(std::move(rhs)),
    member_(std::move(rhs.member_)),
    barmember_(nullptr) {

    std::swap(this->barmember_, rhs.barmember_);
}
```

代码清单 6-5 展示了一个编写移动构造函数的微妙之处。假设 Base 有移动构造函数，那么它只有在通过调用 std::move() 将左值 rhs 转换为右值引用后才会被调用。同样，只有当 rhs.member_ 被转换为右值引用后才会调用 std::unique_ptr 的移动构造函数。而对于普通指针 barmember_ 或其他任何没有定义移动构造函数的对象，std::swap() 实现了一个类似移动的操作。

在实现移动赋值运算符时，std::swap() 可能会引起麻烦。麻烦在于 this 可能会指向一个已经分配了内存的对象。std::swap() 不会销毁那些不再需要的内存。它会将它们保存在 rhs 中，直至 rhs 被销毁前这块内存都无法被重新利用。如果在一个类成员中有一个含有 100 万个字符的字符串或是包含一张 100 万个元素的表，这可能会是一个潜在的大问题。在这种情况下，最好先显式地复制 barmember_ 指针，然后在 rhs 中删除它，以防止 rhs 的析构函数删除释放它：

```
void Derived::operator=(Derived&& rhs) {
    Base::operator=(std::move(rhs));
    delete(this->barmember_);
    this->barmember_ = rhs.barmember_;
    rhs.barmember_ = nullptr;
}
```

6.7　扁平数据结构

当一个数据结构中的元素被存储在连续的存储空间中时，我们称这个数据结构为**扁平的**。相比于通过指针链接在一起的数据结构，扁平数据结构具有显著的性能优势。

- 相比于通过指针链接在一起的数据结构，创建扁平数据结构实例时调用内存管理器的开销更小。有些数据结构（如 list、deque、map、unordered_map）会创建许多动态变量，而其他数据结构（如 vector）则较少。正如将在第 10 章反复看到的，即使是相似的操作具有相同的大 O 性能开销，std::vector 和 std::array 等扁平数据结构也有很大的优势。
- std::array 和 std::vector 等扁平数据结构所需的内存比 list、map、unordered_map 等基于节点的数据结构少，因为在基于节点的数据结构中存在着链接指针的开销。即使所消耗的总字节数没有问题，紧凑的数据结构仍然有助于改善缓存局部性。扁平数据结构在局部缓存性上的优势使得它们更加高效。
- 以前常常需要用到的技巧，诸如用智能指针组成 vector 或是 map 来存储不可复制的对象，在 C++11 中的移动语义出现后已经不再需要了。移动语义移除了在分配智能指针和它所指向的对象的存储空间时产生的显著的运行时开销。

6.8　小结

- 在 C++ 程序中，乱用动态分配内存的变量是最大的"性能杀手"。当发生性能问题时，new 不再是你的朋友。
- 只要知道了如何减少对内存管理器的调用，开发人员就能够成为一个高效的性能优化专家。

- 通过提供 ::operator new() 运算符和 ::operator delete() 运算符，可以整体地改变程序分配内存的方式。
- 通过替换 malloc() 和 free() 可以整体地改变程序管理内存的方式。
- 智能指针实现了动态变量所有权的自动化。
- 共享了所有权的动态变量更加昂贵。
- 静态地创建类实例。
- 静态地创建类成员并且在有必要时采用两段初始化。
- 让主指针来拥有动态变量，使用无主指针替代共享所有权。
- 编写通过输出参数返回值的免复制函数。
- 实现移动语义。
- 扁平数据结构更好。

第 7 章

优化热点语句

> 创意就在那里，它被锁在了里面，我所要做的就是移除多余的石头。
>
> ——米开朗基罗·博那罗蒂（1475—1564）在面对
> "您如何创作杰作"的提问时如是回答

语句级别的优化可以被模式化为**从执行流中移除指令**的过程，这与米开朗基罗雕刻其杰作的过程相似。米开朗基罗所给出的建议的问题在于，并没有指出石头中的哪部分是多余的，哪部分是杰作。

语句级别的性能优化的问题在于，除了函数调用外，没有哪条 C++ 语句会消耗许多条机器指令。通常，集中精力在这些微小的性能点上是无法获得与开发人员所付出的努力相应的性能回报的，除非开发人员找到了放大这些语句的开销、使得它们成为值得优化的热点代码的因素。这些因素包括以下几个。

循环

  循环中的语句开销是语句各自的开销乘以它们被重复执行的次数。热点循环必须由开发人员自己找出来。分析器可以指出包含热点循环的函数，但它不会指出函数中的哪个循环是热点循环；它还可能会因为某个函数被一个或多个循环调用而指出该函数，但它也不会指出具体哪个循环是热点循环。既然分析器无法直接指出热点循环，开发人员就必须以分析器的输出结果作为线索，检查代码并找出热点循环。

频繁被调用的函数

  函数的开销是函数自身的开销乘以它被执行的次数。分析器可以直接指出热点函数。

贯穿整个程序的惯用法

  这是一个与 C++ 语句和惯用法有关的总类别。在这个类别中，存在着性能开销更小的选项。如果在程序中广泛地使用了这些惯用法，那么将它替换为性能开销更小的惯用法可以提升程序的整体性能。

115

在语句级别优化代码能够显著地改善嵌入在各种工具、装置、外设和玩具中的简单的小型处理器的性能，因为在这类处理器上，指令是直接从内存中被获取，然后一条一条被执行的。不过，由于桌面级和手持设备的处理器提供了指令级的并发和缓存，因此语句级别的优化带来的回报比优化内存分配和复制要小。

在为桌面级计算机设计的程序中，应当只对那些会被频繁调用的库函数或是程序中最底层的循环，如占用最多运行时间的图形引擎或编程语言解释器，进行语句级别的优化。

语句级别的性能优化还有一个问题：优化效果取决于编译器。对于如何为一条特定的 C++ 语句生成代码，每种编译器都会有一个或多个方案。适用于某个编译器的编程惯用法可能在另外一个编译器上毫无效果，甚至反而会降低性能。当在使用 GCC 时可以改善性能的技巧可能无法适用于 Visual C++。更关键的是，这意味着当团队升级了编译器版本后，新的编译器可能会降低他们精心优化后的代码的速度。这是语句级别的优化可能比其他性能优化手段效果更差的另一个原因。

7.1 从循环中移除代码

一个循环是由两部分组成的：一段被重复执行的控制语句和一个确定需要进行多少次循环的控制分支。通常情况下，移除 C++ 语句中的计算指的是移除循环中的控制语句的计算。不过在循环中，控制分支也有额外的优化机会，因为从某种意义上说，它产生了额外的开销。

请考虑代码清单 7-1 中的 for 循环，它会遍历一个字符串，找出空格并用星号替换之。

代码清单 7-1　未优化的 for 循环

```
char s[] = "This string has many space (0x20) chars. ";
    ...

for (size_t i = 0; i < strlen(s); ++i)
    if (s[i] == ' ')
        s[i] = '*';
```

这段代码对字符串中的每个字符都会判断循环条件 i < strlen(s) 是否成立[1]。调用 strlen() 的开销是昂贵的，遍历参数字符串对它的字符计数使得这个算法的开销从 $O(n)$ 变为了 $O(n^2)$。这是一个在库函数中隐藏了循环（请参见 3.5.2 节）的典型例子。

在 Visual Studio 2010 上，这个循环进行 1000 万次迭代耗时 13 238 毫秒；而在 Visual Studio 2015 上则耗时 11 467 毫秒。VS2015 的测量速度比 VS2010 提高了 15%，这表明两个编译器对这个循环生成的代码有所不同。

注 1：有些读者会感到吃惊："哇！为什么有人写出这样的代码呢？难道他们不知道 std::string 有一个常量时间开销的 length() 函数吗？"不过这类代码通常都会出现在那些需要优化的程序中。我也希望使用更加典型的示例，因为我要证明这一点。

7.1.1　缓存循环结束条件值

我们可以通过在进入循环时预计算并缓存循环结束条件值，即调用开销昂贵的 strlen() 的返回值，来提高程序性能。修改后的循环如代码清单 7-2 所示。

代码清单 7-2　缓存了循环结束条件值的 for 循环

```
for (size_t i = 0, len = strlen(s); i < len; ++i)
    if (s[i] == ' ')
        s[i] = '*';
```

由于 strlen() 的开销实在是太大了，因此修改后的效果非常明显。对修改后的代码进行性能测试的结果是，在 VS2010 上耗时 636 毫秒，而在 VS2015 上则耗时 541 毫秒——比初始版本快了大约 20 倍。VS2015 仍然比 VS2010 快，这次快了 17%。

7.1.2　使用更高效的循环语句

以下是 C++ 中 for 循环语句的声明语法：

> for（初始化表达式 ; 循环条件 ; 继续表达式) 语句

粗略地讲，for 循环会被编译为如下代码：

```
    初始化表达式 ;
L1: if ( ! 循环条件 ) goto L2;
    语句 ;
    继续表达式 ;
    goto L1;
L2:
```

for 循环必须执行两次 jump 指令：一次是当循环条件为 false 时；另一次则是在计算了继续表达式之后。这些 jump 指令可能会降低执行速度。C++ 还有一种使用不那么广泛的、称为 do 的更简单的循环形式，它的声明语法如下：

> do 语句 while（循环条件 ）;

粗略地讲，do 循环会被编译为如下代码：

```
L1: 控制语句
    if（循环条件）goto L1;
```

因此，将一个 for 循环简化为 do 循环通常可以提高循环处理的速度。代码清单 7-3 是一个将遍历字符串的 for 循环代码转换为 do 循环的例子。

代码清单 7-3　for 循环被转换为 do 循环

```
size_t i = 0, len = strlen(s); // for循环初始化表达式
do {
    if (s[i] == ' ')
        s[i] = ' ';
    ++i;                        // for循环继续表达式
} while (i < len);              // for循环条件
```

对修改后的代码进行测试的结果是：在 Visual Studio 2010 上耗时 482 毫秒，性能提高了 12%；不过在 Visual Studio 2015 上却耗时 674 毫秒，性能降低了 25%。

7.1.3 用递减替代递增

缓存循环结束条件的另一种方法是用递减替代递增，将循环结束条件缓存在循环索引变量中。许多循环都有一种结束条件判断起来比其他结束条件更高效。例如，在代码清单 7-3 的循环中，一种结束条件是常量 0，而另外一种则是调用开销昂贵的 strlen() 函数。代码清单 7-4 将代码清单 7-1 中的循环重新组织，用递减替代了递增。

代码清单 7-4　对循环进行递减优化

```
for (int i = (int)strlen(s)-1; i >= 0; --i)
    if (s[i] == ' ')
        s[i] = '*';
```

请注意，我将归纳变量 i 的类型从无符号的 size_t 变为了有符号的 int。for 循环的结束条件是 i >= 0。如果 i 是无符号的，从定义上说，它总是大于或等于 0，那么循环就永远无法结束。在采用递减方式时，这是一个非常典型的错误。

我对这个函数进行了相同的性能测试，结果是在 Visual Studio 2010 上的运行时间是 619 毫秒，而在 Visual Studio 2015 上的运行时间则是 571 毫秒。与代码清单 7-2 中的代码相比，我们无法确定这个结果是否表示有显著的性能提升。

7.1.4 从循环中移除不变性代码

在代码清单 7-2 中，结束条件被缓存起来供复用，这样更加高效。它是将具有不变性的代码移动至循环外部这个通用技巧的一个典型例子。当代码不依赖于循环的归纳变量时，它就具有循环不变性。例如，在我故意编写的代码清单 7-5 的循环中，赋值语句 j = 100; 以及子表达式 j * x * x 就具有循环不变性。

代码清单 7-5　含有循环不变性代码的循环

```
int i,j,x,a[10];
    ...
for (i=0; i<10; ++i) {
    j = 100;
    a[i] = i + j * x * x;
}
```

我们可以如代码清单 7-6 那样重写这段代码。

代码清单 7-6　将循环不变性代码移动至循环外

```
int i,j,x,a[10];
    ...
j = 100;
int tmp = j * x * x;
for (i=0; i<10; ++i) {
    a[i] = i + tmp;
}
```

现代编译器非常善于找出在循环中被重复计算的具有循环不变性的代码（如同这里介绍的），然后将计算移动至循环外部来改善程序性能。开发人员通常没有必要重写这段代码，因为编译器已经替我们找出了具有循环不变性的代码并重写了循环。

当在循环中有语句调用了函数时，编译器可能无法确定函数的返回值是否依赖于循环中的某些变量。被调用的函数可能很复杂，或是函数体包含在另外一个编译器看不到的编译单元中。这时，开发人员必须自己找出具有循环不变性的函数调用并将它们从循环中移除。

7.1.5 从循环中移除无谓的函数调用

一次函数调用可能会执行大量的指令。如果函数具有**循环不变性**（loop-invariant），那么将它移除到循环外有助于改善性能。在代码清单 7-1 中，strlen() 具有循环不变性，因此可以将它到移动到循环外部：

```
char* s = "sample data with spaces";
    ...
for (size_t i = 0; i < strlen(s); ++i)
    if (s[i] == ' ')
        s[i] = '*'; // 将' '改为'*'
```

代码清单 7-7 展示了修改后的循环的模样。

代码清单 7-7 循环中的 strlen() 具有循环不变性

```
char* s = "sample data with spaces";
    ...
size_t end = strlen(s);
for (size_t i = 0; i < end; ++i)
    if (s[i] == ' ')
        s[i] = '*'; // 将' '改为'*'
```

在代码清单 7-8 中，strlen() 返回的值不具有循环不变性，因为移除一个空格字符会缩短字符串的长度。因此，end 条件不能被移动到循环外部。

代码清单 7-8 strlen() 不具有循环不变性的循环

```
char* s = "sample data with spaces";
size_t i;
    ...
for (i = 0; i < strlen(s); ++i)
    if (s[i] == ' ')
        strcpy(&s[i], &s[i+1]); // 移除空格
s[i] = '\0';
```

没有一个简单的规则可以确定在某种情况下一个函数是否具有循环不变性。代码清单 7-8 向我们展示了一个函数在某个循环中具有循环不变性，但在另外一个循环中却不具有循环不变性的情况。在这种情况下，相比于编译器彻底但有限的分析能力，开发人员的判断更加有效（重复调用 strlen() 并非是这个函数唯一的降低性能的问题。作为练习，剩下的问题请读者自己找出来）。

有一种函数永远都可以被移动到循环外部，那就是返回值只依赖于函数参数而且没有副作

用的**纯函数**（pure function）。如果在循环出现了这种函数，而且在循环中不会改变它的参数，那么这个函数就具有循环不变性，可以将其移动到循环外。在代码清单 7-8 中，函数strlen() 就是一个纯函数。在第一个循环中永远不会改变它的参数 s，因此，对 strlen()的调用具有循环不变性；而在第二个循环中，对 strcpy() 的调用改变了 s，因此，对strlen() 的调用不具有循环不变性。

下面是涉及数学函数 sin() 和 cos() 的另外一个例子，这两个函数的返回值分别是以弧度表示的正弦值和余弦值。许多数学函数都是纯函数，因此，这种情况经常发生在数学计算中。代码清单 7-9 中的函数会对一副有 16 个顶点的图形进行图像旋转变换。这个变化的性能测试结果在 VS2010 上执行 100 万次耗时 7502 毫秒，在 VS2015 上执行 100 万次耗时6864 毫秒，后者相比前者有 15% 的性能优势。

代码清单 7-9　包含具有循环不变性的纯函数的 rotate()

```cpp
void rotate(std::vector<Point>& v, double theta) {
    for (size_t i = 0; i < v.size(); ++i) {
        double x = v[i].x_, y = v[i].y_;
        v[i].x_ = cos(theta)*x - sin(theta)*y;
        v[i].y_ = sin(theta)*x + cos(theta)*y;
    }
}
```

函数 sin(theta) 和 cos(theta) 只依赖于函数参数 theta，并不依赖于循环变量。如代码清单 7-10 所示，我们可以将它们移动到循环外部。

代码清单 7-10　将具有循环不变性的纯函数移动到循环外部后的 rotate_invariant()

```cpp
void rotate_invariant(std::vector<Point>& v, double theta) {
    double sin_theta = sin(theta);
    double cos_theta = cos(theta);
    for (size_t i = 0; i < v.size(); ++i) {
        double x = v[i].x_, y = v[i].y_;
        v[i].x_ = cos_theta*x - sin_theta*y;
        v[i].y_ = sin_theta*x + cos_theta*y;
    }
}
```

对修改后的函数进行测试的结果是性能大约提高了 3%，分别达到 7382 毫秒（VS2010）和6620 毫秒（VS2015）。

在 PC 上，相比于上一节中将 strlen() 移动到循环外部的性能改善效果，这里的性能提升并不明显，因为数学函数通常只会对保存在寄存器中的一两个数字进行运算，而且不会像strlen() 一样访问内存。如果是在 20 世纪 90 年代的老式 PC 或不具有浮点指令的嵌入式处理器上，这种性能提升可能会更加明显，因为正弦和余弦的计算开销更大。

有时候，在循环中调用的函数根本就不会工作或者只是进行一些无谓的工作。我们当然可以移除这些函数。可能会有读者认为"不过，称职的开发人员不会调用一个进行无谓工作的函数"。但是，要想在一个项目长达数年的生命周期中记住所有调用了该函数的地方，并在每次函数被修改后都检查该函数的所有调用，是非常困难的。

下面这段伪代码是我在整个职业生涯中反复使用的编程惯用法：

```
UsefulTool subsystem;
InputHandler input_getter;
    ...
while (input_getter.more_work_available()) {
    subsystem.initialize();
    subsystem.process_work(input_getter.get_work());
}
```

在这个模式中，程序会不断地初始化 subsystem，然后要求其进行下一项工作。这段代码中可能存在一个只有通过检查 UsefulTool::initialize() 才能确定是否确实存在的问题。程序可能只是在执行第一项工作前需要调用 initialize()，或是只是在执行第一项工作前以及在处理出错后需要调用 initialize()。通常，process_work() 会在退出 initialize()建立的类不变性时建立相同的类不变性。在每次循环中都调用 initialize() 只是在重复执行与 process_work() 相同的代码。如果是这样的话，可以如下这样将 initialize() 移动到循环外部：

```
UsefulTool subsystem;
InputHandler input_getter;
    ...
subsystem.initialize();
while (input_getter.more_work_available()) {
    subsystem.process_work(input_getter.get_work());
}
```

责备开发人员草率地编写代码有些自以为是。有时候，initialize() 的行为会发生变化，其中的部分代码可能会被移动至 process_work() 中。有时候，项目中会缺少项目文档或者项目计划很紧张，抑或是 initialize() 的目的不够明确，而开发人员只是保守地编写了代码。但是我确实多次碰到过明明只需要进行一次初始化，却在每次进行一项工作前都初始化的情况。

如果迫切地需要缩短程序执行时间，那么就值得检查循环中的每处函数调用，看看是否真的需要它们。

7.1.6 从循环中移除隐含的函数调用

普通的函数调用很容易识别，它们有函数名，在圆括号中有参数表达式列表。C++ 代码还可能会隐式地调用函数，而没有这种很明显的调用语句。当一个变量是以下类型之一时就可能会发生这种情况：

- 声明一个类实例（调用构造函数）
- 初始化一个类实例（调用构造函数）
- 赋值给一个类实例（调用赋值运算符）
- 涉及类实例的计算表达式（调用运算符成员函数）
- 退出作用域（调用在作用域中声明的类实例的析构函数）
- 函数参数（每个参数表达式都会被复制构造到它的形参中）
- 函数返回一个类的实例（调用复制构造函数，可能是两次）

- 向标准库容器中插入元素（元素会被移动构造或复制构造）
- 向矢量中插入元素（如果矢量重新分配了内存，那么所有的元素都需要被移动构造或是复制构造）

这些函数调用被**隐藏**起来了。你从表面上看不出带有名字和参数列表的函数调用。它们看起来更像赋值和声明。我们很容易误以为这里没有发生函数调用。我在 6.5 节中已经讨论过这些内容了。

如果将函数签名从通过值传递实参修改为传递指向类的引用或指针，有时候可以在进行隐式函数调用时移除形参构建。在 4.2.3 节中，我已经在字符串中证明过这一点了，而对于其他复制数据的对象，我则在 6.5.2 节中证明过了。

如果将函数签名修改为通过输出参数返回指向类实例的引用或指针时，可以在进行隐式函数调用时移除函数返回值的复制。我已经在 4.2.5 节中证明了这对字符串是有效的，在 6.5.3 节中则已证明对任何其他复制数据的对象都是有效的。

如果赋值语句和初始化声明具有循环不变性，那么我们可以将它们移动到循环外部。有时，即使需要每次都将变量传递到循环中，你也可以将声明移动到循环外部，并在每次循环中都执行一次开销较小的函数调用。例如，std::string 是一个含有动态分配内存的字符数组的类。在以下代码中：

```
for (...) {
    std::string s("<p>");
    ...
    s += "</p>";
}
```

在 for 循环中声明 s 的开销是昂贵的。在循环语句块的反大括号的位置将会调用 s 的析构函数，而析构函数会释放为 s 动态分配的内存，因此当下一次进入循环时，一定会重新分配内存。这段代码可以被优化为：

```
std::string s;
for (...) {
    s.clear();
    s += "<p>";
    ...
    s += "</p>";
}
```

现在，不会再在每次循环中都调用 s 的析构函数了。这不仅仅是在每次循环中都节省了一次函数调用，同时还带来了其他效果——由于 s 内部的动态数组会被复用，因此当向 s 中添加字符时，可能会移除一次对内存管理器的调用。

这种行为不仅仅适用于字符串或是那些含有动态内存的类。类实例中还可能会含有取自操作系统的资源，如一个窗口或是文件句柄，抑或可能会在它自身的构造函数和析构函数中进行一些开销昂贵的处理。

7.1.7 从循环中移除昂贵的、缓慢改变的调用

有些函数调用虽然并不具有循环不变性，但是也可能变得具有循环不变性。一个典型的例子是在日志应用程序中调用获取当前时间的函数。它只需要几条指令即可从操作系统获取当前时间，但是却需要花费些时间来格式化显示时间。代码清单 7-11 是一个将当前时间转换为以空字符结尾的字符数组的函数。

代码清单 7-11　`timetoa()`：将时间格式化为字符数组

```cpp
# include <ctime>

char* timetoa(char *buf, size_t bufsz) {
    if (buf == 0 || bufsz < 9)
        return nullptr; // 无效参数
    time_t t = std::time(nullptr); // 从操作系统中获取时间
    tm     tm = *std::localtime(&t); // 将时间分解为时分秒
    size_t sz = std::strftime(buf, bufsz, "%c", &tm); // 格式化到缓存中
    if (sz == 0) strcpy(buf, "XX:XX:XX"); // 错误
    return buf;
}
```

在性能测试实验中，`timetoa()` 花费了大约 700 纳秒完成了获取和格式化时间的处理。但是这个时间太长了，它相当于连接两个文本字符串到文件中的时间的两倍。在相同的性能测试中，语句

```cpp
out << "Fri Jan 01 00:00:00 2016"
    << " Test log line test log line test log line\n";
```

只花费了 372 纳秒，而语句

```cpp
out << timetoa(buf, sizeof(buf))
    << " Test log line test log line test log line\n";
```

则花费了 1042 纳秒。

日志记录必须尽可能地高效，否则会降低程序的性能。如果这降低了程序性能就糟糕了，如果性能的下降改变了程序行为，进而导致在打开日志记录后程序的 bug 消失就更糟了。在这个例子中，获取当前时间决定了记录日志的开销。

相比于现代计算机的指令执行速度，时间的改变非常慢。很明显，我的程序可以在两次时标之间记录 100 万行日志。因此，连续调用 `timetoa()` 两次获取到的当前时间可能是相同的。如果需要一次记录许多行日志，那么就没有理由在记录每条时都去获取当前时间。

我进行了一项测试来模拟程序请求当前时间时的日志行为，然后使用相同的时间以 10 行日志为一组输出日志。与预想相同，这项测试的输出结果是平均每行耗时 376 纳秒。

7.1.8 将循环放入函数以减少调用开销

如果程序要遍历字符串、数组或是其他数据结构，并会在每次迭代中都调用一个函数，那么可以通过一种称为**循环倒置**（loop inversion）的技巧来提高程序性能。循环倒置是指将在循环中调用函数变为在函数中进行循环。这需要改变函数的接口，不再接收一条元素作

为参数，而是接收整个数据结构作为参数。按照这种方式修改后，如果数据结构中包含 n 条元素，那么可以节省 $n-1$ 次函数调用。

我们来看一个非常简单的例子。下面这个函数的功能是用点（"."）替代非打印字符：

```
# include <ctype>

void replace_nonprinting(char& c) {
    if (!isprint(c))
        c = '.';
}
```

当想替换一个字符串中所有的非打印字符时，可以在程序中循环中调用 replace_nonprinting()：

```
for (unsigned i = 0, e = str.size(); i < e; ++i)
    replace_nonprinting(str[i]);
```

如果编译器无法对 replace_nonprinting() 内联展开，那么当需要处理的字符串是 "Ring the carriage bell\x07\x07!!" 时，它会调用这个函数 26 次。

库的设计者可以重载 replace_nonprinting() 函数来处理整个字符串：

```
void replace_nonprinting(std::string& str) {
    for (unsigned i = 0, e = str.size(); i < e; ++i)
        if (!isprint(str[i]))
            c = '.';
}
```

现在，循环在函数内部了，这样可以节省 $n-1$ 次对 replace_nonprinting() 的调用。

请注意，必须将 replace_nonprinting() 的实现代码复制到新的重载函数中。仅仅在新的重载函数的循环中调用之前的函数是没有效果的。下面的版本实际上只是在循环中调用了之前的函数：

```
void replace_nonprinting(std::string& str) {
    for (unsigned i = 0, e = str.size(); i < e; ++i)
        replace_nonprinting(str[i]);
}
```

7.1.9　不要频繁地进行操作

我们来看一个启发式问题："在一个程序的主循环中每秒处理约 1000 个事务，那么它应当每隔多长时间检测一次是否有终止命令呢？"

答案当然是"视情况而定"。事实上，这取决于两件事情：程序需要以多快的速度响应终止请求，以及程序检查终止命令的开销。

如果程序的响应目标是需要在一秒内停止程序，而且在检测到停止命令后需要平均 500 ± 100 毫秒来停止程序，那么它需要每 400 毫秒（1000 − (500 + 100) = 400 毫秒）检测一次。更频繁地检测只会是浪费。

另一个因素是检测终止命令的开销。如果主循环是 Windows 消息循环，那么终止命令就是 Windows 的 WM_CLOSE 消息。由于此时开销包含在了事件分发中，因此不会发生额外的检测开销。如果信号处理函数会设置一个 bool 标识位，那么每次在循环中检测这个标识位的开销非常微小。

但是如果是在嵌入式设备上用循环轮询键盘按键，而且必须对按键消除抖动[2]50 毫秒时会怎样呢？每次测试程序进入循环都会在每个事务的开销上加上 50 毫秒按键轮询开销，将处理速度从每秒 1000 个事务降低为每秒 1/0.051 = 20 个事务。这个结果让人难以接受。

如果程序只以 400 毫秒的间隔轮询键盘按下事件，那么对循环性能的影响就没有那么大了。这里的数学计算有些冗长，我们跳过这部分。每个事务大约耗时 1 毫秒（因为每秒 1000 个事务）。那么要每 400 毫秒进行一次耗时 50 毫秒的轮询，轮询必须从 350 毫秒开始，即 1000 毫秒 2.5 次。这样，事务的处理速率就是每秒 1000 − (2.5×50) = 875 个事务。

代码清单 7-12 展示了检测按键是否按下的代码。

代码清单 7-12　不要频繁地检测事件

```
void main_loop(Event evt) {
    static unsigned counter = 1;
    if ((counter % 350) == 0)
        if (poll_for_exit())
            exit_program(); // 不返回
    ++counter;

    switch (evt) {
        ...
    }
}
```

执行会每毫秒进入一次 main_loop()（假设事件的发生时间是毫秒级）。每次通过循环时都会增加计数值。当计数值达到 350 时，程序会调用 poll_for_exit()，这将会花费 50 毫秒。如果在 poll_for_exit() 中检测到退出键按下，代码会调用 exit_program()，这将会花费 400~600 毫秒来停止程序。

这种非正式的轮询方法展示了如何在两次轮询间进行更多的计算。不过，它也带有许多假设条件。

- 它假设每毫秒都发生事件，而不是有时候每 2 毫秒或是每 5 毫秒，而且即使在没有任何工作时，这个事件的发生速率也不会降低。
- 它假设轮询总是精确地耗时 50 毫秒。
- 它假设调试器永远不会获取程序控制权，即使开发人员在检查变量的值时，也不会有任何一个事件需要花费半分钟。

一种更加稳妥的方法是，测量两个事件之间经过的时间以及从进入 poll_for_exit() 到退

注 2：当一个真实的机械按键被按下时会建立一个连接，而这个连接最初是断断续续的。在这种初始的断续状态下，一瞬间去查看这个连接的状态会误认为按键没有被按下。"消除抖动"使得按键被按下的消息被推迟至连接变为连续状态后才发送。50 毫秒是一个常用的消除抖动间隔。

出 poll_for_exit() 之间经过的时间。

如果面对上面列举出的各种限制条件，开发人员仍然想要实现每秒 1000 个事务的响应指标，那么他必须找出并发实现主循环与轮询键盘按键事件的方法。典型的实现方式有中断、多核心处理和使用硬件的键盘扫描器。

7.1.10　其他优化技巧

在互联网上有许多关于循环的底层优化技巧资料。例如，有些资料指出 ++i 通常比 i++ 更加高效，因为不需要保存或是返回任何中间值。有些资料建议展开循环来减少循环条件测试语句和循环条件增长语句的执行次数。

这些建议的问题在于它们并非总是有效果。你可能花费了很多时间来进行这些实验，但是却观察不到任何改善效果。这些建议来自于猜想而非实验结果，或者可能在某个特定的日子里在某种特定的编译器上有效果。这些建议也可能来自关于编译器设计的教材，它们所描述的性能优化技巧实际上编译器已经替我们做了。这 30 多年来，现代 C++ 编译器已经非常善于将循环内的代码移动到循环外部了。事实上，编译器比绝大多数程序员的编程能力更加优秀。这也是为什么使用类似的性能优化技巧的结果总是让人沮丧，以及为什么本节中的内容并不会太多。

7.2　从函数中移除代码

与循环一样，函数也包含两部分：一部分是由一段代码组成的函数体，另一部分是由参数列表和返回值类型组成的函数头。与优化循环一样，这两部分也可以独立优化。

尽管执行函数体的开销可能会非常大，但是调用函数的开销与调用大多数 C++ 语句的开销一样，是非常小的。不过，当函数被多次调用时，累积的开销可能会变得巨大，因此减少这种开销非常重要。

7.2.1　函数调用的开销

函数是编程中最古老和最重要的抽象概念。程序员先定义一个函数，接着就可以在代码中的其他地方调用这个函数。每次调用时，计算机都会在执行代码中保存它的位置，将控制权交给函数体，接着会返回到函数调用后的下一条语句，高效地将函数体插入到指令执行流中。

这种便利性可不是免费的。每次程序调用一个函数时，都会发生类似下面这样的处理（依赖于处理器体系结构和优化器设置）。

(1) 执行代码将一个栈帧推入到调用栈中来保存函数的参数和局部变量。
(2) 计算每个参数表达式并复制到栈帧中。
(3) 执行地址被复制到栈帧中并生成返回地址。
(4) 执行代码将执行地址更新为函数体的第一条语句（而不是函数调用后的下一条语句）。
(5) 执行函数体中的指令。
(6) 返回地址被从栈帧中复制到指令地址中，将控制权交给函数调用后的语句。

(7) 栈帧被从栈中弹出。

不过，关于函数开销也有一些好消息。带有函数的程序通常都会比带有被内联展开的大型函数的程序更加紧凑。这有利于提高缓存和虚拟内存的性能。而且，函数调用与非函数调用的其他开销都相同，这使得提高会被频繁地调用的函数的性能成为了一种有效的优化手段。

1. 函数调用的基本开销

有许多细节问题都会降低 C++ 中函数调用的速度，这些问题也构成了函数调用优化的基础。

函数参数

除了计算参数表达式的开销外，复制每个参数的值到栈中也会发生开销。如果只有几个小型的参数，那么可能可以很高效地将它们传递到寄存器中；但是如果有很多参数，那么至少其中一部分需要通过栈传递。

成员函数调用（与函数调用）

每个成员函数都有一个额外的隐藏参数：一个指向 this 类实例的指针，而成员函数正是通过它被调用的。这个指针必须被写入到调用栈上的内存中或是保存在寄存器中。

调用和返回

调用和返回对程序的功能没有任何影响。我们可以通过用函数体替代函数调用来移除这些开销。的确，当函数很小且在函数被调用之前已经定义了函数时，许多编译器都会试图内联函数体。如果不能内联函数，调用和返回就会产生开销。

调用函数要求执行地址被写入到栈帧中来生成返回地址。

函数返回要求执行地址从栈中被读取出来并加载到执行指针中。在调用和返回时，执行连续地工作于非连续的内存地址上。正如在 2.2.7 节中所讲过的，计算机能够高效地执行连续指令。不过，当程序执行需要跨越非连续地址时，可能会发生流水线停顿和高速缓存未命中。

2. 虚函数的开销

在 C++ 中可以将任何成员函数定义为**虚函数**。继承类能够通过定义一个具有相同函数签名的成员函数来重写基类的虚成员函数。这样，不论是在继承类实例上调用虚函数还是在一个指向基类类型的指针或是引用上调用虚函数，都可以使用新的函数体。程序在解引类实例时会选择调用哪个函数。因此，程序是在运行时通过类实例的实际类型来确定要调用哪个重写函数的。

每个带有虚成员函数的实例都有一个无名指针指向一张称为**虚函数表**（vtable）的表，这张表指向类中可见的每个虚函数签名所关联的函数体。虚函数表指针通常都是类实例的第一个字段，这样解引时的开销更小。

由于虚函数调用会从多个函数体中选择一个执行，调用虚函数的代码会解引指向类实例的指针，来获得指向虚函数表的指针。这段代码会为虚函数表加上索引（也就是说，代码会在虚函数表上加上一段小的整数偏移量并解引该地址）来得到函数的执行地址。因此，实际上这里会为所有的虚函数调用额外地加载两次非连续的内存，每次都会增加高速缓存未命中的几率和发生流水线停顿的几率。虚函数的另一个问题是编译器难以内联它们。编译器只有在它能同时访问函数体和构造实例的代码（这样编译器才能决定调用虚函数的哪个函数体）时才能内联它们。

3. 继承中的成员函数调用

当一个类继承另一个类时，继承类的成员函数可能需要进行一些额外的工作。

继承类中定义的虚成员函数

如果继承关系最顶端的基类没有虚成员函数，那么代码必须要给 this 类实例指针加上一个偏移量，来得到继承类的虚函数表，接着会遍历虚函数表来获取函数执行地址。这些代码会包含更多的指令字节，而且这些指令通常都比较慢，因为它们会进行额外的计算。这种开销在小型嵌入式处理器上非常显著，但是在桌面级处理器上，指令级别的并发掩盖了大部分这种额外的开销。

多重继承的继承类中定义的成员函数调用

代码必须向 this 类实例指针中加上一个偏移量来组成指向多重继承类实例的指针。这种开销在小型嵌入式处理器上非常显著，但是在桌面级处理器上，指令级别的并发掩盖了大部分这种额外的开销。

多重继承的继承类中定义的虚成员函数调用

对于继承类中的虚成员函数调用，如果继承关系最顶端的基类没有虚成员函数，那么代码必须要给 this 类实例指针加上一个偏移量来得到继承类的虚函数表，接着会遍历虚函数表来获取函数执行地址。代码还必须向 this 类实例指针加上潜在的不同的偏移量来组成继承类的类实例指针。这种开销在小型嵌入式处理器上非常显著，但是在桌面级处理器上，指令级别的并发掩盖了大部分这种额外的开销。

虚多重继承

为了组成虚多重继承类的实例的指针，代码必须解引类实例中的表，来确定要得到指向虚多重继承类的实例的指针时需要加在类实例指针上的偏移量。如前所述，当被调用的函数是虚函数时，这里也会产生额外的间接开销。

4. 函数指针的开销

C++ 提供了函数指针，这样当通过函数指针调用函数时，代码可以在运行时选择要执行的函数体。除了基本的函数调用和返回开销外，这种机制还会产生其他额外的开销。

函数指针（指向非成员函数和静态成员函数的指针）

C++ 允许在程序中定义指向函数的指针。程序员可以通过函数指针显式地选择一个具有特定签名（由参数列表和返回类型组成）的非成员函数。当函数指针被解引后，这个函数将会在运行时会被调用。通过将一个函数赋值给函数指针，程序可以显式地通过函数指针选择要调用的函数。

代码必须解引指针来获取函数的执行地址。编译器也不太可能会内联这些函数。

成员函数指针

成员函数指针声明同时指定了函数签名和解释函数调用的上下文中的类。程序通过将函数赋值给函数指针，显式地选择通过成员函数指针调用哪个函数。

成员函数指针有多种表现形式，一个成员函数只能有一种表现形式。它必须足够通用才能够在以上列举的各种复杂的场景下调用任意的成员函数。我们有理由认为一个成员函数指针会出现最差情况的性能。

5. 函数调用开销总结

因此，C 风格的不带参数的 void 函数的调用开销是最小的。如果能够内联它的话，就没有开销；即使不能内联，开销也仅仅是两次内存读取加上两次程序执行的非局部转移[3]。

如果基类没有虚函数，而虚函数在多重虚拟继承的继承类中，那么这是最坏的情况。不过幸运的是，这种情况非常罕见。在这种情况下，代码必须解引类实例中的函数表来确定加到类实例指针上的偏移量，构成虚拟多重继承函数的实例的指针，接着解引该实例来获取虚函数表，最后索引虚函数表得到函数执行地址。

此时，读者可能会惊讶函数调用的开销居然如此之大，抑或是惊叹 C++ 居然如此高效地实现了这么复杂的特性。这两种看法都是合理的。需要理解的是正是有了函数调用开销，才有优化的机会。坏消息是除非函数会被频繁地调用，否则移除一处非连续内存读取并不足以改善性能；好消息则是分析器会直接指出调用最频繁的函数，让开发人员能够快速地集中精力于最佳优化对象。

7.2.2　简短地声明内联函数

移除函数调用开销的一种有效方式是内联函数。要想内联函数，编译器必须能够在函数调用点访问函数定义。那些函数体在类定义中的函数会被隐式地声明为内联函数。通过将在类定义外部定义的函数声明为存储类内联，也可以明确地将它们声明为内联函数。此外，如果函数定义出现在它们在某个编译单元中第一次被使用之前，那么编译器还可能会自己选择内联较短的函数。尽管 C++ 标准说 inline 关键字只是对编译器的"提示"，但是实际上为了编译器自己的销量，它们必须善于内联函数。

当编译器内联一个函数时，那么它还有可能会改善代码，包括移除调用和返回语句。有些数学计算可能会在编译时完成。如果编译器能够确定当参数为某个特定值时有些分支永远不会执行，那么编译器会移除这些分支。因此，内联是一种通过在编译时进行计算来移除多余计算的改善性能的手段。

函数内联可能是最强力的代码优化武器。事实上，Visual Studio 中"调试"版本与"正式"版本（或是在 GCC 的 -d 选项与 -O 选项）的性能区别，主要源于"调试"版本关闭了函数内联。

7.2.3　在使用之前定义函数

在第一次调用函数之前定义函数（提供函数体）给了编译器优化函数调用的机会。当编译器编译对某个函数的调用时发现该函数已经被定义了，那么编译器能够自主选择内联这次函数调用。如果编译器能够同时找到函数体，以及实例化那些发生虚函数调用的类变量、指针或是引用的代码，那么这也同样适用于虚函数。

注 3：即非局部跳转。——译者注

7.2.4 移除未使用的多态性

在 C++ 中，虚成员函数多用来实现运行时**多态性**。多态性允许成员函数根据不同的调用对象，从多个不同但语义上有关联的方法中选择一个执行。

要实现多态行为，可以在基类中定义虚成员函数。然后任何继承类都能够选择使用特化行为来重写基类函数的行为。这些不同的实现是通过每个继承类都必须有不同的实现的语义概念关联在一起的。

多态的一个典型例子是定义在表示绘制在屏幕上的图形对象的 DrawableObject 的继承类中的 Draw() 函数。当调用 drawObjPtr->Draw() 时，程序会通过解引 drawObjPtr 所指向的实例中的虚函数表来选择使用 Draw() 的哪种实现。当类实例是 Triangle 的实例时，Draw() 的实现会画出一个三角形；而当类实例是 Rectangle 的实例时，则会画出一个长方形，等等。由于 DrawableObject::Draw() 被声明为虚函数，因此程序会调用合适的继承类的 Draw() 成员函数。当程序必须在运行时从多种实现中选择一种执行时，虚函数表是一种非常高效的机制，它的间接开销只有两次额外的内存读取以及与这两次内存读取相关的流水线停顿。

不过，多态仍然可能会带来不必要的性能开销。例如，一个类的本来的设计目的是方便实现派生类的层次结构，但是最后却没有实现这些派生类；或者一个函数被声明为虚函数是希望利用多态性，但这个函数却永远没有被实现。在上面的例子中，所有的可绘制对象可能都被实现为按顺序连接在一起的点，这样就总是会使用基类中的 Draw()。当不会重写该方法时，移除 DrawableObject 的 Draw() 函数声明中的 virtual 关键字可以提高 Draw() 的调用速度。

停下来思考

设计人员希望 DrawableObject 成为一组具有继承关系的类层次的根对象，而性能优化开发人员则希望改善程序性能，因为 Draw() 成员函数根本没有实现。这两者之间存在矛盾。假设实验指出 Draw() 成员函数就是性能问题的元凶，那么设计人员可能会让步。如果有必要，以后再加上 virtual 关键字也是很容易的。聪明的开发人员如果没有充足的理由是不会去破坏设计的，而且也不会要求修改所有的虚函数。

7.2.5 放弃不使用的接口

在 C++ 中可以使用虚成员函数实现接口———一组通用函数的声明。这些函数描述了对象行为，而且它们在不同的情况下有不同的实现方式。基类通过声明一组纯虚函数（有函数声明，但没有函数体的函数）定义接口。由于纯虚函数没有函数体，因此 C++ 不允许实例化接口基类。继承类可以通过重写（定义）接口基类中的所有纯虚函来实现接口。C++ 中接口惯用法的优点在于，继承类必须实现接口中声明的所有函数，否则编译器将不会允许程序创建继承类的实例。

例如，开发人员可以使用接口类来隔离操作系统依赖性，特别是当设计人员预计需要为多个操作系统实现程序时。我们可以通过下面的接口类 file 来定义读写文件的类。这个 file 被称为**抽象基类**，因为它无法被实例化：

```
// file.h——接口
class File {
public:
    virtual ~File() {}
    virtual bool Open(Path& p) = 0;
    virtual bool Close() = 0;
    virtual int GetChar() = 0;
    virtual unsigned GetErrorCode() = 0;
};
```

在其他代码中定义的 Windowsfile 继承类提供了这些函数在 Windows 操作系统上的实现。C++11 中的关键字 override 是可选关键字，它告诉编译器当前的声明会重写基类中虚函数的声明。当指定了 override 关键字后，如果在基类中没有虚函数声明，编译器会报出警告消息：

```
// Windowsfile.h——接口

# include "File.h"
class WindowsFile : public File { // C++11风格的声明
public:
    ~File() {}
    bool Open(Path& p) override;
    bool Close() override;
    int GetChar() override;
    unsigned GetErrorCode() override;
};
```

除了头文件外，还有一个包含了这些重写函数的 Windows 版实现的 windowsfile.cpp 文件：

```
// windowsfile.cpp——Windows版的实现
# include "WindowsFile.h"
bool WindowsFile::Open(Path& p) {
    ...
}
bool WindowsFile::Close() {
    ...
}
...
```

有时，一个程序虽然定义了接口，但是只提供了一种实现。在这种情况下，通过移除接口，即移除 file.h 类定义中的 virtual 关键字并提供 file 的成员函数的实现，可以节省虚函数调用（特别是频繁地对 GetChar() 的调用）的开销。

停下来思考

正如前一节中所提到的，开发人员清晰地定义接口的愿景（这当然是好事）与性能优化开发人员改善性能（如果 GetChar() 被分析器标记为热点函数，那么也有问题）的渴求之间存在矛盾。在程序稳定后，判断有无其他实现方法会更加容易。这里的知识可以帮助我们选择到底是优化原来的设计还是保留原来的设计。如果性能优化开发人员并非设计接口的人，那么当他提议进行修改时，必须做好被驳回的准备。他人可能会建议他拿出性能数据来证明修改的合理性。

---

1. 在链接时选择接口实现

虚函数允许程序在运行时从多个实现中选择一种。接口允许设计人员指定在开发过程中必须编写哪些函数，以使一个对象可以在程序中被使用。使用 C++ 虚函数实现接口惯用法的问题在于，虚函数为设计时问题提供的是一个带有运行时开销的运行时解决方案。

在上一节中，我们定义了一个名为 file 的接口来隔离操作系统依赖性。在继承类 Windowsfile 中我们实现了这个接口。如果要将这个程序移植到 Linux 上，那么还需要给这段代码加上一个 file 接口的继承类 Linuxfile，但是 Windowsfile 和 Linuxfile 永远不会在同一个程序中被实例化。它们使得底层调用只会被实现在一种操作系统上。这样就不会发生虚函数的调用开销。而且，如果这个程序会读取一个大文件，file::GetChar() 可能会变为需要优化的热点代码。

如果无需在运行时做出选择的话，那么开发人员可以使用链接器来从多个实现中选择一种。具体做法是不声明 C++ 接口，而是在头文件中直接声明（但不实现）成员函数，就像它们是标准库函数一样：

```
// file.h——接口
class File {
public:
    File();
    bool Open(Path& p);
    bool Close();
    int GetChar();
    unsigned GetErrorCode();
};
```

在 windowsfile.cpp 文件中有如下 Windows 的实现代码：

```
// windowsfile.cpp——Windows的实现代码
# include "File.h"

bool File::Open(Path& p) {
    ...
}

bool File::Close() {
    ...
}
...
```

在另外一个名为 linuxfile.cpp 的相似文件中包含了 Linux 的实现。Visual Studio 工程文件引用 windowsfile.cpp，Linux 的 makefile 则引用 linuxfile.cpp。选择哪个实现会由链接器根据参数列表来做出决定。现在，调用 GetChar() 已经达到最高性能了。（请注意，还有其他方法可以优化 GetChar() 这样的函数，包括 7.1.8 节中提到的循环倒置技巧。）

在链接时选择实现的优点是使得程序具有通用性，而缺点则是部分决定被放在了 .cpp 文件中，部分决定被放在了 makefile 或是工程文件中。

2. 在编译时选择接口实现

在上一节中，链接器选择了 file 抽象类的一种实现方法。这是可行的，因为 file 的实现依赖于操作系统。如果某个程序只能在一个操作系统上执行，那么没有必要在运行时选择实现。

如果对于两种 file 实现使用不同的编译器（例如对 Window 版本使用 Visual Studio，对 Linux 版本使用 GCC），那么可以在编译时使用 #ifdef 来选择实现。头文件不需要做任何改变。下面是一个名为 file.cpp 的源文件，其中预处理宏会选择实现：

```
// file.cpp——实现
# include "File.h"
# ifdef _WIN32
    bool File::Open(Path& p) {
        ...
    }
    bool File::Close() {
        ...
    }
    ...
# else // Linux
    bool File::Open(Path& p) {
        ...
    }

    bool File::Close() {
        ...
    }
    ...
# endif
```

这个方法要求能够使用预处理宏来选择所希望的实现。有些开发人员喜欢这种方法，因为可以在 .cpp 文件中做更多决定。另外一些开发人员则认为在一个文件中编写两种实现方式是凌乱且非面向对象的。

7.2.6　用模板在编译时选择实现

C++ 模板特化是另外一种在编译时选择实现的方法。利用模板，开发人员可以创建具有通用接口的类群，但是它们的行为取决于模板的类型参数。模板参数可以是任意类型——具有自己的一组成员函数的类类型或是具有内建运算符的基本类型。因此，存在两种接口：模板类的 public 成员，以及由在模板参数上被调用的运算符和函数所定义的接口。抽象基类中定义的接口是非常严格的，继承类必须实现在抽象基类中定义的所有函数。而通过模板定义的接口就没有这么严格了。只有参数中那些实际会被模板的某种特化所调用的函数才需要被定义。

模板的特性是一把双刃剑：一方面，即使开发人员在某个模板特化中忘记实现接口了，编译器也不会立即报出错误消息；但另一方面，开发人员也能够选择不去实现那些在上下文中没被用到的函数。

从性能优化的角度看，多态类层次与模板实例之间的最重要的区别是，通常在编译时整个模板都是可用的。在大多数用例下，C++ 都会内联函数调用，用多种方法改善程序性能（正如 7.2.2 节所指出的）。

模板编程提供了一种强力的优化手段。对于那些不熟悉模板的开发人员来说，需要学习如何高效地使用 C++ 的这个特性。

7.2.7 避免使用PIMPL惯用法

PIMPL 是"Pointer to IMPLementation"的缩写，它是一种用作**编译防火墙**——一种防止修改一个头文件会触发许多源文件被重编译的机制——的编程惯用法。20 世纪 90 年代是 C++ 的快速成长期，在那时使用 PIMPL 是合理的，因为在那个年代，大型程序的编译时间是以小时为单位计算的。下面是 PIMPL 的工作原理。

假设 BigClass（代码清单 7-13）是一个被其他类广泛使用的类，它有一些内联函数，而且使用了 Foo 类、Bar 类和 Baz 类。一般情况下，bigclass.h、foo.h、bar.h 或是 baz.h 的任何改动，哪怕只是代码注释中的一个字符发生了变化，都会触发许多引用了 bigclass.h 的文件被重编译。

代码清单 7-13 实现 PIMPL 惯用法之前的 bigclass.h

```
# include "foo.h"
# include "bar.h"
# include "baz.h"
class BigClass {
public:
    BigClass();
    void f1(int a) { ... }
    void f2(float f) { ... }
    Foo foo_;
    Bar bar_;
    Baz baz_;
};
```

要实现 PIMPL，开发人员要定义一个新的类，在本例中，我们将其命名为 Impl。bigclass.h 的修改如代码清单 7-14 所示。

代码清单 7-14 实现 PIMPL 惯用法之后的 bigclass.h

```
class Impl;
class BigClass {
public:
    BigClass();
    void f1(int a);
    char f2(float f);
    Impl* impl;
};
```

C++ 允许声明一个指向未完成类型，即一个还没有定义的对象的指针。在本例中，Impl 就是一个未完成类型。这样的代码之所以能够工作，是因为所有指针的大小都是相同的，因此编译器知道如何预留指针的存储空间。在实现 PIMPL 后，BigClass 的对外可见的定义不再依赖 foo.h、bar.h 或 baz.h 了。在 bigclass.cpp 中有 Impl 的完整定义（代码清单 7-15）。

代码清单 7-15 包含 `Impl` 的定义的 bigclass.cpp

```
# include "foo.h"
# include "bar.h"
# include "baz.h"
# include "bigclass.h"

class Impl {
    void g1(int a);
    void g2(float f);
    Foo foo_;
    Bar bar_;
    Baz baz_;
};

void Impl::g1(int a) {
    ...
}

char Impl::g2(float f) {
    ...
}

void BigClass::BigClass() {
    impl_ = new Impl;
}

void BigClass::f1(int a) {
    impl_ -> g1(a);
}

char BigClass::f2(float f) {
    return impl_ -> g2(f)
}
```

实现了 PIMPL 后，在编译时，对 foo.h、bar.h 或 baz.h，或者是对 `Impl` 的实现的改动都会导致 bigclass.cpp 被重编译，但是 bigclass.h 不会改变，这样就限制了重编译的范围。

在运行时情况就不同了。PIMPL 给程序带来了延迟。之前 `BigClass` 中的成员函数可能会被内联，而现在则会发生一次成员函数调用。而且，现在每次成员函数调用都会调用 `Impl` 的成员函数。使用了 PIMPL 的工程往往会在很多地方使用它，导致形成了多层嵌套函数调用。更甚者，这些额外的函数调用层次使得调试变得更加困难。

2016 年，PIMPL 已经不是必需的了，因为编译时间可能已经减少至了 20 世纪 90 年代的 1%。而且，即使是在 20 世纪 90 年代，也只有当 `BigClass` 是一个非常大的类，依赖于许多头文件时，才需要使用 PIMPL。这样的类违背了许多面向对象编程原则。采用将 `BigClass` 分解，使接口功能更加集中的方法，可能与 PIMPL 同样有效。

7.2.8　移除对DLL的调用

在 Windows 上，当 DLL 被按需加载后在程序中显式地设置函数指针，或是在程序启动时自动地加载 DLL 时隐式地设置函数指针，然后通过这个函数指针调用**动态链接库**

（dynamic link library，DLL）。Linux 上也有动态链接库，实现也是相同的。

有些 DLL 调用是必需的。例如，应用程序可能需要实现第三方插件库。其他情况下，DLL
则不是必需的。例如，有时之所以使用 DLL 仅仅是因为它们修复了一些 bug。经验证明
bug 修复通常都是批量的，一次性覆盖了程序中的各个地方。这限制了在一个 DLL 中修复
所有 bug 的可能性，破坏了 DLL 的用途。

另外一种改善函数调用性能的方式是不使用 DLL，而是使用对象代码库并将其链接到可执
行程序上。

7.2.9　使用静态成员函数取代成员函数

每次对成员函数的调用都有一个额外的隐式参数：指向成员函数被调用的类实例的 this 指
针。通过对 this 指针加上偏移量可以获取类成员数据。虚成员函数必须解引 this 指针来
获得虚函数表指针。

有时，一个成员函数中的处理仅仅使用了它的参数，而不用访问成员数据，也不用调用其
他的虚成员函数。在这种情况下，this 指针没有任何作用。

我们应当将这样的成员函数声明为静态函数。静态成员函数不会计算隐式 this 指针，可以
通过普通函数指针，而不是开销更加昂贵的成员函数指针找到它们（请参见 7.2.1 节中的
"函数指针的开销"）。

7.2.10　将虚析构函数移至基类中

任何有继承类的类的析构函数都应当被声明为虚函数。这是有必要的，这样 delete 表达式
将会引用一个指向基类的指针，继承类和基类的析构函数都会被调用。

另外一个在继承层次关系顶端的基类中声明虚函数的理由是：确保在基类中有虚函数表指针。

继承层次关系中的基类处于一个特殊的位置。如果在这个基类中有虚成员函数声明，那
么虚函数表指针在其他继承类中的偏移量是 0；如果这个基类声明了成员变量且没有声明
任何虚成员函数，但是有些继承类却声明了虚成员函数，那么每个虚成员函数调用都会
在 this 指针上加上一个偏移量来得到虚函数表指针的地址。确保在这个基类中至少有一个
成员函数，可以强制虚函数表指针出现在偏移量为 0 的位置上，这有助于产生更高效的代
码。

而析构函数则是最佳候选。如果这个基类有继承类，它就必须是虚函数。在类实例的生命
周期中析构函数只会被调用一次，因此只要不是那些在程序中会被频繁地构造和析构的非
常小的类（而且通常情况下，几乎不会让这些小的类去继承子类），将其设置为虚函数后
产生的开销是最小的。

这看似是非常罕见的情况，不需要太过关注，不过我参与过的几个项目中都存在这种情
况：在重要类层次的基类中有引用计数、事务 ID 或者其他类似的变量。这个基类对可能
继承它的类没有任何了解。通常，类层次关系中的第一个类都是一个声明了一组虚成员函
数的抽象基类。基类肯定知道的一件事情就是实例最终会被销毁。

7.3　优化表达式

在语句级别下面是涉及基本数据类型（整数、浮点类型和指针）的数学计算。这也是最后的优化机会。如果一个热点函数中只有一条表达式，那么它可能是唯一的优化机会。

停下来思考

现代编译器非常善于优化涉及基本数据类型的表达式。从其他所有方面到性能优化，它们都非常擅长。但是它们不够勇敢。只有当它们能够确保改动不会影响程序行为时，才会进行优化表达式。

开发人员尽管没有编译器那么细致，但是比编译器更聪明。开发人员能够优化那些编译器无法确定优化是否安全的代码，因为开发人员可以推断设计和在其他代码模块中定义的函数的意图，而编译器则看不见这些。

因此，在这种非常罕见的情况下，开发人员可以比编译器做得更好。

优化表达式在每次只执行一条指令的小型处理器上有很好的效果。在桌面级的具有多段流水线的处理器中，虽然也可以测试到有改进效果，但并不明显。因此，并不太值得在这里投入大量精力进行优化。只有在那些必须通过热点循环或者函数再最后提升一点性能的极其罕见的情况下才需要这么做。

7.3.1　简化表达式

C++ 会严格地以运算符的优先级和可结合性的顺序来计算表达式。只有像 ((a*b)+(a*c)) 这样书写表达式时才会进行 a*b+a*c 的计算，因为 C++ 的优先级规则规定乘法的优先级高于加法。C++ 编译器绝对不会使用分配律将表达式重新编码为像 a*(b+c) 这样的更高效的形式。只有像 ((a+b)+c) 这样书写表达式才会进行 a+b+c 的计算，因为 + 运算符具有左结合性。编译器绝对不会重写表达式为 (a+(b+c))，尽管在进行整数和实数数学计算时其结果并不会发生改变。

C++ 之所以让程序员手动优化表达式，是因为 C++ 的 int 类型的模运算并非是整数的数学运算，C++ 的 float 类型的近似计算也并非真正的数学运算。C++ 必须给予程序员足够的权力来清晰地表达他的意图，否则编译器会对表达式进行重排序，从而导致控制流程发生各种变化。这意味着开发人员必须尽可能使用最少的运算符来书写表达式。

用于计算多项式的霍纳法则（Horner Rule）证明了以一种更高效的形式重写表达式有多么厉害。尽管大多数 C++ 开发人员并不会每天都进行多项式计算，但是我们都很熟悉它。

多项式 $y = ax^3 + bx^2 + cx + d$ 在 C++ 中可以写为：

    y = a*x*x*x + b*x*x + c*x + d;

这条语句将会执行 6 次乘法运算和 3 次加法运算。我们可以根据霍纳法则重复地使用分配律来重写这条语句：

    y = (((a*x + b)*x) + c)*x + d;

这条优化后的语句只会执行 3 次乘法运算和 3 次加法运算。通常，霍纳法则可以将表达式的乘法运算次数从 $n(n-1)$ 减少为 n，其中 n 是多项式的维数。

---

a / b * c：警示故事

C++ 之所以不会重排序算术表达式是因为这非常危险。数值分析是一个非常大的主题，围绕这个主题可以写出一本书。下面是一个我们容易弄错的例子。

如果表达式被写作 ((a / b) * c)，那么 C++ 编译器会 a / b * c 这样进行计算。但这个表达式存在一个问题。如果 a、b 和 c 都是整数类型，那么 a/b 的结果将不精确。所以，如果 a = 2、b = 3 且 c = 10，那么 a / b * c 的结果就是 2 / 3 * 10 = 0，而我们所期待的结果是 6。问题在于 a / b 的非精确性被放大了 c 倍，导致得出了一个错得离谱的结果。精通数学的开发人员可能会将表达式修改为 c * a / b，这样编译器在计算时就像是给表达式加上括号，使其变为 ((c * a) / b)，然后得出结果 2 * 10 / 3 = 6。

问题解决了，对吗？实际上并没有。如果先做乘法，那么存在着溢出的风险。如果 a = 86 400（一天中的秒数）、b = 90 000（视频采样中使用的常量）且 c = 1 000 000（一秒中的微秒数），那么表达式 c * a 会溢出 32 位无符号数据类型的范围。原来的表达式虽然计算误差很大，但是却比修改后的表达式要更好。

开发人员是唯一必须知道表达式的写法、它的参数的数量级并对其输出结果负责的人。编译器不会帮助我们完成这项任务，这也是它不会优化表达式的原因。

7.3.2 将常量组合在一起

编译器可以帮们做的一件事是计算常量表达式。请看下面这个表达式

```
seconds = 24 * 60 * 60 * days;
```

或是

```
seconds = days * (24 * 60 * 60);
```

编译器会计算表达式中的常量部分，产生类似下面的表达式：

```
seconds = 86400 * days;
```

但是，如果程序员这样写：

```
seconds = 24 * days * 60 * 60;
```

编译器只能在运行时进行乘法计算了。

因此，我们应当总是用括号将常量表达式组合在一起，或是将它们放在表达式的左端，或者更好的一种的做法是，将它们独立出来初始化给一个常量，或者将它们放在一个常量表达式（constexpr）函数中（如果你的编译器支持 C++11 的这一特性）。这样编译器能够在编译时高效地计算常量表达式。

7.3.3　使用更高效的运算符

有些数学运算符在计算时比其他运算符更低效。例如，如今，所有处理器（除了最小型的处理器）都可以在一个内部时钟周期中执行一次位移或是加法操作。某些专业的数字信号处理器芯片有单周期乘法器，但是对于 PC，乘法是一种类似于我们在小学学到的十进制乘法的迭代计算。除法是一种更复杂的迭代处理。这种开销结构为性能优化提供了机会。

例如，整数表达式 x*4 可以被重编码为更高效的 x<<2。任何差不多的编译器都可以优化这个表达式。但是如果表达式是 x*y 或 x*func() 会怎样呢？许多情况下，编译器都无法确定 y 或 func() 的返回值一定是 2 的幂。这时就需要依靠程序员了。如果其中一个参数可以用指数替换掉 2 的幂，那么开发人员就可以重写表达式，用位移运算替代乘法运算。

另一种优化是用位移运算和加法运算替代乘法。例如，整数表达式 x*9 可以被重写为 x*8+x*1，进而可以重写为 (x<<3)+x。当常量运算子中没有许多置为 1 的位时，这种优化最有效，因为每个置为 1 的位都会扩展为一个位移和加法表达式。在拥有指令缓存和流水线执行单元的桌面级或是手持级处理器上，以及在长乘法被实现为子例程调用的小型处理器上，这种优化同样有效。与所有性能优化方法一样，我们必须测试性能结果来确保在某种处理器上它确实提高了性能，但通常情况下确实都是这样的。

7.3.4　使用整数计算替代浮点型计算

浮点型计算的开销是昂贵的。浮点数值内部的表现比较复杂，它带有一个整数型尾数、一个独立的指数以及两个符号。PC 上实现了浮点型计算单元的硬件可能占到芯片面积的 20%。有些多核处理器会共享一个单独的浮点型计算单元，但是却在每个核心上都有多个独立的整数计算单元。

即使是在具有浮点型计算硬件单元的处理器上，即使对计算结果的整数部分进行了舍入处理，而不是截取处理，计算整数结果仍然能够比计算浮点型结果快至少 10 倍。如果是在没有浮点型计算硬件单元的小型处理器上用函数库进行浮点型计算，那么整数的计算速度会快得更多。但是我们仍然可以看到，有些开发人员在明明可以使用整数计算时，却使用浮点型计算。

代码清单 7-16 中展示了我遇到得最多的进行舍入操作的代码。它将整数参数转化为浮点类型，然后进行除法操作，最后对结果进行舍入操作。

代码清单 7-16　对浮点类型进行舍入操作得到整数值

```
unsigned q = (unsigned)round((double)n / (double)d));
```

在我的 PC 上对该处理重复执行 1 亿次的测试结果是耗时 3125 毫秒。

要想得到舍入后的整数部分，需要先知道除法结果的余数。余数的取值范围是 0 至 $d-1$，其中 d 是除数。如果余数大于或等于除数的二分之一，那么整数部分应当向上舍入。对于有符号整数来说，这个公式会复杂一点点。

C++ 中提供了来自 C 运行时库的 ldiv() 函数，它会生成一种同时包含整数和余数的结构。代码清单 7-17 展示了一个使用 ldiv() 函数对除法结果进行舍入的函数。

```
inline unsigned div0(unsigned n, unsigned d) {
    auto r = ldiv(n, d);
    return (r.rem >= (d >> 1)) ? r.quot + 1 : r.quot;
}
```

这个函数并不完美。ldiv() 接收整数类型的参数，但是调用时传递的确是 signed 或 unsigned。当两个参数都是正数时，ldiv() 认为它们是整数，可以得到正确的结果。对 div0() 的测试结果是执行 1 亿次耗时 435 毫秒，比原来的浮点型版本快了 6 倍。

代码清单 7-18 展示了一个计算两个无符号参数的商在舍入后的结果的函数。

代码清单 7-18　对整数除法的结果舍入

```
inline unsigned div1(unsigned n, unsigned d) {
    unsigned q = n / d;
    unsigned r = n % d;
    return r >= (d >> 1) ? q + 1 : q;
}
```

div1() 会计算商和余数。(d >> 1) 是 d/2 的一种高效但威力稍弱的形式，它会计算出除数 d 的二分之一。如果余数大于或等于除数的一半，那么就会对商加 1。编译器所进行的一项优化是这个函数成功的关键。x86 机器对两个整数进行除法的指令会同时得到商和余数。Visual C++ 编译器非常聪明，当执行这段代码时它只会执行一次这个指令。与浮点型计算测试一样，我对这个函数也进行了相同的测试，结果是耗时 135 毫秒，速度是原来的 22 倍，优化结果令人满意。

代码清单 7-19 是另外一种对 unsigned 舍入的方法，它更快，但也有代价。

代码清单 7-19　对整数除法结果舍入

```
inline unsigned div2(unsigned n, unsigned d) {
    return (n + (d >> 1)) / d;
}
```

div2() 在进行除法之前，在分子 n 上加上了除数 d 的二分之一。div2() 的缺点在于，如果分子很大，那么 n + (d >> 1) 可能会溢出。如果开发人员知道参数的数量级没有问题，那么就可以使用这个非常高效的 div2() 函数。对其进行测试的结果是耗时 102 毫秒（比那个常用的浮点型计算版本快了 30 倍）。

7.3.5　双精度类型可能会比浮点型更快

在我的 i7 PC 上运行 Visual C++ 时，双精度类型的计算速度比浮点类型的计算速度更快。首先我会向读者展示测试结果，接下来再推测为什么会出现这种现象。

下面这段代码会循环计算物体的下落距离，这是一段典型的浮点型计算：

```
float d, t, a = -9.8f, v0 = 0.0f, d0 = 100.0f;
for (t = 0.0; t < 3.01f; t += 0.1f) {
    d = a*t*t + v0*t + d0;
```

运行这段循环 1000 万次耗时 1889 毫秒。

将变量和常量类型修改为双精度后的代码如下：

```
double d, t, a = -9.8, v0 = 0.0, d0 = 100.0;
for (t = 0.0, l < 3.01; t += 0.1) {
    d = a*t*t + v0*t + d0;
```

运行此版本的循环 1000 万次只耗时 989 毫秒，几乎比之前快了一倍。

为什么会出现这种现象呢？ Visual C++ 生成的浮点型指令会引用老式的 "x87 FPU coprocessor" 寄存器栈。在这种情况下，所有的浮点计算都会以 80 位格式进行。当单精度 float 和双精度 double 值被移动到 FPU 寄存器中时，它们都会被加长。对 float 进行转换的时间可能比对 double 进行转换的时间更长。

有多种编译浮点型计算的方式。在 x86 平台上，使用 SSE 寄存器允许直接以四种不同大小完成计算。使用了 SSE 指令的编译器的行为可能会与为非 x86 处理器进行编译的编译器不同。

7.3.6 用闭形式替代迭代计算

C++ 和位操作是怎样的呢？ C++ 中丰富的计算和位逻辑运算符只是将位移动来移动去，还是从设备寄存器和网络包获得信息位以及将信息位放到设备寄存器和网络包的需求使得 C++ 变为今天这个样子？

有许多特殊情况都需要对置为 1 的位计数，找到最高有效位，确定一个字的奇偶校验位，确定一个字的位是否是 2 的幂，等等。大多数这些问题都可以通过简单地遍历字中的所有位来解决。这种解决方法的时间开销为 $O(n)$，其中 n 是字的位数。也可能还有一些效率更高的迭代解决方法。但是对于某些问题，还有更快更紧凑的**闭形式**解决方法：计算的时间开销为常量，不进行任何迭代。

例如，考虑一个简单的用于确定一个整数是否是 2 的幂的迭代算法。所有这些值都只有 1 个置为 1 的位，因此算出置为 1 的位的数量是一种解决方法。代码清单 7-20 展示了这种算法的一种简单的实现。

代码清单 7-20 判断一个整数是否是 2 的幂的迭代算法的一种实现

```
inline bool is_power_2_iterative(unsigned n) {
    for (unsigned one_bits = 0; n != 0; n >>= 1)
        if ((n & 1) == 1)
            if (one_bits != 0)
                return false;
            else
                one_bits += 1;
    return true;
}
```

对这种方式的测试结果是耗时 549 毫秒。

这个问题同样有一种闭形解决方法。如果 x 是 2 的 n 阶幂，那么它只在第 n 位有一个置为 1 的位（以最低有效位作为第 0 位）。接着，我们用 $x-1$ 作为当置为 1 的位在第 $n-1, \cdots, 0$ 位时的位掩码，那么 $x \& (x-1)$ 等于 0。如果 x 不是 2 的幂，那么它就有不止一个置为 1 的位，

那么使用 $x-1$ 作为掩码计算后只会将最低有效位置为 0，x& $(x-1)$ 不再等于 0。

代码清单 7-21 展示了一个判断 x 是否是 2 的幂的闭形式的函数。

代码清单 7-21 判断一个整数是否是 2 的幂的闭形式

```
inline bool is_power_2_closed(unsigned n) {
    return ((n != 0) && !(n & (n - 1)));
}
```

使用这个修改后的函数进行测试的结果是耗时 238 毫秒，比之前的版本快了 2.3 倍。其实还有更快的方法。Rick Regan 在他的网页（http://www.exploringbinary.com/ten-ways-to-check-if-an-integer-is-a-power-of-two-in-c/）上记录了 10 种方法，而且都附有时间测量结果。

买一本 *Hacker's Delight*

上节给出了一些高效进行位操作的建议，但这只能算是激发读者深入学习的例子，还有其他成百上千的改善计算性能的小技巧。

每位对优化表达式感兴趣的开发人员，其书柜里都应该有一本 Henry S. Warren, Jr 的 *Hacker's Delight*[4]，现在它已经发行了第二版了。哪怕你对编写高效的表达式只有一丁点儿兴趣，阅读 *Hacker's Delight* 就像是打开了你的第一个乐高玩具箱或是使用分立元件制作你的第一个电路一样。Warren 同时还为这本书制作并维护了一个网站（http://hackersdelight.org/），上面有很多有趣的链接和讨论。

想要免费了解 *Hacker's Delight* 一书中的部分内容，你可以在互联网上浏览 MIT 人工智能实验室 Memo 239——它也被亲切地叫作 HAKMEM[5]。HAKMEM 诞生于最快的处理器的速度比现在的手机处理器还慢 10 000 倍的年代，它是 *Hacker's Delight* 一书的概念上的原型，里面介绍了许多位操作的技巧。

7.4 优化控制流程惯用法

如在 2.2.7 节中所讲过的，由于当指令指针必须被更新为非连续地址时在处理器中会发生流水线停顿，因此计算比控制流程更快。C++ 编译器会努力地减少指令指针更新的次数。了解这些知识有助于我们编写更快的代码。

7.4.1 用switch替代if-else if-else

if-else if-else 语句中的流程控制是线性的：首先测试 if 条件，如果结果为真，执行第一个代码块；否则，接着测试 else if 条件，如果为真，则执行该条件所匹配的代码块。

注 4：中文版《高效程序的奥秘》，冯速译，机械工业出版社，2004 年 5 月。——译者注

注 5：Beeler, Michael, Gosper, R. William, and Schroeppel, Rich, "HAKMEM," Memo 239, Artificial Intelligence Laboratory, Massachusetts Institute of Technology, Cambridge, MA, 1972.

如果测试一个变量的值 n 次，那么需要 n 个 if-then-else if 语句块。如果所有的条件为真的概率都是一样的，那么 if-then-else if 将会进行 $O(n)$ 次判断。如果这段代码执行得非常频繁，例如在事件分发代码或是指令分发代码中，那么开销将会显著地增加。

switch 语句也会测试一个变量是否等于这 n 个值，但是由于 switch 语句的形式比较特殊，它用 switch 的值与一系列常量进行比较，这样编译器可以进行一系列有效的优化。

一种常见的情况是被测试的常量是一组连续值或是近似一组连续值，这时 switch 语句会被编译为 jump 指令表，其索引是要测试的值或是派生于要测试的值的表达式。switch 语句会执行一次索引操作，然后跳转到表中的地址。无论有多少种要比较的情况，每次比较处理的开销都是 $O(1)$。我们在程序中不必对各种要比较的情况排序，因为编译器会排序 jump 指令表。

如果这些被测试的常量不是连续值，而是互相之间相差很大的数值，那么 jump 指令表会变得异常庞大，难以管理。编译器可能仍然会排序这些要测试的常量并生成执行二分查找的代码。对于一个会与 n 个值进行比较的 switch 语句，这种查找的最差情况的开销是 $O(\log_2 n)$。在任何情况下，编译器编译 switch 语句后产生的代码都不会比编译 if-then 语句后产生的代码的速度慢。

有时，if-elseif-else 逻辑的某个条件分支的可能性非常大。在这种情况下，如果首先测试最可能出现的条件的话，if 语句的摊销性能可能会接近常量。

7.4.2　用虚函数替代switch或if

在 C++ 出现之前，如果开发人员想要在程序中引入多态行为，那么他们必须编写一个带有标识变量的结构体或是联合体，然后通过这个标识变量来辨别出当前使用的是哪个结构体或是联合体。程序中应该会有很多类似下面的代码：

```
if (p->animalType == TIGER) {
    tiger_pounce(p->tiger);
}
else if (p->animalType == RABBIT) {
    rabit_hop(p->rabbit);
}
else if (...)
```

经验丰富的开发人员都知道这个反模式是面向对象编程的典型代表。但是新手开发人员要想熟练掌握面向对象思想是需要时间的。我在很多软件产品中看到过下面这样不纯粹的面向对象的 C++ 代码：

```
Animal::move() {
    if (this->animalType == TIGER) {
        pounce();
    }
    else if (this->animalType == RABBIT) {
        hop();
    }
    else if (...)
...
}
```

从性能优化的角度看，这段代码的问题在于使用了 if 语句来识别对象的继承类型。C++ 类已经包含了一种机制来实现此功能：虚成员函数和作为识别器的虚函数表指针。

虚函数调用会通过索引虚函数表得到虚函数体的地址。这个操作的开销总是常量时间。因此，基类中的虚成员函数 move() 会被继承类中表示各种动物的 pounce、hop 或 swim 等函数重写。

7.4.3　使用无开销的异常处理

异常处理是应当在设计阶段就进行优化的项目之一。错误传播方法的设计会影响程序中的每一行代码，因此改造程序的异常处理的代价可能会非常昂贵。可以说，使用异常处理可以使程序在通常运行时更加快速，在出错时表现得更加优秀。

有些开发人员对 C++ 的异常处理持有怀疑态度。一般认为，异常处理会使程序变得更加庞大和更加慢，因此关闭编译器的异常处理开关是一项优化。

其实真相比较复杂。确实，如果程序不使用异常处理，那么关闭编译器的异常处理开关可以使得程序变得更小，而且可能更快。Jeff Preshing 在他的博客（http://preshing.com/20110807/the-cost-of-enabling-exception-handling/）中发表了文章，说测量到性能差距在 1.4% 和 4% 之间。但是不清楚不使用异常处理的程序的运行状况如何。C++ 标准库中的所有容器都使用 new 表达式来抛出异常。许多其他库，包括本书中会讲解的流 I/O 和并发库（请参见第 12 章）都会抛出异常。dynamic_cast 运算符也会抛出异常。如果关掉了异常处理，无法确定当程序遇到异常被抛出的情况时会如何。

如果程序不抛出异常，它可能会完全忽略错误码。那么在这种情况下，开发人员就会得到报应了。另外一种情况是，程序必须在各层函数调用之间耐心地、小心地传递错误码，然后在调用库函数的地方将错误码从一种形式转换为另一种形式并相应地释放资源。而且，无论每次运算是成功还是失败，都不能遗漏这些处理。

如果有异常，处理错误的部分开销就被从程序执行的正常路径转移至错误路径上。除此之外，编译器会通过调用在抛出异常和 try/catch 代码块之间的执行路径上的所有自动变量的析构函数，自动地回收资源。这简化了程序执行的正常路径的逻辑，从而提升性能。

在 C++ 的早期，每个栈帧都包含一个异常上下文：一个指向包含所有被构建的对象的链表的指针，因此当异常穿过栈帧被抛出时，这些对象也必须被销毁。随着程序的执行，这个上下文会被动态地更新。这并非大家所希望看到的，因为这导致了在程序执行的正常路径上增加了运行时开销。这可能会是高开销的异常处理之源。后来出现了一种新的实现方式，它的原理是将那些需要被销毁的对象映射到指令指针值上。除非抛出了异常，否则这种机制不会发生任何运行时开销。Visual Studio 会在构建 64 位应用程序时使用这种无开销机制，而在构建 32 位应用程序时则会使用旧机制。Clang 则提供了一个编译器选项[6]让开发人员选择使用哪种机制。

不要使用异常规范

异常规范是对函数声明的修饰，指出函数可能会抛出什么异常。不带有异常规范的函数抛

注 6：Clang 可以使用 /EH 指定异常处理模型。——译者注

出异常可能不会有任何惩罚。而带有异常规范的函数可能只会抛出在规范中列出的异常。但是如果它抛出了其他异常，那么程序会被 terminate() 无条件地立即终止。

异常规范有两个问题。一个问题是开发人员很难知道被调用的函数可能会抛出什么异常，特别是在使用不熟悉的库时。这使得使用了异常规范的程序变得脆弱且可能会突然停止。

第二个问题是异常规范对性能有负面影响。程序必须要检查被抛出的异常，就像是每次对带有异常规范的函数的调用都进入了一个 try/catch 代码块一样。

C++11 弃用了传统的异常规范。

在 C++11 中引入了一种新的异常规范，称为 noexcept。声明一个函数为 noexcept 会告诉编译器这个函数不可能抛出任何异常。如果这个函数抛出了异常，那么如同在 throw() 规范中一样，terminate() 将会被调用。不过不同的是，编译器要求将移动构造函数和移动赋值语句声明为 noexcept 来实现移动语义（请参见 6.6 节中有关移动语义的讨论）。在这些函数上的 noexcept 规范的作用就像是发表了一份声明，表明对于某些对象而言，移动语义比强异常安全保证更重要。我知道这非常晦涩。

7.5 小结

- 除非有一些因素放大了语句的性能开销，否则不值得进行语句级别的性能优化，因为所能带来的性能提升不大。
- 循环中的语句的性能开销被放大的倍数是循环的次数。
- 函数中的语句的性能开销被放大的倍数是其在函数中被调用的次数。
- 被频繁地调用的编程惯用法的性能开销被放大的倍数是其被调用的次数。
- 有些 C++ 语句（赋值、初始化、函数参数计算）中包含了隐藏的函数调用。
- 调用操作系统的函数的开销是昂贵的。
- 一种有效的移除函数调用开销的方法是内联函数。
- 现在几乎不再需要 PIMPL 编程惯用法了。如今程序的编译时间只有发明 PIMPL 的那个年代的 1% 左右。
- double 计算可能会比 float 计算更快。

第 8 章

使用更好的库

一个伟大的图书馆（library[1]）是不会有人注意的，因为它总在那里，而且总有人们所需要的。

——薇奇·麦仑，《小猫杜威》的作者，爱荷华州斯潘塞公共图书馆前馆长

在性能优化阶段，库是一个需要特别注意的地方。库提供了组装程序的基础。库函数和类常常被用在嵌套循环的最底层，因此通常它们都是热点代码。编译器或是操作系统提供的库在使用时非常高效。而对于各个项目自己的库，则需要仔细地设计，以确保它们能够被高效地使用。

本章首先会讨论使用 C++ 标准库的注意事项，接着讨论在设计自己的库时的一些性能优化问题。

本书重点讨论如何通过调整函数来提高性能。在本章中，我将基于我个人的开发经验，为那些需要在原来的设计上实现高性能的设计人员提供一些建议。尽管我是在关于库设计的上下文中讨论这些内容，但是本章内容也是一个检查列表，它展示了优秀的 C++ 设计技巧对高性能有多大的贡献。

8.1　优化标准库的使用

C++ 为以下常用功能提供了一个简洁的标准库。

- 确定那些依赖于实现的行为，如每种数值类型的最大值和最小值。
- 最好不要在 C++ 中编写的函数，如 strcpy() 和 memmove()。

注 1：也有"库"的意思。——编者注

- 易于使用但是编写和验证都很繁琐的可移植的超越函数（transcendental function）[2]，如正弦函数和余弦函数、对数函数和幂函数、随机数函数，等等。
- 除了内存分配外，不依赖于操作系统的可移植的通用数据结构，如字符串、链表和表。
- 可移植的通用数据查找算法、数据排序算法和数据转换算法。
- 以一种独立于操作系统的方式与操作系统的基础服务相联系的执行内存分配、操作线程、管理和维护时间以及流 I/O 等任务的函数。考虑到兼容性，这其中包含了一个继承自 C 编程语言的函数库。

C++ 标准库中的许多部分都包含了可以产生极其高效的代码的模板类和函数。

8.1.1　C++标准库的哲学

为了跟上作为系统编程语言的目标，C++ 提供了有些"斯巴达式"的标准库。这个标准库需要简单、通用并且足够快速。哲学上，**C++ 标准库之所以提供这些函数和类，是因为要么无法以其他方式提供这些函数和类，要么这些函数和类会被广泛地用于多种操作系统上。**

C++ 的这种实现方法的优点包括 C++ 程序能够运行于没有提供任何操作系统的硬件之上，以及在适当时程序员能够选择一种专业的适用于某种操作系统特性的库，或是在要实现平台独立性时使用一种跨平台的库。

相比之下，包括 C# 和 Java 在内的部分编程语言提供了包括视窗用户接口框架、Web 服务器、套接字网络和其他大型子系统等在内的大量标准库。提供整体标准库的优点在于，开发人员只需学习如何在所有支持的平台上让一套库高效运行就可以了。但是这样的库都对操作系统有要求（有时是厂商有意为之）。随着编程语言提供的这些库还代表着一个最小共通功能的集合，它们没有原生视窗系统或是任何特定操作系统的联网能力那么强大。因此它们会在某种程度上限制习惯了某种特定操作系统的原生能力的程序员。

8.1.2　使用C++标准库的注意事项

尽管下面的讨论是针对 C++ 标准库的，但它同样适用于标准 Linux 库、POSIX 库或是其他任何被广泛使用的跨平台库。在使用上的问题包括如下这些。

标准库的实现中有 bug

　　尽管在软件开发中 bug 是不可避免的，但是就连经验丰富的开发人员都可能没有在标准库代码中发现过 bug。他们可能会因此认为标准库的各种不同实现都坚如磐石。不过，我很遗憾要将他们从这个美梦中叫醒。在编写本书的过程中，我就遇到了几个标准库 bug。

　　经典的"Hello, World!"程序应该很容易如预期的那样运行起来。不过，性能优化将开发人员带到了标准库的后巷和黑暗角落中，在这些地方潜伏着 bug 的可能性最大。性能优化开发人员必须时刻做好失望的准备，因为经常会出现这样的情况：本来让人信心满

注 2：超越函数指的是变量之间的关系不能用有限次加、减、乘、除、乘方、开方运算表示的函数。

满的性能优化手段无法实现，或是性能优化手段适用于一种编译器却在另一种编译器上出错。

读者可能会问："在已有 30 多年历史的代码中怎么可能还存在着 bug 呢？"一个原因是标准库在这 30 年间一直在进化。库的定义和实现代码一直在变化中。它们并非是具有 30 年历史的代码。另外，标准库与编译器是单独维护的，编译器中也可能存在 bug。对于 GCC，标准库的维护者是志愿者。对于微软的 Visual C++，标准库是购买自第三方的组件，它的发布计划既与 Visual C++ 的发布周期不同，也与 C++ 标准的发布周期不同。标准需求的改变、责任的分散、计划问题以及标准库的复杂度都会不可避免地影响到它们的质量。事实上，更加有趣的是，标准库实现中的 bug 竟然如此之少。

标准库的实现可能不符合 C++ 标准

可能世界上根本就没有"符合标准的实现"。在现实世界中，编译器厂商认为，如果他们的产品大部分都贴近 C++ 标准，包括其中一些最重要的特性，那么就可以出售了。

库的发布计划与编译器是不同的，而编译器的发布计划又与 C++ 标准不同。在符合标准方面，一个标准库的实现可能会领先或是落后于编译器，库的一部分也可能会领先或是落后于另一部分。对于对性能优化感兴趣的开发人员而言，C++ 标准中的变化，如 map 中新元素的最佳插入点（请参见 10.6.1 节）的变化，意味着有些函数的行为可能会让用户大吃一惊，因为无法记录或是确定一个库所符合的标准的版本。

对于某些库，编译器可能会有限制。例如，除非编译器支持移动语义，否则库就会无法实现这种特性。编译器的非完美支持可能会限制对标准库类的使用。有时，在试图使用一项特性时编译器会报错，而开发人员无法确定到底是编译器有问题还是标准库的实现有问题。

当一位非常熟悉 C++ 标准的性能优化开发人员发现他正在使用的编译器中有一项很少被使用的特性没有被实现时，可能会感到非常沮丧。

对标准库开发人员来说，性能并非最重要的事情

尽管对于 C++ 开发人员来说性能非常重要，但对于标准库的开发人员来说，它并非最重要的因素。特性的覆盖率很重要，特别是在标准库的开发人员要检查最新 C++ 标准的特性列表时。简单性和可维护性很重要，因为库会被长期使用。如果库的实现需要支持多种编译器，那么可移植性很重要。性能有时会排在这些更加重要的因素之后。

从标准库函数调用到相关的原生函数的路途可能会漫长而蜿蜒。我曾经跟踪过 fopen() 的调用，直至调用 Windows 的 Openfile() 最终要求操作系统打开文件之前，它穿越了多层进行参数转换的函数。使用库函数看起来使得要编写的代码行数变少了，但是多层函数调用会导致性能降低。

库的实现可能会让一些优化手段无效

Linux 的 AIO 库（并非标准 C++ 库，但是对于性能优化开发人员却非常有用）曾经打算提供一个非常高效的、异步的、免复制的用于读取文件的接口。问题在于 AIO 要求一个特定的 Linux 内核版本。在绝大部分 Linux 发行版升级内核之前，AIO 都是以老式的方式编写的，它只能进行缓慢的 I/O 调用。开发人员可以编写 AIO 调用，但是无法得到 AIO 的性能。

并非 C++ 标准库中的所有部分都同样有用

有些 C++ 特征，例如良好的异常层次结构、vector<bool> 以及标准库分配器等，都是在加入到标准中多年以后才被开发人员所使用。这些特性实际上使得编码变得更加困难，而不是简单。好在标准委员会似乎克制住了之前对于未经测试的新特性的热情。现在，所推荐的库的新特性都会在 Boost 库（http://www.boost.org）中孕育多年后，才会被标准委员会所采纳。

标准库不如最好的原生函数高效

标准库没有为某些操作系统提供异步文件 I/O 等特性。性能优化开发人员对调用了标准库的代码进行优化是有极限的。要想获得最后的一点性能提升，性能优化开发人员只能通过调用原生函数，牺牲可移植性来换取运行速度。

8.2　优化现有库

优化现有库就如同扫雷一样。这是可能的，也是有必要的。但是这是一项需要耐心和对细节极度专注的工作，否则就会引起爆炸！

最容易优化的库是设计良好、低耦合和带有优秀测试用例的库。不幸的是，这类库通常都已经被优化过了。现实情况是，如果你被要求去优化一个库，那么它可能是一堆功能耦合在了函数或类中，而这些函数或类要么做了太多事情，要么什么都没做。

修改库会引入一些风险，因为有些其他程序依赖于当前实现中的未意识到的或是未在文档中记录的行为。尽管修改一个程序让其运行得更快时，修改自身不太可能会引发问题，但是有些随之而来的行为上的变化则可能会导致问题。

修改开源库可能会在你的工程中所使用的库版本和主库之间引入潜在的兼容性问题。当开源库升级版本，修复了 bug 或是增加了功能后，这就会有问题了。要么你必须将你的修改手动合并到修改后的库中，要么你的修改就会随着库版本升级而丢失；抑或是你修改后的库中的 bug 被其他贡献者及时地修复了，但是你却错过了这次修复。因在，在选择开源库时，最好确认开源社区是否欢迎你进行修改，或是该库是否已经非常成熟和稳定。

不过，这并不意味着优化现有库是完全没有希望的。下面将会介绍一些修改现有库的原则。

8.2.1　改动越少越好

给库的优化人员的最好建议是，**改动越少越好**。不要向类或函数中添加或移除功能，也不要改变函数签名。这类改动几乎肯定会破坏修改后的库与使用库的程序之间的兼容性。

另外一个尽量对库少进行改动的理由是，这样可以缩小需要理解的库的代码的范围。

优化战争故事

我曾经为一家出售工业级 OpenSSH 并提供技术支持的公司工作过，该工具是基于赫尔辛基理工大学研究员 Tatu Ylönen 于 1995 年编写的一个仅限个人使用的程序开发而成的。

> 这是我初次进入开源世界，我发现这些代码并不是由经验丰富的开发人员所编写的，因此不够简洁。所以，我对代码进行了一些大改动，使得程序更加易于维护——至少我最初是这么认为的。
>
> 虽然我的个人编码风格一直非常棒，但是我发现几乎永远无法践行我的风格。
>
> 现在回过头看，原因应该是显而易见的。我的修改使得代码与各个开源版本变种之间的区别太大了。我们需要从社区中获得重要的与安全性相关的bug的修复，但是这些修复都是基于修改之前的版本，而且要想将它们合并到修改后的版本中非常耗时。尽管我曾经建议开源社区将改动吸纳进开源版本中，但是安全社区对这些改动极其保守，当然这并没有错。
>
> 当时，我只需要修改那些与用户要求我们进行的安全性改进有关的代码即可，这样就可以将修改范围缩至最小。永远不要对这类代码进行重构，即使它们看起来非常需要重构。

8.2.2　添加函数，不要改动功能

在优化现有库的黑暗世界中也有一丝希望，那就是在现有库中加入新函数和类是相对安全的。当然，这也存在着一种风险，因为该库以后的版本中可能会出现一个与我们新加入的类或函数同名的类或者函数。当然，只要谨慎地选择名字，这种风险就是可控的，而且即使发生了重名问题，也可以编写宏来解决。

以下是一些安全地修改现有库来提高性能的方法。

- 向现有库中添加函数，将循环处理移动到这个新函数内，在你的代码中使用编程惯用法。
- 通过向现有库中添加接收右值引用作为参数的新函数，重载现有库中的旧函数来在老版本的库中实现移动语义（请参见 6.6 节详细了解更多有关移动语义的内容）。

8.3　设计优化库

面对设计糟糕的库，性能优化开发人员几乎无能为力。但是面对一个空白屏幕时，性能优化开发人员则有更大的使用最佳实践以及避免性能陷阱的余地。

下面这份检查列表中的部分项目是非常远大的目标。也就是说，在本节中我不会提供关于如何在某个库中达成各种目标的具体建议，我只是提醒大家那些最优秀和最实用的库都实现了这些远大的目标。如果你的库偏离了这些远大的目标，那么最好重新审视下设计。

8.3.1　草率编码后悔多

> 草率结婚后悔多。
> ——塞缪尔·约翰逊（1709–1784），英国词曲编纂家、随笔作家和诗人

接口的稳定性是设计可持续交付的库的核心。匆匆忙忙地设计库或是在库中揉入一堆强耦合的函数，都会导致无法定义出优秀的调用规则和返回规则，无法实现优秀的内存分配行为以及效率。紧接着，保持库的稳定性的压力会随之而来。不过，修复库中所有函数需要

太多的时间，这会妨碍开发人员维持库的稳定。

设计优化库与设计其他 C++ 代码是一样的，不过风险更高。从定义上说，库意味着更广泛地使用。库的任何设计、实现或是性能上的瑕疵都会对所有用户造成影响。在一些不重要的代码中随意地进行编码可能不会有太大问题，但是在开发库时这么做就会带来大麻烦。老式的开发手法，包括在项目前期完善规范和设计、文档以及模块化测试，都会在开发库这样的关键代码时派上用场。

专业优化提示：测试用例很关键

测试用例对所有软件都非常重要。它们可以帮助我们验证最初设计的正确性，并降低在性能优化过程中修改代码时对程序的正确性造成影响的概率。测试用例在库代码中的重要性更高，不过风险也更高。

测试用例可以帮助我们在设计库的过程中识别出依赖性关系和耦合性。具有良好设计的库中的函数都应当能够独立测试。如果在测试一个目标函数前需要实例化许多对象，那么这对于设计人员来说就是一个信号，它表明库的组件之间存在着太多的耦合。

测试用例可以帮助设计人员了解如何使用库。如果缺乏这方面的了解，就连经验丰富的设计人员也难以设计出重要的接口函数。测试用例可以帮助设计人员在早期识别出设计瑕疵，此时对库接口进行修改还不算太麻烦。知道如何使用库可以帮助设计人员识别要使用的惯用法，这样这些惯用法就会被植入在库的设计中，有助于编写出更高效的函数接口。

测试用例可以帮助我们测量库的性能。性能测量可以确保所采用的优化手段确实改善了性能。我们也可以将性能测量自身加入到其他测试用例中，以确保库的修改不会对性能造成影响。

8.3.2 在库的设计上，简约是一种美德

对于那些在日常生活中不会使用"简约"这个词的读者，在韦氏辞典的线上版中，"简约"（http://www.merriam-webster.com/dictionary/parsimony）的定义是"节约使用金钱或资源的品质；经济地使用手段"。读者可能认为这是 KISS（keep it simple, stupid）原则。"简约"表示库应当专注于某项任务，而且只应当使用最小限度的资源来完成这项任务。

例如，对于一个库函数而言，接收一个有效的 std::istream 引用作为参数并通过它读取数据，比接收一个文件名作为参数，然后打开这个文件更加简约；处理与操作系统相关的文件名语义和 I/O 错误并非进行数据处理的库的核心。请参见 10.1.1 节中的例子。接收一个指向内存缓冲区的指针作为参数，比分配并返回一块内存更加简约；这意味着库不必处理内存溢出异常。请参见 6.5.4 节中的例子。简约是持续地适用 SOLID 设计原则[3] 中的单一职

注 3：SOLID 设计是指单一职责原则（Single Responsibility）、开闭原则（Open Closed）、里氏替换原则（Liskov Substitution）、接口隔离原则（Interface Segregation）和依赖倒置原则（Dependency Inversion）。SOLID 是由这五个原则的首字母组合而成的单词。——译者注

责原则以及接口隔离原则等优秀 C++ 开发原则的终极结果。

简约的库都是简单的。它们是由非成员函数或是简单的类组成的。你可以分块学习和理解它们。这也是大多数程序员学习 C++ 标准库这个庞大但简约的库的方式。

8.3.3　不要在库内分配内存

这是简约原则的一个具体示例。由于内存分配非常昂贵，如果可能的话，请在库外部进行内存分配。例如，应当让库函数通过参数接收内存，然后向其中写值，而不要让库函数分配并返回内存。

将内存分配移动到库函数外部，可以允许调用方实现第 6 章中介绍过的性能优化方法——在每次调用函数时尽可能地重用内存，而不是分配新的存储空间。

将内存分配移动到库外部，还可以减少在函数之间传递数据时保存数据的存储空间被复制的次数。

如果有必要，可以将内存分配放到继承类中，然后在基类中仅仅保存一个指向已分配内存的指针。这种方式可以让继承类以不同的方式分配内存。

要求在库外部分配内存会影响到函数签名（例如，传递一个指向缓存的指针与返回一块已分配的缓存），因此，在设计库时做出这个决定非常重要。试图修改那些已被其他程序使用的库函数的签名，会导致库的调用方也必须进行相应的修改。

8.3.4　若有疑问，以速度为准

在第 1 章中，我引用了高德纳教授的告诫："过早优化是万恶之源。"当时，我还是太武断了。不过在设计库时，这条建议特别危险。

对于库类或是库函数，优秀的性能特别重要。库的设计人员是无法预计在库的应用场景中会出现什么性能问题的。而在发生性能问题之后再去改善性能则会非常困难，甚至是不可能的，特别是当牵扯到需要改变函数签名或是函数行为时。即使是修改一个只在企业内部使用的库，也可能会涉及许多程序。如果库已经被广泛使用了，例如随着开源项目被一起发布了，可能会无法更新甚至无法找到所有的使用者。库的任何改动都会引起大范围的修改。

8.3.5　函数比框架更容易优化

库可以分为两种：函数库和框架。框架在概念上是一个非常庞大的类，它实现了一个完整程序的骨架，例如一个视窗应用程序或是一个 Web 服务器。你可以用小函数来装饰这个框架，让它成为你专属的视窗应用程序或是 Web 服务器。

第二种库是函数和类等组件的集合，可以将它们组合起来实现程序，例如 Web 服务器中的 URI 解析或是视窗应用程序中的文本绘制。

这两种库都可以实现强大的功能和提高生产力。一组功能的集合可以被打包为函数（如同 Windows SDK 中那样）或是框架（如同 Windows MFC 中那样）。不过，从性能优化人员的角度看，函数库比框架更容易优化。

函数的优势在于我们可以独立地测量和优化它们的性能。调用一个框架会牵扯到它内部的所有类和函数，使得修改变得难以隔离和测试。框架违反了分离原则或是单一职责原则。这使得它们难以优化。

我们能够在一个更大的应用程序（例如绘画例程或是 URI 解析器）中集中使用函数。只有库中那些必需的功能才会与程序链接起来。而框架则包含了"上帝函数"（请参见 8.3.10 节），它们自身会关联框架中的许多部分。这会导致在程序中引入许多从不会被使用的代码，使程序变得臃肿不堪。

具有优秀设计的函数不会依赖于它们所运行的环境。相反，框架则基于一个由希望开发人员做的事情所组成的庞大、通用的模型。只要这个模型与开发人员的实际需求之间存在着不匹配的情况，就会导致性能变得低下。

8.3.6　扁平继承层次关系

多数抽象都不会有超过三层类继承层次：一个具有通用函数的基类，一个或多个实现多态的继承类，以及一个在非常复杂的情况下可能会引入的多重继承混合层。在某些特殊情况下，开发人员必须自己决定设计多少层类继承层次。不过，一旦继承层次超过了三层，这就是一个信号，表明类的层次结构不够清晰，其引入的复杂性会导致性能下降。

从性能优化的角度看，继承层次越深，在成员函数被调用时引入额外计算的风险就越高（请参见 7.2.1 节）。在有许多层基类的继承类中，构造函数和析构函数需要穿越很长的调用链才能执行它们的任务。尽管它们通常并不会被频繁地调用，但是其中仍然存在着在性能需求极其严格的运算中引入昂贵的函数调用的风险。

8.3.7　扁平调用链

与继承类一样，**绝大多数抽象的实现都不会超过三层嵌套函数调用**：一种非成员函数或是成员函数实现策略，调用某个类的成员函数，调用某个实现了抽象或是访问数据的公有或私有的成员函数。

如果嵌套抽象是通过调用被包含的类实例的方法实现的，那么在其中访问数据可能会导致发生三层函数调用。这种解析会递归地向嵌套抽象链下方前进。在已经充分解耦的库中是不会包含冗长的嵌套抽象调用链的。这些嵌套抽象调用会在函数调用和返回时引入额外的开销。

8.3.8　扁平分层设计

有时候，我们必须用一种抽象来实现另外一种抽象，创建一种分层设计。正如之前所指出的，这可能会走向极端，导致对性能产生影响。

但是在其他时候，一种抽象会在一个层次中被重复实现。这么做的理由如下。

- 要使用 Façade 模式改变调用规则来实现一个层：也许是将一个项目特有的参数切换为操作系统特有的参数；也许是将参数从文本字符串切换为数字；也许是插入一段项目特有的错误处理。

- 要使用一个紧密相关且有现成代码的抽象来实现另外一种抽象。
- 要在返回错误的函数调用和抛出异常的函数调用之间实现一种过渡。
- 要实现 PIMPL 惯用法（请参见 7.2.7 节）。
- 要调用 DLL 或是插件。

在以上这几种情况下，开发人员必须自己进行判断，因为虽然有非常充分的理由做上面这些事情，但每穿越一层都会发生一次额外的函数调用和返回，导致每次函数调用的性能都会降低。设计人员必须评审各层之间的穿越情况，检查是否确实需要跨越层，或是是否可以将两层或者多层压缩为一层。下面是一些指导代码评审的建议。

- 如果在一个项目的 Façade 模式中有许多实例，可能意味着过度设计。
- 过度分层设计的一个信号是一个层出现了不止一次，例如返回错误的层调用了异常处理层，而这个异常处理层接着又调用了返回错误的层。
- PIMPL 的初衷是提供重编译防火墙，但是它其中的嵌套实例却难以为此开脱。多数子系统其实都没有大到需要嵌套使用 PIMPL 的程度（请参见 7.2.7 节）。
- 项目特有的 DLL 常常被推荐用来封装 bug 修复。很少有项目意识到这个工具，因为 bug 修复往往是批量发布的，这跨越了 DLL 的边界。

移除多余的层是一项只能在设计阶段完成的任务。在设计阶段，设计人员会得到库的商业需求信息。一旦库设计完成之后，不管它有什么瑕疵，进行任何修改时都必须衡量成本与收益。经验告诉我，除非你拿枪指着他们的头，否则任何一位项目经理都不愿意让你花费几个冲刺的时间来修复库。

8.3.9　避免动态查找

大型程序包往往含大量的配置信息或是注册表项。音频和视频流文件等复杂的数据文件往往包含了可选的用于描述数据的元数据。如果只有少量元数据项目，那么很容易定义一个结构体或是类来存储它们。但是如果有几十甚至上百个元数据项目，许多设计人员会试图采用一种通过给定的关键字字符串在表中查找元数据的方法。如果配置信息是 JSON 或 XML 格式，他们更可能这样做，因为有现成的从 JSON 或 XML 文件中动态地查找元素的库。有些编程语言，如 Objective-C，自带了进行这种处理的系统库。不过，动态地查找符号表可是"性能杀手"，原因如下。

- 动态查找天生低效。有些库查找 JSON 或 XML 元素的性能是 $O(n)$，时间开销与待查找的文件大小成正比。基于表的查找的时间开销可能是 $O(\log_2 n)$。相比之下，从结构体中获取一个元素的时间开销只有 $O(1)$，而且这个比例常量非常小。
- 库的设计人员可能对库需要访问的元数据不太了解。如果配置文件的初始化只是在程序启动时进行一次，那么开销可能不大。但是实际上，许多元数据会在程序进行处理的过程中反复地被读取，而且可能会在不同的工作单元之间发生改变。虽然过早优化是万恶之源，但是查找一个关键字字符串永远不可能比查找键值对表更快，而且不会破坏现有的实现。显然，万恶之源不止一个！
- 一旦决定采用基于表的查找的设计方式，那么接下来的问题就是一致性了。对于一个给定的变换，表中包含了所有所需的元数据吗？必须成对出现的命令行参数真的成对出现了吗？尽管我们可以检查基于表的数据仓库的一致性，但这是一项性能开销昂贵的运行时运算，它涉及代码编写和多次昂贵的查找。访问一个简单的结构体中的数据远比多次查找表要快。

- 基于结构体的数据仓库在某种程度上可以说是自描述的，因为所有可能的元数据都是立即可见的。相比之下，符号表则是一个不透明的大包包，里面装满了未命名的值。使用这种数据仓库的团队需要仔细地记录在程序的各个执行阶段中出现的元数据。但是就我的经验而言，一个团队很难一直遵守这项纪律。另一种解决方法是编写无尽的代码，试图重新生成丢失的元数据，但永远不知道这段代码是否会被调用，更别谈这段代码是否正确了。

8.3.10 留意"上帝函数"

"上帝函数"是指实现了高级策略的函数。如果在程序中使用这种函数，会导致链接器向可执行文件中添加许多库函数。在嵌入式系统中，可执行文件的增大会耗尽物理内存；而在桌面级计算机上，可执行文件的增大则会增加虚拟内存分页。

在许多现有的库中都存在着性能开销昂贵的上帝函数。优秀的库在设计时会移除这些函数。但是如果将库作为框架设计，则无法避免上帝函数。

优化战争故事

下面是一句我称为"printf() 不是你的朋友"的格言。

"Hello, World"可能是最简单的 C++（或 C）程序了：

```
# include <stdio.h>
int main(int, char**) {
    printf("Hello, World!\n");
    return 0;
}
```

这段程序包含了多少个可执行字节呢？如果你猜"大约 50 或 100 字节"，那么你弄错了两个数量级。在我编写的一个嵌入式控制器中，这段程序占用了 8KB。而且这仅仅是代码的大小，不包含符号表、加载器信息和其他任何东西。

下面这段代码完成的工作与之前的代码相同：

```
# include <stdio.h>
int main(int, char**) {
    puts("Hello, World!");
    return 0;
}
```

这段程序实际上与之前的程序是一样的，只是使用了 puts() 来输出字符串，而没有用printf()。但是第二个程序只占用了大约 100 字节。导致程序大小区别这么大的原因是什么呢？

---

printf() 正是罪魁祸首。printf() 能够以三四种格式打印各种类型的数据。它能够将某种格式的字符串解释为读取可变数量的参数。printf() 自身就是一个大函数，但是真正让它变大的原因是，它引入了格式化各种基本类型的标准库函数。在我的嵌入式控制器上，情况更加糟糕，由于处理器没有实现硬件浮点类型计算，因此我使用了一个函数扩展库。事实上，printf() 是上帝函数的典型代表——一个吸收了 C 运行时库，可以做许多事情的函数。

另一方面，puts() 只是将字符串放到标准输出中而已。它的内部非常简单，而且它不会链接标准库中的许多函数。

8.4　小结

- C++ 标准库之所以提供这些函数和类，是因为要么无法以其他方式提供这些函数和类，要么这些函数和类会被广泛地用于多种操作系统上。
- 在标准库实现中也存在 bug。
- 没有一种"完全符合标准的实现"。
- 标准库不如最好的原生函数高效。
- 当要升级库时，尽量只进行最小的改动。
- 接口的稳定性是可交付的库的核心。
- 在对库进行性能优化时，测试用例非常关键。
- 设计库与设计其他 C++ 代码是一样的，只是风险更高。
- 多数抽象都不需要超过三层类继承层次。
- 多数抽象的实现都不需要超过三层嵌套函数调用。

第 9 章

优化查找和排序

总会有方法做得更好的——找到它。

——托马斯·爱迪生（1847—1931），美国发明家和优化专家

C++ 程序会进行许多查找操作。从编程语言的编译器到浏览器，从控制链表到数据库，许多反复进行的程序活动都会在某个内部循环的底层进行查找操作。就我的经验而言，查找操作通常会出现在热点函数的列表中。因此我们需要特别注意查找操作的效率。

本章将会以性能优化人员的视角审视表的查找操作。开发人员在执行性能优化任务时，可以采取一种通用优化过程：先将现有解决方案分解为组件算法和数据结构，然后在每个组件算法和数据结构中寻找优化机会。在本章中我将以查找操作为例讲解这个通用优化过程。此外，我还会评估某些查找方法来展示优化过程。

大多数 C++ 开发人员都知道，可以用一个数字索引或是包含字母和数字的关键字字符串，从标准库容器 std::map 查找它们相关联的值。这样的关联关系被称为**键值对表**。**键**和**值**之间形成了一种**映射**关系，该容器因此而得名。熟悉 std::map 的开发人员都知道，从大 O 表达式看，它的性能很棒。在本章中，我将会介绍几种优化基本的基于 map 的查找的方法。

只有少数开发人员知道，在 C++ 标准库中的 <algorithm> 头文件中包含了几种基于迭代器的查找序列容器的算法。即使在最优情况下，这些算法也并不都具有相同的大 O 性能。各种情况下的最佳算法并非显而易见，互联网上的建议也并非总能告诉我们最优方法。寻找最佳查找算法是性能优化过程的另一个例子。

即使是那些熟悉标准库算法的开发人员也可能没听说过，C++11 中加入了基于散列表的容器 [而且实际上它们已经在 Boost（http://www.boost.org/）中存在多年了]。使用这些无序关联容器可以实现非常棒的、达到平均常量时间的查找效率，但是它们并非万灵丹。

9.1 使用std::map和std::string的键值对表

作为一个例子，本节将介绍对一种常用的键值对表进行各种查找和排序的性能。在这个例子中，表的键是一个由 ASCII 字符组成的字符串，我们可以用 C++ 字符串字面量来初始化它，或是将它保存在 std::string 中[1]。我们通常会使用这样的表来解析初始化配置、命令行、XML 文件、数据库表以及其他需要有限组键的应用程序。表中的值可以是简单的整数类型或是其他任意的复杂类型。除非有一个非常大的值会影响高速缓存性能，否则值的类型对查找操作的性能不会有影响。就我的经验而言，通常情况下值类型都是简单类型，因此这里我决定采用简单的无符号整数类型作为值类型。

使用 std::map 构建一个 std::string 类型的名字与无符号整数值之间的映射关系的表是很容易的。可以如下这样简单地定义一个表：

```
# include <string>
# include <map>
std::map<std::string, unsigned> table;
```

如果使用的是支持 C++11 的编译器，开发人员可以如下这样使用初始化列表[2]声明语法轻松地向表中插入数据项：

```
std::map<std::string, unsigned> const table {
    { "alpha",   1 },  { "bravo",    2 },
    { "charlie", 3 },  { "delta",    4 },
    { "echo",    5 },  { "foxtrot", 6 },
    { "golf",    7 },  { "hotel",    8 },
    { "india",   9 },  { "juliet", 10 },
    { "kilo",   11 },  { "lima",    12 },
    { "mike",   13 },  { "november",14 },
    { "oscar",  15 },  { "papa",    16 },
    { "quebec", 17 },  { "romeo",   18 },
    { "sierra", 19 },  { "tango",   20 },
    { "uniform",21 },  { "victor",  22 },
    { "whiskey",23 },  { "x-ray",   24 },
    { "yankee", 25 },  { "zulu",    26 }
};
```

否则，开发人员必须像下面这样编码来插入每条元素：

```
table["alpha"] = 1;
table["bravo"] = 2;
...
table["zulu"] = 26;
```

取得或是测试值也非常简单：

注 1：这样的表可能无法满足面向阿拉伯语用户或是中文用户开发的应用程序的要求。关于如何应对这种需求的讨论足够写出另外一本书了。我希望那些使用宽字符集的开发人员已经找到了解决问题的办法，而面向英文用户开发应用程序的开发人员会对这感兴趣并因此分散注意力，所以我决定采用一个简单点儿的例子。

注 2：关于初始化列表可以参考：http://www.cplusplus.com/reference/initializer_list/initializer_list/。

```
unsigned val = table["echo"];
...
std::string key = "diamond";
if (table.find(key) != table.end())
    std::cout << "table contains " << key << std::endl;
```

使用 std::map 创建表是一个例子，它向我们展示了 C++ 标准库提供了多么强大的抽象能力，让我们无需太多思考和编码即可实现不错的大 O 性能。这也是我在第 1 章中提到的 C++ 的通用特性的一个例子：

> C++ 的混合特性提供了多种实现方式供我们选择。一方面，我们可以实现性能管理的全自动化，另一方面，我们也可以对性能逐渐地进行精准控制。正是这些选择方式使得我们可以优化 C++ 程序以满足性能需求。

9.2 改善查找性能的工具箱

但是，假如分析器指出一个包含查找表操作的函数是程序中最热点的函数之一，应该怎么办呢？例如下面这个函数：

```
void HotFunction(std::string const& key) {
    ...
    auto it = table.find(key);
    if (it == table.end()) {
    // 没有在表中找到元素时的活动
        ...
    }
    else {
    // 在表中找到元素时的活动
        ...
    }
    ...
}
```

开发人员能够做得比最简单的实现方式更好吗？我们应该怎么找出解决方法呢？

经验丰富的开发人员会立刻注意到那些低效的地方。他可能会知道函数中的一个算法并不是最优算法，或是可以使用一种更好的数据结构。我有时就会这么做，尽管这条解决之道充满了风险。另外一种较好的做法是，开发人员有条理地推进性能优化工作。

- 测量当前的实现方式的性能来得到比较基准。
- 识别出待优化的抽象活动。
- 将待优化的活动分解为组件算法和数据结构。
- 修改或是替换那些可能并非最优的算法和数据结构，然后进行性能测试以确定修改是否有效果。

如果将正在被优化的活动视为一个抽象的话，那么优化任务就是选择抽象的基准实现方式并将其分解为各个组件，然后将这些组件重新构建为一种性能更好的更适合的抽象。

如果可能的话，我喜欢在白板上进行这个过程；若是不行，在文本编辑器或是工程笔记本上也行。这个过程是迭代的。分解问题的时间越长，所得到的组件也会越多。在大多数活动中都会有足够多的组件值得优化，而试图记住它们是不可靠的。好记性不如烂笔头，将它们记录在纸上更好，而最好的方法则是在白板上或是在文本编辑器中记录它们，这样可以方便地添加或是擦除记录。

9.2.1　进行一次基准测量

正如在 3.2.2 节中所提到的，对未优化的代码进行性能测量非常重要，这样能够得到基准测量值来帮助我们确定优化是否有效。

我为在 9.1 节中创建的表编写了一个测试。在这项测试中总共查找了 53 个对象，其中包含表中存在的 26 个值和不存在的 27 个值。为了得到一个可测量的持续时间，我重复进行了 100 万次这个测试。结果是对于以字符串为键的 map，这段程序运行了大约 2310 毫秒。

9.2.2　识别出待优化的活动

下一步是识别出待优化的活动，这样就可以将活动细分，便于找出需要优化的组件。

虽然哪些是"待优化的活动"是由开发人员进行判断的，但是也有一些线索可以帮助我们进行判断。在本例中，开发人员可以看到，在基准实现方式中使用了以 std::string 为键的 std::map。通过查看分析器结果可以发现 std::map::find() 是热点代码，它是一个在查找到元素时返回指向该元素的迭代器，在未查找到元素时返回指向 end() 的迭代器的函数。尽管 std::map 支持查找、插入、删除和迭代等多种操作，但是热点函数只是进行了查找操作。因此，可能有必要检查一下代码中的其他地方，看看它们是否在表上执行了其他操作。找出表是在哪里被构造和被销毁的非常有意思，因为这些活动可能会非常耗时。

在本例中，待优化的活动非常明显：在以字符串作为键的 map 实现的键值对表中查找值的活动。不过，对基准解决方法进行抽象非常重要。开发人员不能仅仅局限于调查使用 std::string 和 std::map 构建的表。

有一种称为"向后思考，向前思考"的技巧可以帮助我们将基准实现抽象为问题描述。向后思考的技巧是提问："为什么？"为什么基准实现使用了 std::map 而不是其他数据结构？答案非常明显：std::map 提供了根据给定的键查找对应值的功能。为什么基准实现使用 std::string，而不是 int 或指向 Foo 的指针？答案是，键是由 ASCII 字符组成的字符串。这样的分析能够引导开发人员写出更加抽象的问题描述——**以文本类型的键查找键值对表中的值**。请注意在这句描述中没有出现 map 和字符串等术语。这是一种有意识地将问题描述从它的基准实现中解放出来的尝试。

9.2.3　分解待优化的活动

下一步要将待优化的活动分解为组件算法和数据结构。这里，我们再次使用基准解决方法（以字符串作为键的 map）作为算法和数据结构组成活动的示例。不过，基准解决方法代表了活动的一种实现方式，而性能优化开发人员要寻找其他可能的实现方式。这就是为什么以一种通用的方式描述算法和数据结构非常重要了，因为这样不会将开发人员的思维限制在现有的解决方案上。

待优化的活动是**以文本作为键在键值对表中查找值**。将这句描述分解为组件算法和数据结构，并检查其与基准实现的对比结果，可以得到以下结论。

(1) 表是一种包含键和键所关联的值的数据结构。

(2) 键是一种包含文本的数据结构。

(3) 有一种比较键的算法。

(4) 有一种查询表数据结构以判断键是否存在，如果存在就取得它所关联的值的算法。

(5) 有一种构造表或是向表中插入键的算法。

我是如何知道需要这些组件的呢？多数情况下都是通过查看基准解决方案的数据结构（在本例中即是 std::map）的定义知道的。

(1) 在基准解决方案中，表是 std::map。

(2) 在基准解决方案中，键是 std::string 的实例。

(3) 部分是逻辑思考的结果，但是也可以通过 std::map 的模板定义提供了一个用于指定比较键的函数的默认参数看出来。

(4) 在热点函数中有对 std::map::find() 的调用，而没有使用 [] 运算符。

(5) 这源自我知道必须构造和销毁 map。对 std::map 的了解让我知道它的实现方式是一棵平衡二叉树。因此，map 是一种链式数据结构，必须被逐节点构造，所以一定存在一种插入算法。

关于最后一条，构建和销毁表的算法（以及它的时间开销）常常被忽视了。这种开销可能会非常大。即使与查找表操作的时间开销相比，这种开销很小，但如果表具有静态存储期（请参见 6.1.1 节），那么初始化表的开销可能会被加到所有在程序启动时发生的其他初始化操作上（请参见 12.3.6 节）。如果程序需要进行太多的初始化操作，那么它会失去响应。而如果表具有自动存储期，那么它可能会在程序运行期间中多次被初始化，使程序的启动开销变得更大。幸运的是，我们还有其他只具有很小甚至是没有创建和销毁开销的实现键值对表的方法。

9.2.4　修改或替换算法和数据结构

在这一步中，开发人员要向前思考，问自己："怎么做？"程序应该如何以及以什么样不同的方式查找以文本作为键的键值对表中的值呢？开发人员需要寻找基准解决方案中的非最优算法，寻找数据结构提供的开销昂贵的、非被优化活动所必需的，因此可以被移除或是简化的行为。接着，开发人员进行性能测量，确认性能是否有所提高。

在待优化的活动中有如下优化机会。

- 可以换一种表数据结构或是提高它的性能。某些表数据结构的选择制约了查找和插入算法的选择。如果在数据结构中包含需要调用内存管理器的动态变量，那么表数据结构的选择还会对性能有影响。

- 可以替换一种键数据结构或是提高它的性能。

- 可以替换一种比较算法或是提高它的性能。

- 尽管查找算法受到表数据结构的选择的制约，但是我们仍然可以替换一种查找算法或是提高它的性能。

- 可以替换一种插入算法（还有何时以及如何构造和销毁数据结构的方法），或是提高它们的性能。

以下是一些相关的观察结果。

- `std::map` 的实现方式是一棵平衡二叉树。查找平衡二叉树的算法的时间开销是 $O(\log_2 n)$。如果能够用一种查找开销更小的数据结构替代 `std::map`，那么就可以得到最大的性能提升。
- 快速浏览下 `std::map` 的定义会发现，在 map 上定义的操作有插入元素到 map 中，查找 map 中的元素，从 map 中删除元素，以及遍历 map 中的元素。为了实现这些操作，`std::map` 被设计为一种基于节点的数据结构，结果导致 `std::map` 在被构造时会频繁地调用内存管理器，而且缓存局部性也很差。在这项待优化的活动中，元素只会在构造表时被插入到表中，并且除非表自身被删除了，否则这些元素永远不会被从表中删除。使用一种动态性稍差，但可以减少对内存分配器的调用而且还具有更好的缓存局部性的数据结构替换 map，就可以提高程序性能。
- 键数据结构所需要的功能只是保存字符和比较两个键。相比于表中的键的需求，`std::string` 提供了太多多余的功能。字符串会维护一段动态分配的缓存，这样我们就可以修改字符串中的内容或是让字符串变长或变短，但是在本例中，键值对表并不会修改键。而且，查找一个字符串字面常量会导致发生一次从字符串字面常量到 `std::string` 的开销昂贵的类型转换，如果可以使用其他数据结构作为键，那么就可以避免这种类型转换。
- `std::string` 的实例的行为与值对象类似。`std::string` 定义了所有的六种比较操作符，这样我们就可以通过比较字符串的大小来对字符串进行排序。`std::map` 默认可以与那些类似值对象、实现了比较运算符的键类型一起工作。对于没有定义自己的比较运算符的数据结构，我们可以提供一个比较函数作为模板参数来使其能够与 `std::map` 一起工作。
- 之前，我们对使用初始化列表对以字符串作为键的 map 进行了 C++11 风格的初始化，这看起来与 C 风格的静态集合初始化类似，但是其实它们并不一样。这种初始化方式会首先调用内存分配器分别为每个字符串字面常量创建出各自对应的 `std::string`，接着调用 `insert()` 向 map 添加逐一元素，这会再次调用分配器在 map 的平衡树数据结构中分配一个新的节点。这种初始化器的优点在于它初始化后的表是常量的。但是，运行时开销则几乎与 C++11 之前的一次插入一个值的方式相同。而通过 C 风格的静态集合初始化构造的数据结构，在被构造和销毁时都不会产生运行时开销。

9.2.5 在自定义抽象上应用优化过程

在以字符串作为键的 map 的例子中，开发人员是很幸运的，因为 `std::map` 的许多方面都是可编程的，例如可以设置键类型，改变键类型的比较算法，编写 map 分配节点的方式。而且，在 C++ 标准库中，除了 `std::map` 外，还有其他选择允许改善数据结构和查找算法。简言之，这就是我们可以如此高效地提高 C++ 程序性能的原因。在下面的小节中我将会带领读者一起经历一次这个过程。

上面列举出的优化过程也适用于优化非标准库抽象，但是可能需要进行一些其他工作。`std::map` 和 `std::string` 都是具有良好设计和良好文档记录的数据结构。互联网上有一些非常棒的资源，可以告诉我们它们支持什么样的运算以及它们是如何实现的。而对于一个自定义的抽象，如果这种抽象是在深思熟虑后设计出来的，那么开发人员可以从它的头文件中知道它提供了哪些运算。从代码注释或是具有良好设计的代码中，我们可以知道它使用了哪些算法以及它调用内存管理器的频率。

但是如果代码一团糟，或是接口设计非常糟糕，代码散落在许多文件中，那么接下来我有一个坏消息和一个好消息要告诉你。坏消息是上面列举出的优化过程对于开发人员没有任何帮助。这种情况下我所能说的都是套话，如"在你接手这项工作的时候就知道这是很危险的"和"这就是为什么你能赚大钱"等。好消息是代码越糟糕，其中蕴藏优化机会的可能性也越大，那些敢于着手的开发人员将会获得丰厚的性能回报。

9.3　优化std::map的查找

性能优化开发人员可以通过保持表数据结构不变，但改变键的数据结构，当然也包括改变比较键的算法，改善程序性能。

9.3.1　以固定长度的字符数组作为std::map的键

正如第 4 章中所指出的，开发人员可能希望避免在热点代码的键值对表中使用 std::string 作为键所带来的开销，因为内存分配占据了绝大部分创建表的开销。如果开发人员可以使用一种不会动态分配存储空间的数据结构作为键类型，就能够将这个开销减半。而且，如果表使用 std::string 作为键，而开发人员希望如下这样用 C 风格的字符串字面常量来查找元素，那么每次查找都会将 char* 的字符串字面常量转换为 std::string，其代价是分配更多的内存，而且这些内存紧接着会立即被销毁掉。

```
unsigned val = table["zulu"];
```

如果键的最大长度不是特别大，那么一种解决方法是使用足以包含最长键的字符数组作为键的类型。不过这里我们无法像下面这样直接使用数组，因为 C++ 数组没有内置的比较运算符。

```
std::map<char[10],unsigned> table
```

下面是一个名为 charbuf 的简单的固定长度字符数组模板类的定义：

```
template <unsigned N=10, typename T=char> struct charbuf {
    charbuf();
    charbuf(charbuf const& cb);
    charbuf(T const* p);
    charbuf& operator=(charbuf const& rhs);
    charbuf& operator=(T const* rhs);

    bool operator==(charbuf const& that) const;
    bool operator<(charbuf const& that) const;

private:
    T data_[N];
};
```

charbuf 非常简单。我们可以用 C 风格的、以空字符结尾的字符串来对它进行初始化或是赋值，也可以用一个 charbuf 与另一个 charbuf 进行比较。由于这里没有明确地定义构造函数 charbuf(T const*)，因此我们还可以通过类型转换将 charbuf 与一个以空字符结尾的字符串进行比较。charbuf 的长度是在编译时就确定了的，它不会动态分配内存。

离开了运算符的定义，C++ 是不知道如何比较两个类的实例或是如何对它们进行排序的。开发人员必须定义他需要使用的所有相关运算符。C++ 标准库通常只会使用 == 运算符和 < 运算符。其他四种运算符可以从这两种中合成出来。运算符的定义可以是非成员函数：

```
template <unsigned N=10, typename T=char>
    bool operator<(charbuf<N,T> const& cb1, charbuf<N,T> const& cb2);
```

但是一种更简单和更好的办法是，在 charbuf 中定义会访问 charbuf 的实现的 C++ 风格的 < 运算符。

程序员在使用 charbuf 时需仔细思考。只能在其中保存长度小于它内部存储空间大小的字符串，这里还要将最后一个字符串结束算符进去。因此与 std::string 相比，无法确保它的安全性。验证所有可能的键都可以被存储在 charbuf 中，是将计算从运行时移动到设计时的一个例子。同时，这也是为了改善性能而在安全性上作出妥协的一个例子。只有那些独立的设计团队才能洞察出这种改动的收益是否大于风险，权威专家的凭空判断不可信。

我在以 charbuf 类型作为键的 std::map 中，使用与之前相同的 53 个名字进行了 100 测试，结果是耗时 1331 毫秒。这个速度比使用 std::string 的版本快了一倍。

9.3.2　以C风格的字符串组作为键使用std::map

有时，程序会访问那些存储期很长的、C 风格的、以空字符结尾的字符串，那么我们就可以用这些字符串的 char* 指针作为 std::map 的键。例如，当程序使用 C++ 字符串字面常量来构造表时，我们可以直接使用 char* 来避免构造和销毁 std::string 的实例的开销。

不过，以 char* 作为键类型也有一个问题。std::map 会在它的内部数据结构中，依据键类型的排序规则对键值对进行排序。默认情况下，它都会计算表达式 key1 < key2 的值。在 std::string 中定义了一个用于比较字符串的 < 运算符。虽然在 char* 中也定义了 < 运算符，但它比较的却是指针，而不是指针所指向的字符串。

std::map 让开发人员能够通过提供一个非默认的比较算法来解决这个问题。这也是 C++ 允许开发人员对它的标准容器进行精准控制的一个例子。比较算法是通过 std::map 的第三个模板参数提供的。比较算法的默认值是函数对象 std::less<Key>。std::less 定义了一个成员函数 bool operator()(Key const& k1, Key const& k2)，它会通过返回表达式 key1 < key2 的结果来比较两个键的大小。

原则上，程序能够对 char* 特化 std::less。不过，这种特化必须至少对整个文件都是可见的，这可能会导致程序中的其他部分出现意外行为。

如代码清单 9-1 所示，我们可以不使用函数对象，而是使用 C 风格的非成员函数来执行比较运算。这时，该函数的签名变为了 map 声明中的第三个参数，我们可以用一个指向该函数的指针来初始化 map。

代码清单 9-1 以 C 风格的 char* 作为键、非成员函数作为比较函数的 map

```
bool less_free(char const* p1, char const* p2) {
    return strcmp(p1,p2)<0;
}
    ...

std::map<char const*,
        unsigned,
        bool(*)(char const*,char const*)> table(less_free);
```

这个版本的测试结果是 1450 毫秒，与使用以 std::string 为键的版本相比有了显著的性能提升。

程序还可以创建一个函数对象来封装比较操作。在代码清单 9-2 中，less_for_c_strings 是一个类类型的名字，因此它可以用作类型参数，这样就无需使用指针。

代码清单 9-2 以 C 风格的 char* 作为键、函数对象作为比较函数的 map

```
struct less_for_c_strings {
    bool operator()(char const* p1, char const* p2) {
        return strcmp(p1,p2)<0;
    }
};

    ...

std::map<char const*,
        unsigned,
        less_for_c_strings> table;
```

这个版本的测试结果是 820 毫秒，它的速度几乎是初始版本的三倍，是 char* 和非成员函数版本的两倍。

在 C++11 中，另外一种为 std::map 提供 char* 比较函数的方法是，定义一个 lambda 表达式并将它传递给 map 的构造函数。使用 lambda 表达式非常便利，因为我们可以在局部定义它们，而且它们的声明语法也非常简洁。代码清单 9-3 展示了这种方法。

代码清单 9-3 以 C 风格的 char* 作为键、lambda 表达式作为比较函数的 map

```
auto comp = [](char const* p1, char const* p2) {
    return strcmp(p1,p2)<0;
};
std::map<char const*,
        unsigned,
        decltype(comp)> table(comp);
```

请注意，这段示例代码中使用了 C++11 中的 decltype 关键字。map 的第三个参数是一个类型。名字 comp 是一个变量，而 decltype(comp) 则是变量的类型。lambda 表达式的类型没有名字，每个 lambda 表达式的类型都是唯一的，因此 decltype 是获得 lambda 表达式的类型的唯一方法。

在这段示例代码中，lambda 表达式的行为类似于一个带有 () 运算符的函数对象，因此尽管 lambda 表达式必须作为参数传递给构造函数，但这种机制的性能测量结果与之前的版本相同。

对于一个以空字符结尾的字符串为键的表，改善后的最佳性能约是初始版本的三倍，即使与使用固定长度的字符数组为键的版本相比也提高了 55%。

C++ 与 Visual Studio 编译器

由于 Visual Studio 标准库实现中的一个已知的 bug，在编译代码清单 9-3 中的代码时，Visual Studio 2012 和 Visual Studio 2013 会报出一条错误信息，Visual Studio 2010 和 Visual Studio 2015 则不会。

一个不带捕获（capture）的 lambda 表达式居然能够"退化"为函数指针，这真是一个有趣的 C++ 现象。对于那些真正热爱 lambda 表达式声明的 C++ 编程人员，在 Visual Studio 2012 和 Visual Studio 2013 编译器上也是有办法使用 lambda 表达式的，方法就是将 lambda 表达式"退化"后的函数指针的签名作为 map 的构造函数的第三个参数：

```
auto comp = [](char const* p1, char const* p2) {
    return strcmp(p1, p2)<0;
};
std::map<char const*,
        unsigned,
        bool(*)(char const*, char const*)> kvmap(comp);
```

在这种情况下，这个版本的代码的性能实际上就变为了使用非成员函数指针的 std::map 的性能，它比使用函数对象的 std::map 的性能稍慢。

随着 C++ 标准的不断发展，C++ 编译器也能够进行更多的类型推演，lambda 表达式也会变得越来越有意思。不过直到 2016 年初，还没有其他东西在性能上能超过函数对象。

9.3.3 当键就是值的时候，使用map的表亲std::set

定义一种数据结构，其中包含一个键以及其他数据作为键所对应的值，有些程序员可能会觉得这是一件再自然不过的事了。事实上，std::map 在内部声明了一种像下面这样的可以结合键与值的结构体：

```
template <typename KeyType, typename ValueType> struct value_type {
    KeyType const first;
    ValueType second;
// ……构造函数和赋值运算符
};
```

如果程序定义了这样一种数据结构，那么无法将它直接用于 std::map 中。出于一些实际的原因，std::map 要求键和值必须分开定义。键必须是常量，因为修改键会导致整个 map 数据结构无效。同样，指定键可以让 map 知道如何访问它。

---

std::map 有一个表亲——std::set。它是一种可以保存它们自己的键的数据结构。这种类型会使用一个比较函数，该比较函数默认使用 std::less 来比较两个完整元素。因此，要想使用 std::set 和一种包含自身的键的用户自定义的结构体，开发人员必须为那个用户自定义的结构体实现 std::less、指定 < 运算符或是提供一个非默认的比较对象。这其中没有哪一种方法比其他方法更好，选择哪一种方法只是一种编程风格问题。

我之所以现在提醒读者注意这一点，是因为当我说道"使用一个序列容器作为键值对表"时，表示还需要为元素的数据结构定义一个比较运算符，或是为查找算法指定一个比较函数。

9.4   使用<algorithm>头文件优化算法

在上一节中，我介绍了通过改变代表键的数据结构以及相应地改变比较键的算法来提高性能的方法。在本节中，我将会介绍改变查找算法和表数据结构的方法。

除了像 std::string 和 std::map 这样的数据结构外，C++ 标准库还提供了一组算法，其中就包括查找和排序算法。标准库算法接收**迭代器**作为参数。迭代器抽象了指针的行为，从包含这些值的数据结构中分离出值的遍历。标准库算法的行为是通过它们的迭代器参数的抽象行为，而不是由某些具体的数据结构指定的。基于迭代器的算法能够适用于许多种数据结构，只要这些数据结构上的迭代器具有所需的特性即可。

标准库查找算法接收两个迭代器参数：一个指向待查找序列的开始位置，另一个则指向待查找序列的末尾位置（最后一个元素的下一个位置）。所有的算法还都接收一个要查找的键作为参数以及一个可选的比较函数参数。这些算法的区别在于它们的返回值，以及比较函数必须定义键的排序关系还是只是比较是否相等。

我们可以将待查找的数据结构部分描述为范围 [first, last)，其中 first 的左侧方括号表明第一个元素包括在这个范围内，而 last 后面的圆括号则表示最后一个元素不包含在这个范围内。这种范围表达式在标准库算法的描述中非常有用。

有些基于迭代器的查找方法实现了分而治之的算法。这些算法依赖于某些迭代器的一种特性——计算两个迭代器之间的**距离**或是元素数量的能力——以这种方法实现比线性大 O 性能更高的性能。通过逐渐增大迭代器直到与另一个迭代器相等，总是能够计算出两个迭代器之间的距离，但是这会导致计算距离的时间开销变为 $O(n)$。**随机访问迭代器**具有一种特殊的特性，即它能够以常量时间计算出这个距离。

提供了随机访问迭代器的序列容器有 C 风格的数组、std::string、std::vector 和 std::deque。分而治之算法也能够适用于 std::list，但是它们的时间开销是 $O(n)$，而不是 $O(\log_2 n)$，因为计算双向迭代器之间的距离的开销更大。

string 和 map 的名字很容易让人联想起它们的功能，因此可能会让编程新手不自觉地使用这些数据类型来解决问题。不幸的是，并非所有基于迭代器的查找算法都有让人容易联想到功能的名字。它们同样都非常通用，这样选择一种正确的算法会带来性能上的提升，尽管它们都具有相同的大 O 时间开销。

9.4.1　以序列容器作为被查找的键值对表

相比于 std::map 或它的表亲 std::set，有几个理由使得选择序列容器实现键值对表更好：序列容器消耗的内存比 map 少，它们的启动开销也更小。标准库算法的一个非常有用的特性是它们能够遍历任意类型的普通数组，因此，它们能够高效地查找静态初始化的结构体的数组。这样可以移除所有启动表的开销和销毁表的开销。而且，诸如 MISRA C++（http://www.misra-cpp.com）等编码标准都禁止或是限制了动态分配内存的数据结构的使用。因此，使用序列容器是一种能够高效地在这些环境中进行查找的解决方案。

本节中的示例代码使用了如下定义的结构体：

```
struct kv { // (键,值)对
    char const* key;
    unsigned    value; // 可以是任何类型
};
```

由这些键值对构成的静态数组的定义如下：

```
kv names[] = {// 以字母顺序排序
    { "alpha",   1 },  { "bravo",    2 },
    { "charlie", 3 },  { "delta",    4 },
    { "echo",    5 },  { "foxtrot",  6 },
    { "golf",    7 },  { "hotel",    8 },
    { "india",   9 },  { "juliet",  10 },
    { "kilo",   11 },  { "lima",    12 },
    { "mike",   13 },  { "november",14 },
    { "oscar",  15 },  { "papa",    16 },
    { "quebec", 17 },  { "romeo",   18 },
    { "sierra", 19 },  { "tango",   20 },
    { "uniform",21 },  { "victor",  22 },
    { "whiskey",23 },  { "x-ray",   24 },
    { "yankee", 25 },  { "zulu",    26 }
};
```

names 数组的初始化是静态集合初始化。C++ 编译器会在编译时为 C 风格的结构体创建初始化数据。创建这样的数组不会有任何运行时开销。

我们通过在这张小型表中查找 26 个键和 27 个不存在于表中的字符串来测量这些算法。为了得到可测量的时间，我们会重复 100 万次这 53 次查找。这个测试与上一节中对 std::map 进行的测试是相同的。

标准库容器类提供了 begin() 和 end() 成员函数，这样程序就能够得到一个指向待查找范围的迭代器。C 风格的数组更加简单，通常没有提供这些函数。不过，我们可以通过用一点模板"魔法"提供类型安全的模板函数来实现这个需求。由于它们接收一个数组类型作为参数，数组并不会像通常那样退化为一个指针：

```
// 得到C风格数组的大小和起始或终止位置
template <typename T, int N> size_t size(T (&a)[N]) {
    return N;
}
template <typename T, int N> T* begin(T (&a)[N]) {
    return &a[0];
```

```
    }
    template <typename T, int N> T* end(T (&a)[N]) {
        return &a[N];
    }
```

在 C++11 中，我们可以在头文件中的命名空间 std 中，找到使用相同的模板"魔法"实现的更复杂的 begin() 和 end() 的定义。包含任何一个标准库容器类头文件时，都会包含这个头文件。Visual Studio 2010 预见到了这个标准，提前提供了这些定义。不幸的是，size() 直到 C++14 才被纳入标准，因此该方法并没有出现在 Visual Studio 2010 中，但我们很容易提供一个简单的等效函数。

9.4.2　std::find()：功能如其名，$O(n)$时间开销

在标准库 \<algorithm\> 头文件中如下定义了一个模板函数 find()：

```
    template <class It, class T> It find(It first, It last, const T& key)
```

find() 是一个简单的线性查找算法。线性查找是最通用的查找方式。它不需要待查找的数据已经排序完成，只需要能够比较两个键是否相等即可。

find() 返回指向序列容器中第一条与待查找的键相等的元素的迭代器。迭代器参数 first 和 last 限定了待查找的范围，其中 last 指向待查找数据的末尾的后一个元素。first 和 last 的类型是通过模板参数 It 指定的，这取决于 find() 要遍历的数据结构的类型。find() 的用法示例如代码清单 9-4 所示。

代码清单 9-4　使用 std::find() 进行线性查找

```
    kv* result=std::find(std::begin(names), std::end(names), key);
```

在这段示例代码中，names 是待查找的数组的名字。key 是要查找的关键字，它会与每条 kv 元素进行比较。要想进行比较操作，必须在 find() 被实例化的作用域内定义用于比较关键字的函数。该函数会告诉 std::find() 在进行比较时所需知道的一切信息。C++ 允许为各种类型的一对值重载等号运算符 bool operator==(v1,v2)。如果键是一个指向 char 的指针，那么所需的比较关键字的函数就是：

```
    bool operator==(kv const& n1, char const* key) {
        return strcmp(n1.key, key) == 0;
    }
```

使用 std::find() 在有 26 个元素的表中查找键的性能测试结果是耗时 1425 毫秒。

find() 函数的一种变化形式是 find_if()，它接收比较函数作为第四个参数。这里开发人员不用在 find() 的作用域中定义 operator==()，而是可以编写一个 lambda 表达式作为比较函数。lambda 表达式只接收一个参数——要进行比较的表元素。因此，lambda 表达式必须从环境中捕捉键值。

9.4.3　std::binary_search()：不返回值

二分查找一种常用的分而治之的策略，在 C++ 标准库中，有几种不同的算法都使用了它。

但是出于某些原因，binary_search 这个名字却被用于另外一种不常用的查找算法。

标准库算法 binary_search() 返回一个 bool 值，表示键是否存在于有序表中。非常奇怪的是，标准库却没有提供配套的返回匹配的表元素的函数。因此，find() 和 binary_search() 虽然从名字上看都像是我们要找的解决方法，但其实不然。

如果程序只是想知道一个元素是否存在于表中，而不是找到它的值，那么我们可以使用 binary_search()。使用 std::binary_search() 的性能测试结果是 972 毫秒。

9.4.4 使用std::equal_range()的二分查找

如果序列容器是有序的，那么开发人员能够从 C++ 标准库提供的零零散散的函数中组合出一个高效的查找函数。

不幸的是，这些零零散散的函数的名字都难以使人联想起二分查找。

在 C++ 标准库的 <algorithm> 头文件中有一个模板函数 std::equal_range()，它的定义如下：

```
template <class ForwardIt, class T>
    std::pair<ForwardIt,ForwardIt>
        equal_range(ForwardIt first, ForwardIt last, const T& value);
```

equal_range() 会返回一对迭代器，它们确定的是范围是有序序列中包含要查找的元素的子序列 [first, last)。如果没有找到元素，equal_range() 会返回一对指向相等值的迭代器，这表示这个范围是空的。如果返回的两个迭代器不等，表示至少找到了一条元素。由于在示例问题中只能找到一个元素，因此第一个迭代器所指向的就是找到的元素。在代码清单 9-5 中，如果找到了元素，就将 result 设置为指向找到的表元素的迭代器，否则设置就将 result 设置为指向表的末尾的迭代器。

代码清单 9-5 使用 std::equal_range() 的二分查找

```
auto res = std::equal_range(std::begin(names),
                            std::end(names),
                            key);
kv* result = (res.first == res.second)
            ? std::end(names)
            : res.first;
```

对相同的表使用 equal_range() 进行查找的测量结果是 1810 毫秒。这让人很失望，因为这个结果比在相同大小的表中进行线性查找更慢。不过，至少我们知道了 equal_range() 并非是二分查找函数的最佳选择。

9.4.5 使用std::lower_bound()的二分查找

尽管 equal_range() 所承诺的时间开销是 $O(\log_2 n)$，但除了表查找以外，它还有其他不必要的功能。equal_range() 的一种可能实现方式看起来像下面这样：

```
template <class It, class T>
    std::pair<It,It>
        equal_range(It first, It last, const T& value) {
```

```
    return std::make_pair(std::lower_bound(first, last, value),
                          std::upper_bound(first, last, value));
}
```

upper_bound() 会在表中第二次分而治之来查找要返回的范围的末尾，这是因为 equal_range() 需要足够通用，能够适用于任何存在一个键对应多个值的有序序列。但是在本例中的表中，这个范围要么包含一个元素要么不包含任何元素。如代码清单 9-6 所示，其实我们可以使用 lower_bound() 和一次额外的比较运算来进行查找就足够了。

代码清单 9-6　使用 std::lower_bound() 进行二分查找

```
    kv* result = std::lower_bound(std::begin(names),
                                  std::end(names),
                                  key);
    if (result != std::end(names) && key < *result.key)
        result = std::end(names);
```

在这个例子中，std::lower_bound() 返回一个指向表中键大于等于 key 的第一个元素的迭代器。如果表中所有元素的键都小于 key，那么它会返回一个指向表末尾的迭代器。它也可能会返回一条大于 key 的元素。如果最后一条 if 语句中的所有条件都是 true，那么 result 会被设置为指向表末尾的迭代器；否则，它会返回键等于 key 的元素。

对使用这段代码查找表所进行的性能测试的结果是 973 毫秒，比使用 std::equal_range() 的版本快了 86%，令人满意。这种方法令人期待，因为它所进行的工作几乎只有之前版本的一半。

使用 std::lower_bound() 进行查找的性能与使用 std::map 的最佳实现方式的性能旗鼓相当，而且它还有一个额外的优势，那就是构造或是销毁静态表是没有任何开销的。std::binary_search() 函数版的测试结果也是 973 毫秒，不过它只返回 Boolean 型的结果。看起来这是我们使用 C++ 标准库算法所能达到的性能极限了。

9.4.6　自己编写二分查找法

我们可以自己编写二分查找法，使其所接收的参数与标准库函数相同。标准库算法都使用一个单独的排序函数——< 运算符，这样就可以对外只提供最小的接口。由于这些函数最终都需要确定是否存在与某个键相匹配的一条元素，因此最后它们都会进行一次比较，而我们可以以将 a == b 定义为 !(a < b) && !(b < a)。

我们将初始表的取值的连续范围值定义为 [start，end)。在每一步查找中，函数（代码清单 9-7）都会计算取值范围的中间位置，并将键与中间位置的元素进行比较。这种方法可以高效地将表的取值范围分为两部分——[start, mid+1) 和 [mid+1, stop)。

代码清单 9-7　使用 < 进行比较来自己编写二分查找

```
    kv* find_binary_lessthan(kv* start, kv* end, char const* key) {
        kv* stop = end;
        while (start < stop) {
            auto mid = start + (stop-start)/2;
            if (*mid < key) {// 查找右半部分[mid+1,stop)
                start = mid + 1;
            }
```

```
        else {// 查找左半部分[start,mid)
            stop = mid;
        }
    }
    return (start == end || key < *start) ? end : start;
}
```

对这个版本的二分查找进行的性能测试的结果是 968 毫秒，与之前使用 std::lower_bound() 的版本的性能几乎相同。

9.4.7 使用strcmp()自己编写二分查找法

如果注意到 < 运算符可以用 strcmp() 替换，那么还可以进一步提高性能。与 < 运算符一样，strcmp() 也会对两个键进行比较，但是 strcmp() 的输出结果包含的信息更多：如果第一个键小于、等于、大于第二个键，那么其返回结果就小于、等于、大于 0。代码清单 9-8 展示了修改后的代码，它看起来就像是用 C 语言编写的一样。

在 while 循环的每次迭代中，被查找的序列都是 [start,stop)。在每一步中，mid 都会被设置为被查找序列的中间位置。strcmp() 的返回值不是将序列分为两部分，而是分为三部分：[start,mid)、[mid,mid+1) 和 [mid+1,stop)。如果 mid->key 大于要查找的键，我们就可以知道键肯定在序列中最左侧的 mid 之前的部分中。如果 mid->key 小于要查找的键，那么我们知道键肯定在序列中最右侧的以 mid+1 开头的部分中。如果 mid->key 等于要查找的键，循环终止。if/else 逻辑会先进行可能性更大的比较操作来改善性能。

代码清单 9-8 使用 strcmp() 自己编写二分查找

```
kv* find_binary_3(kv* start, kv* end, char const* key) {
    auto stop = end;
    while (start < stop) {
        auto mid = start + (stop-start)/2;
        auto rc = strcmp(mid->key, key);
        if (rc > 0) {
            stop = mid;
        }
        else if (rc < 0) {
            start = mid + 1;
        }
        else {
            return mid;
        }
    }
    return end;
}
```

这个版本的二分查找的性能测试结果是 771 毫秒，它比基于标准库的最佳版本的二分查找快了近 26%。

9.5 优化键值对散列表中的查找

在上一节中，我们看到了对某种表数据结构改变算法后能够提高查找效率。在本节中，我将会测试另外一种表数据结构和算法：散列表。

散列表这个想法大致是这样的：无论键是什么类型，它都可以被一个散列函数归约为一个整数散列值。接着我们使用这个散列值作为数组索引，让它直接指向表中的元素。这样如果某条表元素匹配键，那么就查找到了结果。如果总是可以通过散列值直接找到表元素，那么访问散列表的时间是常量时间。唯一的开销是产生这个散列值的开销。与线性查找一样，散列并不需要键之间具有排序关系，而只需要一种方法来比较键的相等性。

寻找高效的散列函数是实现散列表时的一个复杂环节。一个含有 10 个字符的字符串所包含的位数可能会比一个 32 位整数所包含的位数多。因此，可能存在多个字符串具有相同索引值的情况。我们必须提供一种机制来应对这种**冲突**。散列表中的每条元素都可能是散列到某个索引值的元素列表中的第一个元素。或者，可以寻找相邻索引值来查找匹配的元素，直到遇到一个空索引为止。

另外一个问题是，对于表中的所有有效键，散列函数可能都不会产生某个索引值，导致在散列表中会存在未使用的空间。这使得散列表可能会比保存相同元素的有序数组大。

一个糟糕的散列函数或是一组不太走运的键可能会导致许多键散列到相同的索引值上。这样，散列表的性能会降到 $O(n)$，使得相比于线性查找它没有任何优势。

一个优秀的散列函数所计算出的数组索引不会与键的各个位的值紧密相关。随机数生成器和密码编码器非常适合实现这个目标。但是如果散列函数的计算开销非常大，那么除非表非常大，否则相比于二分查找它没有任何优势。

多年来，找到更好的散列函数已经成为了计算机科学家们的消遣。在 Stack Exchange （http://programmers.stackexchange.com/questions/49550/which-hashing-algorithm-is-best-for-uniqueness-and-speed）上的 Q&A 中，提供了几种流行的散列函数的性能数据和参考链接。试图优化散列表代码的开发人员应当知道相关研究已经非常透彻了，从这里得不到太大的性能提升。

C++ 定义了一个称为 std::hash 的标准散列函数对象。std::hash 是一个模板，为整数、浮点数据、指针和 std::string 都提供了特化实现。同样适用于指针的未特化的 std::hash 的定义会将散列类型转换为 size_t，然后随机设置它的各个位的值。

9.5.1 使用 std::unordered_map 进行散列

在 C++11 中，标准头文件 <unordered_map> 提供了一个散列表。Visual Studio 2010 预料到了这个标准并提供了该头文件。不过，std::unordered_map 无法与上一节示例程序中自己编写的静态表一起使用。我们必须将元素插入到散列表中，这会增加构建散列表的性能开销。使用 std::unordered_map 创建散列表和插入元素的示例代码如代码清单 9-9 所示。

```
std::unordered_map<std::string, unsigned> table;
for (auto it = names; it != names+namesize; ++it)
    table[it->key] = it->value;
```

std::unordered_map 使用的默认散列函数是模板函数对象 std::hash。由于该模板为 std::string 提供了特化实现，因此我们无需显式地提供散列函数。

当所有元素都被插入到表中后，就可以如下这样进行查找了：

```
auto it = table.find(key);
```

it 是一个迭代器，它要么指向一条匹配元素，要么指向 table.end()。

以 std::string 为键的 std::unordered_map 会使用 map 模板的所有默认值来实现简单性和可观的性能。对 std::unordered_map 进行性能测试的结果是耗时 1725 毫秒，其中不包括构造表的时间。这比以 string 为键的 std::map 快了 56%，但是并非一个非常理想的结果。大家都在炒作 std::unordered_map 在散列性能上战胜了 std::map，但实际的测试结果却令人吃惊和失望。

9.5.2 对固定长度字符数组的键进行散列

9.3.1 节中那个简单的固定长度字符数组模板类 charbuf 也可以与散列表一起使用。下面这个模板继承了 charbuf，提供了对字符串进行散列的方法以及在发生冲突的情况下可以比较键的 == 运算符：

```
template <unsigned N=10, typename T=char> struct charbuf {
    charbuf();
    charbuf(charbuf const& cb);
    charbuf(T const* p);
    charbuf& operator=(charbuf const& rhs);
    charbuf& operator=(T const* rhs);

    operator size_t() const;

    bool operator==(charbuf const& that) const;
    bool operator<(charbuf const& that) const;
private:
    T data_[N];
};
```

散列函数是运算符 size_t()。这有一点不直观，还有一点不纯净。std::hash() 的默认特化实现会将参数转换为 size_t。对于指针，通常情况下这只会转换指针的各个位，但是如果是 charbuf&，那么 charbuf 的 size_t() 运算符会被调用，它会返回散列值作为 size_t。当然，由于 size_t() 运算符被劫持了，它无法再返回 charbuf 的长度。现在，表达式 sizeof(charbuf) 返回的是一个容易让人误解的值。使用 charbuf 的散列表的声明语句如下：

```
std::unordered_map<charbuf<>, unsigned> table;
```

这个散列表的性能让人失望。对这个散列表进行 53 次查找的性能测试的结果是 2277 毫秒，甚至比以 std::string 为键的散列表或 map 更差。

9.5.3　以空字符结尾的字符串为键进行散列

这些事必须很巧妙地完成，否则会有损咒语。

——邪恶的西方女巫（玛格丽特·汉密尔顿）在考虑如何移除
多萝西脚上的红宝石鞋子时如是说，《绿野仙踪》，1939

如果能够用如 C++ 字符串字面常量这样的存储期很长的以空字符结尾的字符串来初始化散列表，那么就可以用指向这些字符串的指针来构造基于散列值的键值对表。以 char* 为键配合 std::unordered_map 一起使用是一座值得挖掘的性能金矿。

std::unordered_map 的完整定义是：

```
template<
    typename Key,
    typename Value,
    typename Hash = std::hash<Key>,
    typename KeyEqual = std::equal_to<Key>,
    typename Allocator = std::allocator<std::pair<const Key, Value>>
> class unordered_map;
```

Hash 是用于计算 Key 的散列值的函数的函数对象或是函数指针的类型声明。KeyEqual 是通过比较两个键的实例是否相等来解决散列冲突的函数的函数对象或是函数指针的类型声明。

如果 Key 是一个指针，那么 Hash 具有良好的定义。程序编译不会出错，而且看起来也能运行（我初次进行性能测试时得到了一个非常棒的测试结果，并且让我误认为完成了测试）。但程序其实是错误的。std::hash 会生成指针的值的散列值，而不是指针所指向的字符串的散列值。如果测试程序是从字符串数组初始化表，然后测试每个字符串是否能被找到，那么指向测试键的指针与指向初始化表的键的指针是同一个指针，因此程序看起来似乎可以正常工作。不过，如果在测试时使用用户另外输入的相同的字符串作为测试键，那么测试结果会是字符串并不在表中，因为指向测试字符串的指针与指向初始化表的键的指针不同。

我们可以通过提供一个非默认的散列函数替代模板的第三个参数的默认值来解决这个问题。就像对于 map，这个参数可以是一个函数对象、lambda 表达式声明或是非成员函数指针：

```
struct hash_c_string {
    void hash_combine(size_t& seed, T const& v) {
        seed ^= v + 0x9e3779b9 + (seed << 6) + (seed >> 2);
    }

    std::size_t operator() (char const* p) const {
        size_t hash = 0;
        for (; *p; ++p)
            hash_combine(hash, *p);
        return hash;
    }
};

// 这种解决方法是不完整的,理由请往下看
std::unordered_map<char const*, unsigned, hash_c_string> table;
```

这里我用到了 Boost 中的散列函数。如果标准库的实现符合 C++14 或是以后的标准，那么你也可以在标准库实现中找到这个函数。可惜的是，Visual Studio 2010 没有提供这个函数。

尽管这段代码没有编译错误，而且编译后的程序在小型表上也可以正常工作，但通过仔细地测试，我发现这段代码仍然是错误的。问题出在 std::unordered_map 模板的第四个参数 KeyEqual 上。这个参数的默认值是 std::equal_to，一个使用 == 比较两个运算对象的函数对象。虽然指针定义了 == 运算符，但它比较的是指针在计算机内存空间中的顺序，而不是指针所指向的字符串。

当然，解决方式是提供另外一个非默认的函数对象替代 KeyEqual 模板参数。完整的解决方案代码如代码清单 9-10 所示。

代码清单 9-10 以空字符结尾的字符串为键的 std::unordered_map

```
struct hash_c_string {
    void hash_combine(size_t& seed, T const& v) {
        seed ^= v + 0x9e3779b9 + (seed << 6) + (seed >> 2);
    }

    std::size_t operator() (char const* p) const {
        size_t hash = 0;
        for (; *p; ++p)
            hash_combine(hash, *p);
        return hash;
    }
};

struct comp_c_string {
    bool operator()(char const* p1, char const* p2) const {
        return strcmp(p1,p2) == 0;
    }
};

std::unordered_map<
    char const*,
    unsigned,
    hash_c_string,
    comp_c_string
> table;
```

这个版本的键值对表是以 char* 为键的 std::unordered_map，对它进行的性能测试的结果是 993 毫秒。这比基于 std::string 的散列表快了 73%，但比基于 char* 和 std::map 的最佳实现只快了 9%。而且它比使用 std::lower_bound 在存储键值对元素的简单静态数组上进行二分查找的算法要慢。这可不是多年的炒作所让我期待的结果。（在 10.8 节中我们将看到，大型散列表比基于二分查找的查找算法有更大的优势。）

9.5.4 用自定义的散列表进行散列

要想适用于所有键，那么散列函数就必须足够通用。如果能够像示例程序中那样提前知道表中的键值，那么一个非常简单的散列函数可能就足够了。

在创建表时，对于给定的一组键不会产生冲突的散列称为**完美散列**。能够创建出无多余空间的表的散列称为**最小散列**。散列函数的"圣杯"是能够创建出无冲突、无多余空间的表的**最小完美散列**。当键的数量相当有限时，容易创建完美散列，甚至是完美最小散列。这时，散列函数可以尝试通过首字母（或是前两个字母）、字母和以及键长来计算散列值。

在本节的示例表中，26 条有效元素的首字母各不相同，而且它们是有序的，因此基于首字母的散列就是一个完美的最小散列。而且这与无效键的散列值无关，因为它们会与有效键的散列值进行比较，而结果肯定是不相等。

代码清单 9-11 展示了一个在实现上与 std::unordered_map 类似的简单的自定义散列表。

代码清单 9-11　基于示例表的完美最小散列表

```
unsigned hash(char const* key) {
    if (key[0] < 'a' || key[0] > 'z')
        return 0;
    return (key[0]-'a');
}

kv* find_hash(kv* first, kv* last, char const* key) {
    unsigned i = hash(key);
    return strcmp(first[i].key, key) ? last : first + i;
}
```

hash() 会将 key 的首字母映射到 26 条表元素之一，因此对 26 求余。这里采用了一种保守编程方式，以防止当键是"@#$%"这样的字符串时程序会访问未定义的存储空间。

对 find_hash() 进行的性能测试的结果是 253 毫秒，这个结果非常出色。

尽管这个简单的散列函数能够适用于示例表真的是非常幸运，但我们并没有人为地改动这个表来实现高性能。最小完美散列函数通常都是很简单的函数。在互联网上有些论文讨论了在小型关键字集合上自动生成完美最小散列函数的各种方法。GNU 计划（还有其他项目）构建了一个称为 gperf（http://www.gnu.org/software/gperf/）的命令行工具，它所生成的完美散列函数通常也是最小散列函数。

9.6　斯特潘诺夫[3]的抽象惩罚

我所进行的性能测试是查找 26 个有效表元素和 27 个无效表元素。这创建了一种平均性能。线性查找在查找存在于表中的键时性能相对来说更好，因为线性查找一旦匹配到待查找的元素后会立即结束。二分查找则无论待查找的键是否在表中，进行比较的次数几乎都是相同的。

表 9-1 汇总了各种查找算法的性能测试结果。

注 3：亚历山大·斯特潘诺夫（Alexander Stepanov），STL（标准模板库）之父，并因此而荣获第一届 Dr. Dobb's 程序设计杰出奖，现在是 Adobe 公司首席科学家。他曾是康柏电脑公司的副总裁和首席科学家，AT&T 实验室副总裁和首席架构师，SGI 服务和超级计算机业务首席技术官。

表9-1：查找算法的性能测试结果总结

	VS2010正式版，i7, 1毫秒迭代	较上一个版本提高的百分比	较上一个种类提高的百分比
map<string>	2307 毫秒		
map<char*> 非成员函数	1453 毫秒	59%	59%
map<char*> 函数对象	820 毫秒	77%	181%
map<char*> lambda	820 毫秒	0%	181%
std::find()	1425 毫秒		
std::equal_range()	1806 毫秒		
std::lower_bound	973 毫秒	53%	86%
find_binary_3way()	771 毫秒	26%	134%
std::unordered_map()	509 毫秒		
find_hash()	195 毫秒	161%	161%

如我所料，二分查找比线性查找更快，散列查找比二分查找更快。

C++ 标准库提供了一组直接可用且经过调试的算法和数据结构，它们能够适用于许多情况。C++ 标准定义了最差情况下的大 O 时间开销，来证明这些算法和数据结构是能够被广泛地使用的。

但是使用标准库的这种极其强大和通用的机制是有开销的。即使标准库算法具有优秀的性能，它也往往无法与最佳手工编码的算法匹敌。这可能是因为模板代码中的缺点或是编译器设计中的缺点，抑或是因为标准库代码需要能够工作于通用情况下（如只使用 < 函数运算符，且不使用 strcmp()）。这种开销可能会导致开发人员不得不自己去编写那些确实非常重要的查找算法。

这个存在于标准算法和手工编写的优秀算法之间的鸿沟被称为"斯特潘诺夫的抽象惩罚"，它是以亚历山大·斯特潘诺夫的名字命名的。在亚历山大·斯特潘诺夫设计出了初始版本的标准库算法和容器类后，一度没有编译器能够编译它们。相对于手动编码的解决方案，斯特潘诺夫的抽象惩罚是通用解决方案无法避免的开销，它也是使用 C++ 标准库算法这样的能够提高生产力的工具的代价。这并非一件坏事，但却是当开发人员需要提高程序性能时必须注意的事情。

9.7　使用C++标准库优化排序

在能够使用分而治之算法高效地进行查找之前，我们必须先对序列容器排序。C++ 标准库提供了两种能够高效地对序列容器进行排序的标准算法——std::sort() 和 std::stable_sort()。

尽管 C++ 标准并没有明确指定使用了哪种排序算法，但它的定义允许使用快速排序的某个变种实现 std::sort 以及可以使用归并排序实现 std::stable_sort()。C++03 要求 std::sort 的平均性能达到 $O(n \log_2 n)$。符合 C++03 标准的实现方式通常都会用快速排序实现 std::sort，而且通常都会使用一些择中技巧来降低快速排序发生最差情况的 $O(n^2)$ 时间开销的几率。C++11 要求最差情况性能为 $O(n \log_2 n)$。符合 C++11 标准的实现通常都是

Timsort 或内省排序等混合排序。

std::stable_sort() 通常都是归并排序的变种。C++ 标准中的措辞比较奇怪，它指出如果能够分配足够的额外内存，那么 std::stable_sort() 的时间开销是 $O(n \log_2 n)$，否则它的时间开销是 $O(n (\log_2 n)^2)$。如果递归深度不是太深，典型的实现方式是使用归并排序；而如果递归深度太深，那么典型的实现方式是堆排序。

稳定排序（stable sort）的价值是程序能够按照若干个条件（例如首先是姓，接着是名）对某个范围内的记录进行排序，并先将记录按照第二个条件进行排序，然后在这个基础上按照第一个条件排序（如首先是对名字排序，接着是在名字的基础上对姓氏排序）。只有稳定排序具有这个特性。这个额外的特性证明有两种排序是合理的。

表 9-2 展示了我对存储在 std::vector 中的 100 000 个随机生成的键值对记录进行排序的性能测试结果。我发现了一个有趣的结论，那就是 std::stable_sort() 的性能实际上比 std::sort() 更好。我还对已经排序完成的表进行了一项排序测试。我会在第 10 章中讨论对不同数据结构的排序。

表9-2：排序性能测试结果总结

std::vector，100 000个元素，VS2010正式版，i7	时间
std::sort() vector	18.61 毫秒
std::sort() 已排序的 vector	3.77 毫秒
std::stable_sort()	16.08 毫秒
std::stable_sort() 已排序	5.01 毫秒

序列容器 std::list 只提供了双向迭代器。因此，在一个 list 上，std::sort() 的时间开销是 $O(n^2)$。std::list 提供了一个具有 $O(n \log_2 n)$ 时间开销的成员函数 sort()。

有序关联容器会维持它们内部的数据的顺序，因此没有必要对它们排序。无序关联容器也会维持它们内部的数据的顺序，但是这个顺序对用户没有任何意义。我们无法对它们排序。

C++ 标准库 <algorithm> 头文件包含各种排序算法，我们可以使用这些算法为那些具有额外特殊属性的输入数据定制更加复杂的排序。

- std::heap_sort 将一个具有堆属性的范围转换为一个有序范围。heap_sort 不是稳定排序。
- std::partition 会执行快速排序的基本操作。
- std::merge 会执行归并排序的基本操作。
- 各种序列容器的 insert 成员函数会执行插入排序的基本操作。

9.8　小结

- C++ 的混合特性为我们提供了多种实现方式，一方面我们可以实现性能管理的全自动化，另一方面也可以对性能逐渐地进行精准控制。正是这些选择方式使得我们可以优化 C++ 程序以满足性能需求。

- 在大多数活动中都会有足够多的组件值得优化，而试图在脑海中记住它们是不可靠的。好记性不如烂笔头，将它们记录在纸上更好。
- 在一项查找一个有 26 个键的表的性能测试中，以字符串为键的 std::unordered_map 只比以字符串为键的 std::map 快了 52%。大家都在炒作 std::unordered_map 在散列性能上战胜了 std::map，但实际的测试结果却令人吃惊。
- 斯特潘诺夫的抽象惩罚是使用 C++ 标准库算法这样的能够提高生产力的工具的代价。

第10章

优化数据结构

美好的事物总能带来无尽的欢愉。

——约翰·济慈（1818）

如果你以前从未对 C++ 标准库的容器类（前身是标准模板库，简称 STL）感到惊奇，也许现在你会感到惊奇。在 1994 年它被引入 C++ 标准草案中时，**斯特潘诺夫的标准模板库曾经是第一个可复用的高效容器和算法库**。在 STL 之前，每个项目都会定义自己的链表和二分查找树实现，可能也会改写其他人的代码。C 语言就没有这么幸运了。标准库容器出现后，许多程序员可以直接从标准库在过去 20 年中积累的众多容器中选择一个使用，而不必自己再编写算法和数据结构类。

10.1　理解标准库容器

我们有充足的理由喜欢上 C++ 标准库容器，例如统一的命名，以及用于遍历容器的迭代器在概念上的一致性。但是对于性能优化而言，有些特性格外重要，包括：

- 对于插入和删除操作的性能开销的大 O 标记的性能保证
- 向序列容器中添加元素具有分摊常时性能开销
- 具有精准地掌控容器的动态内存分配的能力

C++ 标准库中的各种容器尽管在实现上明显不同，但是它们看起来都非常相似，可能会让人误以为它们之间可以互相替代。但其实这只是错觉。标准库容器已经有很长的历史了。如同 C++ 中的其他部分一样，标准库容器之间已经变得互相独立了，接口只有部分是重叠的。不同容器的相同操作的大 O 标记的性能是不同的。最重要的是，不同容器之间的一些同名成员函数的语义也是不同的。开发人员只有详细地掌握各个容器类才能理解如何最优地使用它们。

10.1.1　序列容器

序列容器 std::string、std::vector、std::deque、std::list 和 std::forward_list 中元素的顺序与它们被插入的顺序相同。因此，每个容器都有一头一尾。所有的序列容器都能够插入元素。除了 std::forward_list 外，所有的序列容器都有一个具有常量时间性能开销的成员函数能够将元素推入至序列容器的末尾。不过，只有 std::deque、std::list 和 std::forward_list 能够高效地将元素推入至序列容器的头部。

std::string、std::vector 和 std::deque 中元素的索引是从 0 到 size−1，我们能够通过下标快速地访问这些元素。std::list 和 std::forward_list 则不同，它们没有下标运算符。

std::string、std::vector 和 std::deque 都是基于一个类似数组的内部骨架构建而成的。当一个新元素被插入时，之前被插入的所有元素都会被移动到数组中的下一个位置，因此在非末尾处插入元素的时间开销是 $O(n)$，其中 n 是容器中元素的数量。当一个新元素被插入时，这个内部数组可能会被重新分配，导致所有的迭代器和指针失效。相比之下，在 std::list 和 std::forward_list 中，只有指向那些从链表中被移除的元素的迭代器和指针才会失效。我们甚至可以在保持迭代器不失效的情况下，拼接或是合并两个 std::list 或 std::forward_list 的实例。如果有一个迭代器已经指向插入位置了，那么在 std::list 和 std::forward_list 的中间插入元素的时间开销是常量时间。

10.1.2　关联容器

所有的**关联容器**都会按照元素的某种属性上的顺序关系，而不是按照插入的顺序来保存元素。所有关联容器都提供了高效、具有次线性时间开销的方法来访问存储在它们中的元素。

map 和 set 代表了不同的接口。map 能够保存一组独立定义的键与值，因而它提供了一种高效的从键到值的映射。set 能够有序地存储唯一值，高效地测试值是否存在于 set 中的方法。multimaps 与 map 的唯一不同（类似地，multisets 与 set 也不同）是它允许插入多个相等的元素。

就实现上而言，一共有四种**有序关联容器**：std::map、std::multimap、std::set 和 std::multiset。有序关联容器要求必须对键（std::map）或是元素自身（std::set）定义能够对它们进行排序的 operator<() 等。有序关联容器的实现是平衡二叉树，因此我们无需对有序关联容器进行排序。遍历它们时会按照排序关系的顺序访问它们中的元素。插入或是移除元素的分摊开销是 $O(\log_2 n)$，其中 n 是容器中元素的数量。

尽管 map 和 set 可能会有不同的实现，但是在实践中，所有的四种关联容器都是基于相同的平衡二叉树数据结构实现的，不过它们具有独立的"外观"。至少对于我使用过的编译器确实是这样的。因此我不会分别展示 multimap、set 和 multiset 的性能测量结果。

C++11 又给我们带来了四种**无序关联容器**：std::unordered_map、std::unordered_multimap、std::unordered_set 和 std::unordered_multiset。这些容器早在 2010 年就出现在 Visual C++ 中了。无序关联容器只要求对键（std::unordered_map）或是元素（std::unordered_set）定义了相等关系即可。无序关联容器的实现方式是散列表。遍历无序关联容器会按照未定义的顺序访问元素。插入或是移除元素的平均时间开销是常量时间，但最差情况下的时间开销是 $O(n)$。

如果要对表执行查找操作，那么关联容器非常适合。开发人员也可以在序列容器中存储具有顺序关系的元素，然后对容器排序并进行相对高效的具有 $O(\log_2 n)$ 时间开销的查找。

10.1.3　测试标准库容器

我创建了几种类型的容器，然后分别在其中保存了 100 000 条元素，接着测量了插入、删除和访问每个元素等操作的性能。我还测量了序列容器的排序操作的时间。以上这些都是在程序中经常会对数据结构进行的操作。

元素数量已经足够多了，这样插入操作的分摊开销接近容器的渐进行为——100 000 条元素足够彻底地检查高速缓存了。这样的容器既不是一个小容器，也不是一个在实际编程中几乎不会出现的巨大容器。

从结果来看，大 O 标记性能并无法完全反映真实情况。我发现即使在两种容器中某种操作都具有 $O(1)$ 的渐进开销，有些容器仍然可能比其他容器快上许多倍。

我还发现，虽然查找操作的时间开销为 $O(1)$ 的 unordered_map 比 map 更快，但差距其实并没有我预想的那么大。而且为了达到这种性能，它所消耗的内存量非常大。

大多数容器类型都提供了多种插入元素的方法。我发现其中某个方法比其他方法快了 10%或 15%，但常常弄不清原因。

将 100 000 条元素插入到一个容器中的开销分为两部分：分配存储空间的开销，以及将构造元素复制到存储空间中的开销。对于大小固定的元素，分配存储空间的开销也是固定的，但复制构造的开销并不固定，它取决于程序是如何编写的。如果元素的复制构造函数的开销非常昂贵，那么构建容器的开销中的绝大部分都是复制开销。在这种情况下测试插入元素的性能时，所有容器的测试结果几乎都是相同的。

大多数容器类型都提供了多种遍历元素的方法。我再一次发现其中某个方法比其他方法快很多，而且我也同样弄不清原因。有趣的是，各种容器类型遍历元素的性能开销的差距比我预想的要小。

我测试了序列容器的排序开销，想看看如果替换了应用程序中查找表的容器类型会有怎样的性能影响。有些容器会在插入元素时对它们进行排序，其他容器则根本无法进行排序。

本章中的测试结果非常有趣，但是可能比较脆弱。随着容器的实现方式不断地改进，最快的方法可能会发生变化。例如，虽然 stable_sort() 总是比 sort() 更快，但我猜测在 stable_sort() 被加入到算法库中之前，sort() 才是最快的。

1. 元素数据类型

我使用键值对数据结构作为序列容器中的元素。关联容器会创建下面这个类似 std::pair 的数据结构：

```
struct kvstruct {
    char key[9];
```

```
        unsigned value; // 可以是任意类型的数据
        kvstruct(unsigned k) : value(k)
        {
            if (strcpy_s(key, stringify(k)))
                DebugBreak();
        }
        bool operator<(kvstruct const& that) const {
            return strcmp(this->key, that.key) < 0;
        }
        bool operator==(kvstruct const& that) const {
            return strcmp(this->key, that.key) == 0;
        }
    };
```

这个类的复制构造函数是由编译器生成的，但它是非平凡函数，需要从一个 kvstruct 中将内容按位复制到另外一个 kvstruct 中。与之前一样，我的目标是让复制操作和比较操作的性能开销稍微昂贵一点，来模仿实际项目中的数据结构。

键自身都是由七位数字组成的 C 风格的以空字符结尾的字符串。它们是使用 C++ 的 <random> 头文件生成的均匀随机分布的键。元素的值则与键相同，被存储为无符号整数类型。另外，我排除了其中重复的键，生成了一个保存了 100 000 个唯一值的无序的 vector。

2. 设计性能测试的注意点

即使存储了 100 000 个元素，有些容器在插入元素或是遍历元素时的开销也非常小。为了得到可以测量的总时间，我决定重复插入或是遍历操作 1000 次。但是这也带来了一个问题。每次我向容器中插入一个元素时，都需要通过删除元素来“清洗”容器，这会影响程序的整体运行时间。例如，下面这段代码测量了将一个 vector 赋值给另外一个 vector 的性能开销。它无法避免构造 random_vector 的一个新的副本然后删除它的开销：

```
{   Stopwatch sw("assign vector to vector + delete x 1000");
    std::vector<kvstruct> test_container;
    for (unsigned j = 0; j < 1000; ++j) {
        test_container = random_vector;
        std::vector<kvstruct>().swap(test_container);
    }
}
```

为了分别得到赋值和删除操作的性能开销，我编写了一个更加复杂的版本的代码，来分别累计创建新副本的时间和删除新副本的时间：

```
{   Stopwatch sw("assign vector to vector", false);
    Stopwatch::tick_t ticks;
    Stopwatch::tick_t assign_x_1000 = 0;
    Stopwatch::tick_t delete_x_1000 = 0;
    std::vector<kvstruct> test_container;
    for (unsigned j = 0; j < 1000; ++j) {
        sw.Start("");
        test_container = random_vector;
        ticks = sw.Show("");
        assign_x_1000 += ticks;
        std::vector<kvstruct>().swap(test_container);
        delete_x_1000 += sw.Stop("") - ticks;
```

```
        }
        std::cout << "    assign vector to vector x 1000: "
                  << Stopwatch::GetMs(assign_x_1000)
                  << "ms" << std::endl;
        std::cout << "    vector delete x 1000: "
                  << Stopwatch::GetMs(delete_x_1000)
                  << "ms" << std::endl;
    }
```

这段循环中的第一条语句 sw.Start("");不输出任何信息就直接启动秒表。接着下一条语句 test_container = random_vector;会消耗一些时间复制 vector。第三条语句 ticks = sw.Show("");会将 ticks 设置为到现在为止为经过的时间。

ticks 的值是多少呢？Stopwatch 的实例 sw 中的 ticks 源是 1 毫秒的时标。赋值语句所花费的时间远比 1 毫秒短，因此基本上这个值都是 0。但也并非总是如此，因为时钟与这段代码是独立的，它是一个稳定地计量着时间的硬件。因此，偶尔会发生这种情况：秒表在 1 毫秒中的第 987 微秒时开始计时，然后在赋值语句完成时，产生一次计数。在这种情况下，ticks 的值等于 1。如果赋值语句耗时 500 微秒，那么发生这种情况的几率接近 50%；但是如果赋值语句只耗时 10 微秒，那么发生这种情况的几率只有大约 1%。也就是说，只要在循环中让赋值操作反复执行足够多次，那么就可以测量到一个精确时间。

assign_x_1000 是一个用于记录赋值操作消耗的时间的变量，ticks 的值会在其中被累计。接着，语句 std::vector().swap(test_container);会删除矢量 test_container 中的内容。最后，delete_x_1000 += sw.Stop("")- ticks;会获得一个时标计数（0 或是 1），然后减去赋值操作结束时的时标计数值，并在 delete_x_1000 中累计这个差值。我测量到删除 vector 1000 次的性能开销是 111 毫秒，即每次删除操作耗时 0.111 毫秒。

现在在测试代码中，已经有了删除存储有 100 000 条元素的容器的开销了，其他的代码所消耗的时间只需要通过数学计算就可以得到了。下面这段代码是另外一个填充容器 1000 次的循环，其中也包含了删除容器的开销：

```
    {   Stopwatch sw("vector iterator insert() + delete x 1000");
        std::vector<kvstruct> test_container;
        for (unsigned j = 0; j < 1000; ++j) {
            test_container.insert(
                test_container.begin(),
                random_vector.begin(),
                random_vector.end());
            std::vector<kvstruct>().swap(test_container);
        }
    }
```

我对这段代码进行了一次测试，填充容器和删除容器 1000 次共耗时 696 毫秒。如果删除 vector 1000 次的时间如之前所测量的是 111 毫秒，那么对 insert() 的一次调用的时间就是 (696-111)/1000=0.585 毫秒。

现代 C++ 编程笔记

在 C++ 中，有一个鲜为人知的用于生成随机数的标准库——<random>。在我知道了这个库后，它就成为了我最喜爱的用于随机生成键的工具之一。例如，代码清单 10-1 展示了我为了测试容器性能而编写的生成随机字符串的代码。

代码清单 10-1 创建一个由无重复的 kvstruct 实例组成的 vector

```
# include <random>

// 创建一个由count个无重复的kvstruct实例组成的vector
void build_rnd_vector(std::vector<kvstruct>& v, unsigned count){
    std::default_random_engine e;
    std::uniform_int_distribution<unsigned> d(count, 10*count-1);
    auto randomizer = std::bind(d,e);
    std::set<unsigned> unique;
    v.clear();
    while (v.size() < count) {
        unsigned rv = randomizer();
        if (unique.insert(rv).second == true) { // 插入元素
            kvstruct keyvalue(rv);
            v.push_back(keyvalue);
        }
    }
}
```

build_rnd_vector() 中的第一行代码构造了一个随机数**生成器**，它基本上是一个随机源。第二行代码创建了一个随机数**分布器**，这是一个可以将生成器产生的随机数序列转化为符合某种概率分布的数字序列的对象。在本例中，分布是均匀的，这意味在最小值 count 到最大值 10*count-1 之间的所有的值出现的可能性都是相等的。因此，当count 是 100 000 时，分布器所提供的值的范围就是 100 000 到 999 999，即所有的值的长度都是 6 位。第三行代码会创建一个可以将生成器用作分布器参数的对象，这样调用这个对象的 operator() 就会生成一个随机数。

关于生成器的资料非常全面，而且生成器的属性也是已知的。另外还有一个称为 std::random_device 的生成器，如果有可用的真随机源，那么它就可以根据这个真随机源生成值。

分布器是这个库的强大之处。例如，下面是几种有用的分布器。

std::uniform_int_distribution<unsigned> die(1, 6);
　　如同六面骰子一样的均匀分布器，它能够以相等的概率产生 1 至 6 之间的随机数。我们可以通过第二个参数指定骰子为 4 面、20 面或 100 面。

std::binomial_distribution<unsigned> coin(1, 0.5);
　　如同硬币一样的二项分布器，它能够以相等的概率产生 0 或 1。通过调整第二个参数可以以非平均的概率产生 0 或 1。

```
std::normal_distribution<double> iq(100.0, 15.0);
```
> 如同种人口群智力水平一样的正态分布，它会返回 double 类型的值，其中三分之二
> 位于 85.0 至 115.0 之间。

除了以上这些统计分布器，我们还有泊松分布器、指数分布器可用于构建事件模拟
（也被称为测试驱动程序），以及其他几种基于种群的增量学习分布器。

10.2 std::vector与std::string

这两种数据结构的"产品手册"如下。

- 序列容器
- 插入时间：在末尾插入元素的时间开销为 $O(1)$，在其他位置插入元素的时间开销为 $O(n)$
- 索引时间：根据位置进行索引，时间开销为 $O(1)$
- 排序时间：$O(n \log_2 n)$
- 如果已排序，查找时间开销为 $O(\log_2 n)$，否则为 $O(n)$
- 当内部数组被重新分配时，迭代器和引用失效
- 迭代器从前向后或是从后向前生成元素
- 合理控制分配容量，与大小无关

历史上，std::string 曾经允许各种新奇的实现方式，但是在 C++11 中它的定义变得更加
严格。在 Visual Studio 中，它的实现方式可能是 std::vector 的一个定义了处理字符串的
成员函数的继承类。对 std::vector 的说明同样适用于 Visual Studio 的 std::string。

std::vector 是一个动态可变数组（请参见图 10-1）。数组元素都是模板类型参数 T 的实
例，它们会被复制构造到 vector 中。尽管元素的复制构造函数可能会为其成员分配内存，
但是 std::vector 对内存管理器的唯一调用只是随着元素的增加重新分配它的内部数组而
已。这种扁平数据结构使得 std::vector 异常高效。C++ 之父本贾尼·斯特劳斯特卢普建
议，除非有理由必须使用其他容器类，否则应当优先使用 std::vector。在本节中我将会
讲解这是为什么。

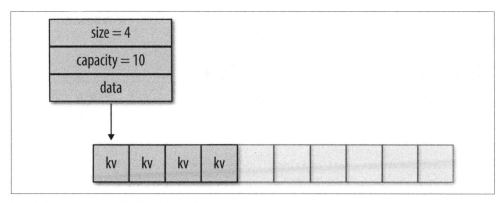

图 10-1：std::vector 可能的实现方式

从大 O 标记上看，std::vector 的许多操作都是高效的，具有常量时间开销。这些操作包括将一个新元素推入到 vector 的末尾和获得指向它的第 i 个元素的引用。得益于 vector 简单的内部结构，这些操作在绝对意义上也是非常快的。std::vector 上的迭代器是随机访问迭代器，这意味着可以在常量时间内计算两个迭代器之间的距离。这个特性使得分而治之的查找算法和排序算法对 std::vector 非常高效。

10.2.1 重新分配的性能影响

std::vector 的 size 表示当前在 vector 中有多少个元素；std::vector 的 capacity 则表示存储元素的内部存储空间有多大。当 size == capacity 时，任何插入操作都会触发一次性能开销昂贵的存储空间扩展：重新分配内部存储空间，将 vector 中的元素复制到新的存储空间中，并使所有指向旧存储空间的迭代器和引用失效。当发生重新分配时，新的 capacity 会被设置为新 size 的若干倍。它所带来的影响是插入操作的开销在整体上是常量时间，尽管有些插入操作很昂贵，但其他却不昂贵。

高效地使用 std::vector 的一个秘诀是，通过调用 void reserve(size_t n) 预留出足够多的 capacity，这样可以防止发生不必要的重新分配和复制的开销。

高效地使用 std::vector 的另外一个秘诀是，即使其中的元素被移除了，它也不会自动将内存返回给内存管理器。如果程序将 100 万个元素推入到 vector 中，接着移除了所有元素，那么 vector 仍然占用着用于保存那 100 万个元素的存储空间。当开发人员在存储空间极度有限的环境中使用 std::vector 时，必须时刻注意这一点。

std::vector 中有几个成员函数会影响它的容量，但标准是笼统的，没有做出任何保证。void clear() 会设置容器的大小为 0，但并不一定会重新分配内部存储空间来减小 vector 的容量。在 C++11 和 Visual Studio 2010 中，void shrink_to_fit() 可以提示 vector 将容量缩减至当前的大小，但并不强制进行重新分配。

要想确保在所有版本的 C++ 中都能释放 vector 的内存，可以使用以下技巧：

```
std::vector<Foo> x;
    ...
vector<Foo>().swap(x);
```

这段语句会构造一个临时的空的矢量，将它的内容与矢量 x 交换，接着删除这个临时矢量，这样内存管理器会回收所有之前属于 x 的内存。

10.2.2 std::vector中的插入与删除

有多种方法可以向 vector 中插入数据。我测试了用这些方法构造一个含有 100 000 个 kvstruct 实例的 vector 的性能开销，发现其中既有很快的方法，也有很慢的方法。

填充 vector 最快的方式是给它赋值：

```
std::vector<kvstruct> test_container, random_vector;
    ...
test_container = random_vector;
```

赋值操作非常高效，因为它知道要复制的 vector 的长度，而且只需要调用内存管理器一次来创建被赋值的 vector 的内部存储空间。使用上面的语句复制一个含有 100 000 条元素的 vector 耗时 0.445 毫秒。

如果数据是在另外一个容器中，使用 std::vector::insert() 可以将它复制到 vector 中：

```
std::vector<kvstruct> test_container, random_vector;
    ...
test_container.insert(
        test_container.end(),
        random_vector.begin(),
        random_vector.end());
```

使用上面的语句复制一个含有 100 000 条元素的 vector 耗时 0.696 毫秒。

成员函数 std::vector::push_back() 能够高效地（在常量时间内）将一个新元素插入到 vector 的尾部。由于这些元素是在另外一个 vector 中，我们有 3 种方法可以得到它们。

- 使用 vector 的迭代器：

  ```
  std::vector<kvstruct> test_container, random_vector;
      ...
  for (auto it=random_vector.begin(); it!=random_vector.end(); ++it)
      test_container.push_back(*it);
  ```

- 使用 std::vector::at() 成员函数：

  ```
  std::vector<kvstruct> test_container, random_vector;
      ...
  for (unsigned i = 0; i < nelts; ++i)
      test_container.push_back(random_vector.at(i));
  ```

- 直接使用 vector 的下标：

  ```
  std::vector<kvstruct> test_container, random_vector;
      ...
  for (unsigned i = 0; i < nelts; ++i)
      test_container.push_back(random_vector[i]);
  ```

我的测试结果是：这 3 种方法的时间开销分别是 2.26、2.05 和 1.99 毫秒，不分伯仲。不过，这个时间是简单的赋值语句所花费的时间的 6 倍。

这段代码更慢的原因是它每次只向 vector 中插入一个元素。vector 并不知道有多少个元素会被插入，因此它会不断地增大它内部的存储空间。在循环进行插入时，vector 内部的空间会发生多次重新分配，并需要将旧空间中的元素复制到新空间中。std::vector 确保了在集合中 push_back() 的性能开销是常量时间，但这不意味着它就没有开销。

开发人员可以通过预先分配一块能存储整个副本的足够大的存储空间，来提高这个循环的效率。下面这段是修改后的使用了迭代器的版本：

```
std::vector<kvstruct> test_container, random_vector;
    ...
test_container.reserve(nelts);
for (auto it=random_vector.begin(); it != random_vector.end(); ++it)
    test_container.push_back(*it);
```

这个循环的性能令人满意，达到了 0.674 毫秒。

还有其他方法能够将元素插入到 vector 中，例如，我们还可以使用另外一个版本的
insert() 成员函数：

```
std::vector<kvstruct> test_container, random_vector;
   ...
for (auto it=random_vector.begin(); it != random_vector.end(); ++it)
    test_container.insert(test_container.end(), *it);
```

看起来它的开销似乎应该与 push_back() 一样，但其实不然（在 Visual Studio 2010 上）。
所有的这三种方法（迭代器、at() 和下标）的耗时都是约 2.7 毫秒。预留足够的空间则可
以将时间缩短到 1.45 毫秒，但是这仍然无法与之前的其他方法的性能相匹敌。

最后，我们来看看 std::vector 的一个超级弱点：在前端插入元素。std::vector 并没有提
供 push_front() 成员函数，因为这个操作的时间开销会是 $O(n)$。在前端插入元素是低效
的，因为需要复制 vector 中的所有元素来为新元素腾出空间，而这确实很低效。下面这个
循环：

```
std::vector<kvstruct> test_container, random_vector;
   ...
for (auto it=random_vector.begin(); it != random_vector.end(); ++it)
    test_container.insert(test_container.begin(), *it);
```

耗时 8065 毫秒。请注意是 8065 毫秒，不是 8.065 毫秒。这个循环所花费的时间几乎是在
末尾插入元素的时间的 3000 倍。

因此，想要高效地填充一个 vector，请按照赋值、使用迭代器和 insert() 从另外一个容器
插入元素、push_back() 和使用 insert() 在末尾插入元素的优先顺序选择最高效的方法。

10.2.3　遍历 std::vector

遍历 vector 和访问其元素的开销并不大，但就像插入操作一样，不同方法的性能开销差异
显著。

有三种方法可以遍历一个 vector()：使用迭代器、使用 at() 成员函数和使用下标。如果循
环内部的处理的性能开销很昂贵，那么各种遍历方法之间的性能差异就没有那么明显了。
不过，通常开发人员都只会对每个元素进行简单快速的处理。在本例中，循环将会累计值，
这个操作所花费的时间微不足道（同时这也可以防止编译器将整个循环优化为无操作）：

```
std::vector<kvstruct> test_container;
   ...
unsigned sum = 0;
for (auto it=test_container.begin(); it!=test_container.end(); ++it)
    sum += it->value;

std::vector<kvstruct> test_container;
   ...
unsigned sum = 0;
for (unsigned i = 0; i < nelts; ++i)
    sum += test_container.at(i).value;
std::vector<kvstruct> test_container;
   ...
```

```
unsigned sum = 0;
for (unsigned i = 0; i < nelts; ++i)
    sum += test_container[i].value;
```

开发人员可能会误以为这些循环的性能开销几乎相同，但事实并非如此。迭代器版本耗时
0.236 毫秒；使用 at() 函数的版本性能稍好，耗时 0.230 毫秒；但与插入操作一样，下标
版本更加高效，只需 0.129 毫秒。在 Visual Studio 2010 中，下标版本快了 83%。

10.2.4　对 std::vector 排序

在使用二分查找法查找元素前，可以先对 vector 进行一次高效的排序。C++ 标准库有两种
排序算法——std::sort() 和 std::stable_sort()。如果像 std::vector 一样，容器的迭代
器是随机访问迭代器，那么两种算法的时间开销都是 $O(n \log_2 n)$，而且它们在有序数据上
的排序速度更快。我们可以编写下面这段简短的程序来完成排序：

```
std::vector<kvstruct> sorted_container, random_vector;
    ...
sorted_container = random_vector;
std::sort(sorted_container.begin(), sorted_container.end());
```

各种排序方法的测试结果请参见表 10-1。

表10-1：对一个含有100 000条元素的vector进行排序的性能开销

std::vector	VS2010正式版，i7，100 000个元素
std::sort() vector	18.61 毫秒
std::sort() 已排序的 vector	3.77 毫秒
std::stable_sort() vector	16.08 毫秒
std::stable_sort() 已排序	5.01 毫秒

10.2.5　查找 std::vector

下面这段程序会在 sorted_container 中查找保存在 random_vector 中的所有键：

```
std::vector<kvstruct> sorted_container, random_vector;
    ...
for (auto it=random_vector.begin(); it!=random_vector.end(); ++it) {
    kp = std::lower_bound(
                sorted_container.begin(),
                sorted_container.end(),
                *it);
    if (kp != sorted_container.end() && *it < *kp)
        kp = sorted_container.end();
}
```

这段程序在有序 vector 中查找 100 000 个键耗时 28.92 毫秒。

10.3　std::deque

deque 的"产品手册"如下。

- 序列容器
- 插入时间：在末尾插入元素的时间开销为 $O(1)$，在其他位置插入元素的时间开销为 $O(n)$
- 索引时间：根据位置进行索引，时间开销为 $O(1)$
- 排序时间：$O(n \log_2 n)$
- 如果已排序，查找时间开销为 $O(\log_2 n)$，否则为 $O(n)$
- 当内部数组被重新分配时，迭代器和引用会失效
- 迭代器可以从后向前或是从前向后遍历元素

std::deque 是一种专门用于创建"先进先出"（FIFO）队列的容器。在队列两端插入和删除元素的开销都是常量时间。下标操作也是常量时间。它的迭代器与 std::vector 一样，都是随机访问迭代器，因此对 std::deque 进行排序的时间开销是 $O(n \log_2 n)$。

由于 std::deque 与 std::vector 具有相同的性能保证，而且在两端插入元素的时间开销都是常量时间，因此我们不禁会问 std::vector 存在的意义是什么呢？不过，请注意 deque 的这些操作的常量比例比 vector 大。对这些共通操作的性能测量结果表明，deque 的操作比 vector 相同的操作慢 3 到 10 倍。对 deque 而言，迭代、排序和查找相对来说是三个亮点，只是比 vector 慢了大约 30%。

std::deque 的典型实现方式是一个数组的数组（图 10-2）。获取 deque 中元素所需的两个间接引用会降低缓存局部性，而且更加频繁地调用内存管理器所产生的性能开销也比 vector 的要大。

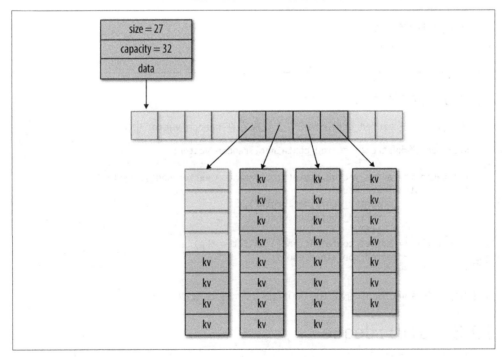

图 10-2：在几次插入和删除操作后，std::deque 可能的实现情况

将一个元素加入到 deque 的任何一端都会导致最多调用内存分配器两次：一次是为新元素分配另一块存储元素的区域；另一次则可能没那么频繁，那就是扩展 deque 的内部数组。deque 的这种内存分配行为更加复杂，因而比 vector 的内存分配行为更加难以讨论明白。std::deque 没有提供任何类似于 std::vector 的用于为其内部数据结构预先分配存储空间的 reserve() 成员函数。另外还有一个称为 std::queue 的容器适配器模板，而 deque 就是其默认实现。不过，无法保证这种用法具有优秀的内存分配性能。

10.3.1　std::deque中的插入和删除

std::deque 不仅与 std::vector 具有相同的插入接口，它还有一个成员函数 push_front()。

下面这段程序会将一个 deque 赋值给另外一个 deque。这个操作花费了 5.70 毫秒。

```
std::deque<kvstruct> test_container;
std::vector<kvstruct> random_vector;
    ...
test_container = random_vector;
```

下面这段代码展示了如何使用一对迭代器将元素插入到 deque 中。这个操作花费了 5.28 毫秒。

```
std::deque<kvstruct> test_container;
std::vector<kvstruct> random_vector;
    ...
test_container.insert(
        test_container.end(),
        random_vector.begin(),
        random_vector.end());
```

以下是三种使用 push_back() 将元素从 vector 复制到 deque 中的方法：

```
std::deque<kvstruct> test_container;
std::vector<kvstruct> random_vector;
    ...
for (auto it=random_vector.begin(); it!=random_vector.end(); ++it)
    test_container.push_back(*it);

for (unsigned i = 0; i < nelts; ++i)
    test_container.push_back(random_vector.at(i));

for (unsigned i = 0; i < nelts; ++i)
    test_container.push_back(random_vector[i]);
```

开发人员很容易猜到这三个循环的性能开销大致是一样的。由于 at() 会进行额外的检查，因此它可能会稍微慢一点点。确实，迭代器版本耗时 4.33 毫秒，比下标版本的 5.01 毫秒快了 15%，at() 位居其中，耗时 4.76 毫秒。三者之间的差距并不大，在这里花费精力进行优化可能不会带来太大的性能提升效果。

在这三种方式下使用 push_front() 将元素插入到 deque 前端的性能测试结果是相似的。迭代器版本耗时 5.19 毫秒，而下标版本耗时 5.55 毫秒——只有 7% 的差距，近乎不可重复。不过，push_front() 的测试结果比 push_back() 慢了 20%。

使用 insert() 在末尾和前端插入元素的性能开销分别大约是 push_back() 和 push_front() 的性能开销的两倍。

现在让我们来对比一下 std::vector 和 std::deque 的性能。对于相同数量的元素，vector 的赋值操作的性能是 deque 的 13 倍，删除操作的性能是 deque 的 22 倍，基于迭代器的插入操作的性能是 deque 的 9 倍，push_back() 操作的性能是 deque 的两倍，使用 insert() 在末尾插入元素的性能则是 deque 的 3 倍。

优化战争故事

开始测试 deque 的性能时，我发现了一个奇怪的现象：std::deque 的操作比 std::vector 的同样的操作慢了一千倍。最开始，我告诉自己："事实就是这样的。deque 是一种糟糕的数据结构。"直到对本书中的表进行了最后一次测试时，我才发现自己有多么愚蠢。

在开发过程中我通常都是打开调试器测试程序，因为在 IDE 上有一个很明显的调试按钮。我注意到，在调试模式下链接到 C++ 运行时库时会带有额外的调试检查。但是我从未发现它们竟然会带来这么大的性能差异。我之所以在非调试模式下对本书中的表再进行一次测试，是因为这样能够测量到更稳定的时间。就这样，我发现由于诊断代码被加入到了内存分配例程中，调试模式下的 std::deque 的性能开销变得格外昂贵。就我的经验，在调试版本下测量到的相对性能与在正式版本中测量到的相对性能非常接近，但 std::deque 却是一个例外。我们可以控制在调试时使用调试堆还是普通堆。请参见 3.3 节中的"性能优化专业提示"。

10.3.2　遍历 std::deque

使用下标遍历 deque 中的元素耗时 0.828 毫秒，而使用迭代器遍历则耗时 0.450 毫秒。有意思的是，对于 deque，基于迭代器的遍历更快，而对于 vector，基于下标的遍历则更快。但是遍历 deque 的最快方法的性能开销是遍历 vector 的最快方法的两倍，与之前的趋势相同。

10.3.3　对 std::deque 的排序

使用 std::sort() 对 deque 中的 100 000 条元素排序耗时 24.82 毫秒，比 vector 慢了 33%。使用 std::stable_sort() 对 deque 排序更快，耗时 17.76 毫秒，只比 vector 慢了不到 10%。在这两种情况下对有序 deque 排序都比对无序 deque 排序更快。

10.3.4　查找 std::deque

在有序 deque 中查找所有的 100 000 个键需要花费 35 毫秒，只比在 vector 中查找慢了大约 20%。

10.4　std::list

std::list 的"产品手册"如下。

- 序列容器
- 插入时间：任意位置的插入时间开销都是 $O(1)$
- 排序时间：$O(n \log_2 n)$
- 查找时间：$O(n)$
- 除非元素被移除了，否则迭代器和引用永远不会失效
- 迭代器能够从后向前或是从前向后访问 list 中的元素

std::list 与 std::vector 和 std::deque 有许多相同的特性。与 vector 和 deque 一样，插入一个元素到 list 末尾的时间开销是常量时间；与 deque 一样（但与 vector 不同），插入一个元素到 list 前端的时间开销是常量时间。而且，与 vector 和 deque 不同的是，通过一个指向插入位置的迭代器插入一个元素到 list 中间的时间开销是常量时间。与 vector 和 deque 一样，我们也可以对 list 高效地进行排序。但是与 vector 和 deque 不同的是，无法高效地查找 list。最快的查找 list 的方法是使用 std::find()，它的时间开销是 $O(n)$。

std::list 太低效了，不使用它已经成为了常识。但是通过测量其性能我发现并非如此。尽管复制或是创建 std::list 的开销可能是 std::vector 的 10 倍，但是与 std::deque 相比，它还是具有竞争力的。将元素插入到 list 末尾的开销不足 vector 的两倍。遍历和排序 list 的开销只比 vector 多了 30%。对于我测试过的大部分操作，std::list 都比 std::deque 的效率更高。

关于 std::list 的另一个常识是，对于它提供的特性而言，前向遍历、反向遍历和具有常量时间开销的 size() 方法都太过于昂贵。这种认识导致最终在 C++11 中引入了 std::forward_list。不过，经过测试我发现，至少在 PC 硬件上，std::list 的各种操作的性能与 std::forward_list 几乎相同。

由于 std::list 没有可能会导致内存重新分配的内部骨架数组，插入操作永远不会使迭代器和引用失效。仅当它们所指向的链表元素被删除了时，它们才会失效。

std::list 的一个优点是在拼接（$O(1)$ 时间开销）和合并时无需复制链表元素。即使是像 splice 和 sort 这种操作也不会使 std::list 的迭代器失效。在 list 中间插入元素的时间开销是常数时间，因为程序已经知道要在哪里插入元素。因此，如果一个应用程序需要创建元素的集合并对它们进行这些操作，那么使用 std::list 会比 std::vector 更高效。

std::list 能够以一种简单且可预测的方式与内存管理器交互。当有需要时，list 中的每个元素会被分别分配存储空间。在 list 中不存在未使用的额外的存储空间（请参见图 10-3）。

list 中的每个元素所分配到的存储空间大小是相同的。这有助于提高复杂的内存管理器的工作效率，也降低了出现内存碎片的风险。我们还能够为 std::list 自定义简单的内存分配器，利用这个特性使其更高效地工作（请参见 10.4.3 节）。

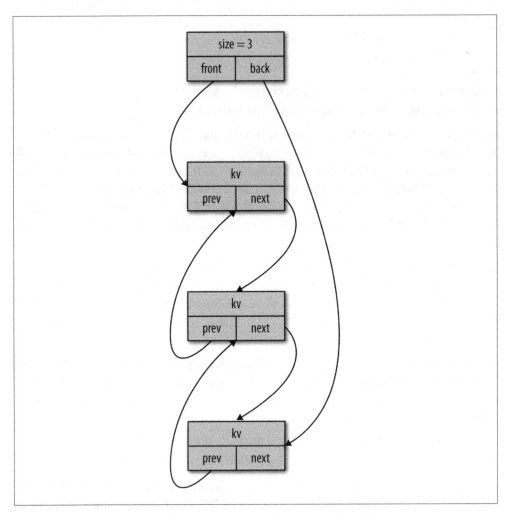

图 10-3：在进行了若干次插入和删除操作后，std::list 的可能的实现情况

10.4.1 std::list中的插入和删除

除了开头的数据结构声明外，通过 insert()、push_back() 和 push_front() 将一个 list 复制到另一个 list 中的算法与 vector 和 deque 的代码清单中的算法 [1] 是相同的。std::list 的结构非常简单，编译器在编译过程中优化代码的余地很小。因此，如表 10-2 所示，对于 list，这些操作的时间几乎是相同的。

注 1：请参见 10.2.2 和 10.3.1 中的示例代码。——译者注

图10-2：std::list的性能测试结果总结

std::list, 100 000条元素, VS2010正式版, i7	时间	list与vector相比
赋值	5.10 毫秒	1046%
删除	2.49 毫秒	2141%
insert(end())	3.69 毫秒	533%
迭代器版 push_back()	4.26 毫秒	88%
at() 版 push_back()	4.50 毫秒	120%
下标版 push_back()	4.63 毫秒	132%
迭代器版 push_front()	4.77 毫秒	
at() 版 push_front()	4.82 毫秒	
下标版 push_front()	4.99 毫秒	
迭代器版的尾部插入	4.75 毫秒	75%
at() 版的尾部插入	4.84 毫秒	77%
下标版的尾部插入	4.88 毫秒	75%
迭代器版的前端插入	4.84 毫秒	
at() 版的前端插入	5.02 毫秒	
下标版的前端插入	5.04 毫秒	

在 list 末尾插入元素是构造 list 的最快方式；出于某些原因，甚至比 = 运算符函数更快。

10.4.2 遍历std::list中

list 没有下标运算符。遍历它的唯一方式是使用迭代器。

遍历含有 100 000 条元素的 list 耗时 0.326 毫秒。这只比遍历 vector 慢了 38%。

10.4.3 对std::list排序

std::list 上的迭代器是双向迭代器，不如 std::vector 的随机访问迭代器功能强大。这些迭代器的一个很特别的特性是，找到两个双向迭代器之间的**距离**或是元素个数的性能开销是 $O(n)$。因此，使用 std::sort() 对 std::list 排序的时间开销是 $O(n^2)$。编译器的编译结果仍然是对 list 调用一次 std::sort()，但性能可能远比开发人员所期待的差。

幸运的是，std::list 有一种内置的更高效的排序方法，其时间开销是 $O(n \log_2 n)$。使用 std::list 内置的 sort() 函数对 list 排序耗时 23.2 毫秒，只比排序相同的 vector 慢了 25%。

10.4.4 查找std::list

由于 std::list 只提供了双向迭代器，对于 list，所有的二分查找算法的时间开销都是 $O(n)$。另外，使用 std::find() 查找 list 的时间开销也是 $O(n)$，其中 n 是 list 中元素的数量。因此，std::list 不适合替代关联容器。

10.5　std::forward_list

std::forward_list 的"产品手册"如下。

- 序列容器
- 插入时间：任意位置的插入开销都是 $O(1)$
- 排序时间：$O(n \log_2 n)$
- 查找时间：$O(n)$
- 除非元素被移除了，否则迭代器和引用永远不会失效
- 迭代器从前向后访问元素

std::forward_list 是一种性能被优化到极限的序列容器。它有一个指向链表头部节点的指针。它的设计经过了深思熟虑，标准库的设计人员希望使它尽量贴近手动编码实现的单向链表。它没有 back() 和 rbegin() 成员函数。

std::forward_list 与内存管理器交互的方式非常简单，也是可预测的。当有需要时，前向链表会为每个元素单独分配内存。在前向链表中没有任何未使用的空间（请参见图 10-4）。前向链表中的每个元素所分配到的存储空间都是相同的。这有助于提高复杂的内存管理器的工作效率，也降低了出现内存碎片的风险。我们还能够为 std::forward_list 自定义简单的内存分配器，利用这个特性使其更高效地工作（请参见 10.4.3 节）。

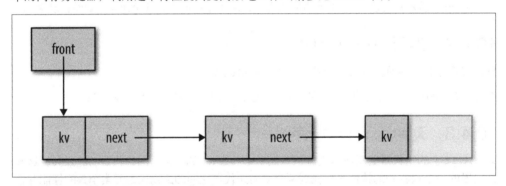

图 10-4：std::forward_list 的可能实现

顾名思义，前向链表与链表的不同在于它只提供了前向迭代器。我们可以用普通的循环语句来遍历前向链表：

```
std::forward_list<kvstruct> flist;
// ...
unsigned sum = 0;
for (auto it = flist.begin(); it != flist.end(); ++it)
    sum += it->value;
```

不过，插入方法则不同。std::forward_list 并没有提供 insert() 方法，取而代之的是 insert_after() 方法。std::forward_list 没有提供 before_begin() 这样能够得到指向第一个元素之前的位置的迭代器（由于所有元素都只有指向下一个元素的指针，因此无法在第一个元素前插入元素）：

```
std::forward_list<kvstruct> flist;
std::vector<kvstruct> vect;
// ...
auto place = flist.before_begin();
for (auto it = vvect.begin(); it != vect.end(); ++it)
    place = flist.insert_after(place, *it);
```

在我的 PC 上，std::forward_list 并没有比 std::list 快很多。导致 std::list 性能变差
的原因（为每个元素单独分配内存以及差劲的缓存局部性）也同样困扰着 std::forward_
list。在内存使用非常严格的小型处理器上，std::forward_list 可能有用武之地，但是在
桌面级和手持级处理器上则不建议使用它。

10.5.1　std::forward_list中的插入和删除

只要提供一个指向要插入位置之前的位置的迭代器，std::forward_list 就能够以常量时
间插入元素[2]。使用这种方法向前向链表中插入 10 万条元素耗时 4.24 毫秒，这个时间与
std::list 相当。

std::forward_list 还有一个 push_front() 成员函数。使用这种方法前向链表中插入 10 万
条元素耗时 4.16 毫秒，这个时间也与 std::list 相当。

10.5.2　遍历std::forward_list

std::forward_list 没有下标操作符。遍历它的唯一方式是使用迭代器。

使用迭代器遍历含有 10 万条元素的前向链表耗时 0.343 毫秒。这仅仅比遍历 vector 慢了
45%。

10.5.3　对std::forward_list排序

与 std::list 类似，std::forward_list 也有一个时间开销为 $O(n \log_2 n)$ 的内置排序函数。
对这个排序函数进行的性能测试结果是排序 10 万条元素耗时 23.3 毫秒，与排序 std::list
的性能相仿。

10.5.4　查找std::forward_list

由于 std::forward_list 只提供了前向迭代器，因此使用二分查找算法查找前向链表的时
间开销是 $O(n)$。使用更加简单的 std::find() 进行查找的开销也是 $O(n)$，其中 n 是前向链
表中元素中的数量。这使得前向链表难以替代关联容器。

10.6　std::map与std::multimap

std::map 与 std::multimap 的"产品手册"如下。

* 有序关联容器

注 2：即使用 insert_after() 成员函数。——译者注

- 插入时间：$O(\log_2 n)$
- 索引时间：通过键进行索引的时间开销为 $O(\log_2 n)$
- 除非元素被移除，否则迭代器和引用永远不会失效
- 利用迭代器对元素进行正向排序或是反向排序

std::map 可以将键类型的实例映射为某个值类型的实例。std::map 与 std::list 一样，是一种基于节点的数据结构。不过，map 会根据键的值对节点排序。map 的内部实现是一棵带有便于使用迭代器遍历的额外链接的平衡二叉树（请参见图 10-5）。

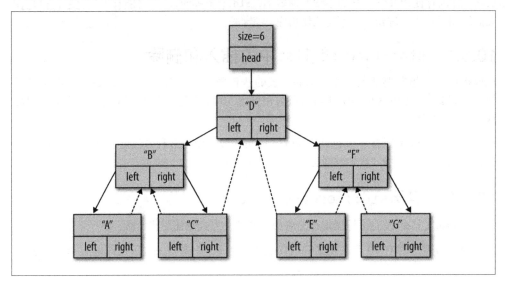

图 10-5：std::map 的简化后的可能的实现

尽管 std::map 是使用树实现的，但它并不是树。我们没有办法得到 map 中节点之间的链接，也无法进行广度优先搜索以及其他可以在树型数据结构上进行的操作。

std::map 与内存管理器交互的方式非常简单，也是可预测的。当有需要时，map 会为每个元素单独地分配存储空间。std::map 没有内部骨干数组，不会重新分配存储空间，因此在插入元素后，指向元素的迭代器和引用永远不会失效。只有当它们被删除后，迭代器和引用才会失效。

map 为每个元素分配的存储空间的大小是相同的。这有助于提高复杂的内存管理器的工作效率，也降低了出现内存碎片的风险。我们还能够为 std::map 自定义简单的内存分配器，利用这个特性使其更高效地工作（请参见 10.4.3 节）。

10.6.1 std::map中的插入和删除

利用迭代器从 vector 中随机地向 std::map 中插入 100 000 条元素耗时 33.8 毫秒。

由于需要遍历 map 的内部树来找到插入位置，因此向 map 中插入一个元素的时间开销通常是 $O(\log_2 n)$。这个开销太昂贵了，于是 std::map 提供了另外一个版本的 insert() 函

数，该函数接收一个额外的 map 迭代器作为参数，利用这个参数提示 map 在迭代器所指向的位置插入元素会更高效。如果这种提示是最优的，那么插入操作的均摊时间开销会降低为 $O(1)$。

关于这个提示，有一个好消息和一个坏消息。好消息是带提示的插入永远不会比普通插入更慢。坏消息是，位置提示所建议的最佳值在 C++11 中发生了变化。在 C++11 之前，插入位置提示的最佳值是新元素之前的位置——即如果元素是按照排序顺序被插入的，那么就是上一次插入的位置。但是自 C++11 开始，最佳插入提示的位置变为了新元素之后的位置——即如果元素是按照排序顺序被插入的，那么就是 end()。如代码清单 10-2 所示，要想使上一次被插入的元素是最佳位置，程序应当反向遍历已排序的输入数据。

代码清单 10-2   使用 C++11 风格的提示从已排序的 vector 中插入数据到 map 中

```
ContainerT test_container;
std::vector<kvstruct> sorted_vector;
    ...
std::stable_sort(sorted_vector.begin(), sorted_vector.end());
auto hint = test_container.end();
for (auto it = sorted_vector.rbegin(); it != sorted_vector.rend(); ++it)
    hint = test_container.insert(hint, value_type(it->key, it->value));
```

就我使用 Visual Studio 2010 和 GCC 的经验，它们的标准库实现要么领先于最新标准，要么滞后于最新标准。其结果是，如果使用 C++11 风格之前的提示优化程序，那么当更换了新的编译器后，即使该编译器并非完全符合 C++11 标准，也可能会导致程序变慢。

我分别使用三种提示对插入操作进行了性能测试：end()、C++11 之前的标准库中的指向前置节点的迭代器，以及 C++11 的标准库中的指向后继节点的迭代器，结果如表 10-3 所示。在执行这项测试之前也需要先对输入数据排序。

表10-3：std::map的带提示的插入操作的性能

性能测试	每次调用的时间
有序矢量 insert()	18.0 毫秒
有序矢量 insert() 结束提示	9.11 毫秒
有序矢量 insert() C++11 之前的提示	14.4 毫秒
有序矢量 insert() C++11 的提示	8.56 毫秒

看起来 Visual Studio 2010 已经实现了 C++11 风格的提示。但是不管怎么样，所有的提示都比无提示更快，也都比不带提示版本的 insert() 和未排序的输入数据集快。

优化"检查并更新"惯用法

一种常用的编程惯用法是在程序中先检查某个键是否存在于 map 中，然后根据结果进行相应的处理。当这些处理涉及插入或是更新键所对应的值时，那么就可能进行性能优化。

理解性能优化的关键在于，由于需要先检查键是否存在于 map 中，然后再找到插入位置，因此 map::find() 和 map::insert() 的时间开销都是 $O(\log_2 n)$。这两种操作都会遍历 map 的二叉树数据结构中的相同的节点：

```
iterator it = table.find(key); // O(log n)
```

```
    if (it != table.end()) {
        // 找到key的分支
        it->second = value;
    }
    else {
        // 没有找到key的分支
        it = table.insert(key, value); // O(log n)
    }
```

如果程序程序能够得到第一次查找的结果，那么就能够将其作为对 insert() 的提示，将插入操作的时间开销提高到 $O(1)$。取决于程序的需求，有两种方法能够实现这个惯用法。如果只要知道是否找到了键即可，那么可以使用返回 pair 的版本的 insert()。在被返回的 pair 中保存的是一个指向找到或是插入的元素的迭代器以及一个布尔型变量，当这个布尔型变量为 true 时表示该元素被找到了，而当这个布尔型变量为 false 时表示该元素是被插入的。当程序在检查元素是否存在于 map 之前知道如何初始化元素，或是更新值的性能开销并不大时，这种方法非常有效：

```
    std::pair<value_t, bool> result = table.insert(key, value);
    if (result.second) {
        // k找到key的分支
    }
    else {
        // 没有找到key的分支
    }
```

第二种方法是通过调用 lower_bound() 或是 upper_bound() 找到键或是插入位置作为 C++98 风格或是 C++11 风格的提示。lower_bound() 会返回一个指向 map 中那些键比带查找的键小的所有元素中最小的元素或是指向 end 的迭代器。当要插入键时，这个迭代器就是插入位置提示；而当要更新已经存在的元素时，它指向的就是该元素的键。这种方法对于待插入的元素没有任何要求：

```
    iterator it = table.lower_bound(key);
    if (it == table.end() || key < it->first) {
        // 找到key的分支
        table.insert(it, key, value);
    }
    else {
        // 没有找到key的分支
        it->second = value;
    }
```

10.6.2 遍历std::map

使用迭代器遍历一个含有 100 000 个元素的 map 耗时 1.34 毫秒，这是使用迭代器遍历一个 vector 耗时的 10 倍。

10.6.3 对std::map排序

map 本来就是有序的。使用迭代器遍历一个 map 会按照键和查找谓词的顺序访问元素。请注意，只有将所有的元素都从一个 map 中复制到另一个 map 中，才能对 map 重排序。

10.6.4 查找 std::map

查找 map 中的所有 100 000 条元素耗时 42.3 毫秒。相比之下，使用 std::lower_bound() 查找已排序的 vector 和 deque 中的所有 100 000 条元素分别耗时 28.9 毫秒和 35.1 毫秒。我在表 10-4 中总结了 vector 和 map 的性能测试结果。

表10-4：vector和map的插入和查找时间

	插入+排序	查找
vector	19.1 毫秒	28.9 毫秒
map	33.8 毫秒	42.3 毫秒

如果要一次性构造一个含有 100 000 条元素的表并会反复对其进行查找，那么使用 vector 实现会更快。如果表中保存的元素会频繁地发生改变，例如对表进行插入操作或是删除操作，那么重排序基于 vector 的表可能会抵消它原本在查找性能上的优势。

10.7　std::set 与 std::multiset

std::set 与 std::multiset 的"产品手册"如下。

- 有序关联容器
- 插入时间：$O(\log_2 n)$
- 索引时间：通过键进行索引，时间开销为 $(\log_2 n)$
- 除非移除元素，否则迭代器和引用永远不会失效
- 迭代器能够按照正序或反序遍历元素

我没有对 std::set 进行性能测试。在 Windows 操作系统上，std::set 和 std::multiset 使用了与 std::map 相同的数据结构（请参见图 10-6），因此它们的性能特点与 map 相同。尽管原则上能够使用其他不同的数据结构实现 set，但这么做是没有理由的。

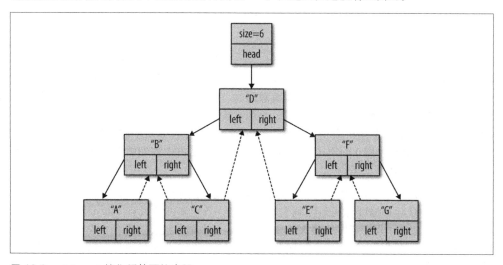

图 10-6：std::set 简化后的可能实现

std::map 与 std::set 之间的一个不同点是查找方法返回的元素是 const 的。这其实并不是什么大问题。如果你真的想使用 set，可以将与排序关系无关的值类型的字段声明为 mutable，指定它们不参与排序。当然，编译器会无条件地相信开发人员，因此不要擅自改变参与排序的成员，这一点非常重要，否则 set 数据结构会失效。

10.8 std::unordered_map与std::unordered_multimap

std::unordered_map 与 std::unordered_multimap 的"产品手册"如下。

- 无序关联容器。
- 插入时间：平均时间开销为 $O(1)$，最差情况时间开销为 $O(n)$。
- 索引时间：通过键索引的平均时间开销为 $O(1)$，最差情况时间开销为 $O(n)$。
- 再计算散列值时迭代器会失效；只有在移除元素后引用才会失效。
- 可以独立于大小（size）扩大或是缩小它们的容量（capacity）。

std::unordered_map 能够将键类型的实例映射到某个值类型的实例上。这种方式与 std::map 相似。不过，映射的完成过程不同。std::unordered_map 被实现为了一个散列表。键会被转换为一个整数散列值，使用这个散列值能够以分摊平均常量时间的性能开销从 unordered_map 中查找到值。

与 std::string 一样，C++ 标准也限制了 std::unordered_map 的实现。因此，尽管有多种方式能够实现散列表，但是只有采用了动态分配内存的骨干数组，然后在其中保存指向动态分配内存的节点组成的链表的**桶**的设计，才有可能符合标准定义。

unordered_map 的构造是昂贵的。它包含了为表中所有元素动态分配的节点，另外还有一个会随着表的增长定期重新分配的动态可变大小的桶数组（图 10-7）。因此，要想改善它的查找性能，需要消耗相当多的内存。每次桶数组重新分配时，迭代器都会失效。不过，只有在删除元素时，指向元素节点的引用才会失效。

像 std::unordered_map 这样的散列表有几个参数能够调整性能。从开发人员的角度看，这可能是一个优点，也可能是一个缺点。

unordered_map 中元素的数量就是它的**大小**。计算出的 size / buckets 比例称为**负载系数**（load factor）。负载系数大于 1.0 表示有些桶有一条多个元素链接而成的元素链，降低了查询这些键的性能（换言之，**非完美散列**）。在实际的散列表中，即使负载系数小于 1.0，键之间的冲突也会导致形成元素链。负载系数小于 1.0 表示存在着未被使用，但却在 unordered_map 的骨干数组中占用了存储空间的桶（换言之，**非最小散列**）。当负载系数小于 1.0 时，(1 – **负载系数**) 的值是空桶数量的下界，但是由于散列函数可能非完美，因此未使用的存储空间通常更多。

负载系数在 unordered_map 中是一个因变数。我们能够在程序中观察到它的值，但是无法在重新分配内存后直接设置或是预测它的值。当一条元素被插入到 unordered_map 中后，如果负载系数超过了程序指定的**最大负载系数值**，那么桶数组会被重新分配，所有的元素都被会重新计算散列值，这个值会被保存在新数组的桶中。由于桶数量的增长总是因负载系数大于 1 而引起的，因此插入操作的均摊时间开销 $O(1)$。当最大负载系数大于 1.0 这个默认值时，插入操作和查找操作的性能会显著降低。通过将最大负载系数降低到 1.0 以下能够适度地提高程序性能。

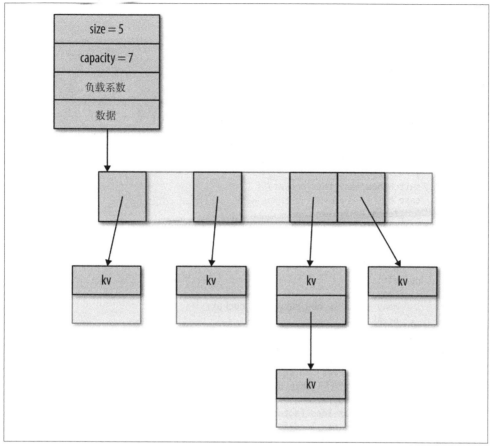

图 10-7：unordered_map 的可能的实现

我们能够通过 unordered_map 的构造函数的参数指定桶的初始数量。除非容器大小超过了（桶 * 负载系数），否则不会进行重新分配。程序可以通过调用 rehash() 成员函数增加 unordered_map 中桶的数量。我们可以通过调用 rehash(size_t n) 将桶的数量的最小值设置为 n，接着重新分配骨干数组，并通过将所有元素移动到新数组中的对应的桶中来重组表。如果 n 小于当前桶数量，rehash() 可能会，也可能不会减小表的大小并重新计算散列值。

调用 reserve(size_t n) 可以确保在重新分配骨干数组之前预留出足够的空间来保存 n 条元素。这等价于调用 rehash(ceil(n/max_load_factor()))。

调用 unordered_map 的 clear() 成员函数会清除所有的元素，并将所有存储空间返回给内存管理器。这与 vector 或是 string 的 clear() 成员函数相比是一种更有力的承诺。

与其他 C++ 标准库容器不同的是，std::unordered_map 通过为遍历桶和为遍历桶中的元素提供一个接口，暴露自己的实现结构。计算每个桶中的元素链的长度能够帮助我们发现散列函数的问题。如代码清单 10-3 所示，我使用这个接口计算过散列函数的质量。

代码清单 10-3　窥探 std::unordered_map 的行为

```
template<typename T> void hash_stats(T const& table) {
    unsigned zeros = 0;
    unsigned ones  = 0;
    unsigned many  = 0;
    unsigned many_sigma = 0;
    for (unsigned i = 0; i < table.bucket_count(); ++i) {
        unsigned how_many_this_bucket = 0;
        for (auto it = table.begin(i); it != table.end(i); ++it) {
            how_many_this_bucket += 1;
        }
        switch(how_many_this_bucket) {
        case 0:
            zeros += 1;
            break;
        case 1:
            ones += 1;
            break;
        default:
            many += 1;
            many_sigma += how_many_this_bucket;
            break;
        }
    }
    std::cout << "unordered_map with " << table.size()
            << " entries" << std::endl
            << "    " << table.bucket_count() << " buckets"
            << " load factor " << table.load_factor()
            << ", max load factor "
            << table.max_load_factor() << std::endl;
    if (ones > 0 && many > 0)
        std::cout << "    " << zeros << " empty buckets, "
                << ones << " buckets with one entry, "
                << many << " buckets with multiple entries, "
                << std::endl;
    if (many > 0)
        std::cout << "    average length of multi-entry chain "
        << ((float) many_sigma) / many << std::endl;
}
```

我发现，如果使用 Boost 项目中的散列函数，那么 15% 的元素会冲突，自动分配存储空间得到的表的负载系数为 0.38，这意味着 62% 的骨干数组都没有被使用。这个散列函数远比我所期待的差。

10.8.1　std::unordered_map中的插入与删除

与 std::map 类似，std::unordered_map 也提供了两种插入方法：带插入提示的和不带插入提示的。但与 map 不同的是，unordered_map 并不使用插入提示。这只是一种接口兼容性。

不过尽管它并不做任何事情，但也会带来一点性能惩罚。

对插入操作进行的性能测试结果是 15.5 毫秒。通过调用 reserve() 预先分配足够的桶来避免重新计算散列值，能够在某种程度上提高插入操作的性能。使用这种方法的测试结果是耗时 14.9 毫秒，与之前的结果相比性能只提高了 4%。

通过将最大负载系数设置为非常大的值，可以推迟重新分配的发生。我使用了这种方法，并在所有元素都被插入后重新计算了散列值，想看看这是否对改善性能有帮助。对于 Visual Studio 2010 的标准库中的 unordered_map，测试结果是性能反而降低了，令人有些沮丧。很明显，以 Visual Studio 的实现方式元素被插入在了冲突链的末尾，因此每次插入操作的时间开销从常量时间增加为了 $O(n)$。可能有其他更好的实现方式不存在这个问题。

10.8.2　遍历 std::unordered_map

代码清单 10-4 是一段遍历 std::unordered_map 的代码。

代码清单 10-4　遍历 std::unordered_map 中的元素

```
for (auto it = test_container.begin();
        it != test_container.end();
     ++it) {
    sum += it->second;
}
```

顾名思义，unordered_map 无法被排序，使用迭代器遍历 unordered_map 中元素的顺序也是无规则的。使用迭代器遍历 unordered_map 相对比较高效，只需要 0.34 毫秒。这仅仅是使用迭代器遍历 std:vector 时间的 2.8 倍。

10.8.3　查找 std::unordered_map

查找才是 std::unordered_map 存在的理由。我使用 std::lower_bound() 对含有 100 000 条键值对的基于 unordered_map 的表和基于 vector 的有序表进行了查找性能对比测试。

在我的测试中，对 std::unordered_map 执行 100 000 次查找耗时 10.4 毫秒。如表 10-5 所示，这比查找 std::map 快了 3 倍，比使用 std::lower_bound() 查找有序的 std::vector 快了 1.7 倍。是的，查找 std::unordered_map 更加高效，而且高效很多。但散列表是如此受开发人员器重，我原本期待会出现跨数量级的性能提升，但结果却没有看到。

表10-5：vector、map和unordered_map的插入和查找的时间开销

	插入+排序	查找
map	33.8 毫秒	42.3 毫秒
vector	19.1 毫秒	28.9 毫秒
unordered_map	15.5 毫秒	10.4 毫秒

与 std::map 相比，unordered_map 的构建速度和查找速度都更快。unordered_map 的缺点在于它所使用的存储空间容量。如果是在一个存储空间极其受限的环境中，我们可能需要使用基于 std::vector 的更加紧凑的表；如果不是，我们就可以使用 unordered_map 得到更高的性能。

10.9　其他数据结构

标准库容器类虽然非常有用，但并非唯一的数据结构选择。Boost（http://www.boost.org/）库提供了一组类似标准库容器的数据结构。Boost 提供了以下包含其他可选容器的库。

boost::circular_buffer（http://www.boost.org/doc/libs/1_60_0/doc/html/circular_buffer.html）
　　在许多方面都与 std::deque 类似，但更加高效。

Boost.Container（http://www.boost.org/doc/libs/1_60_0/doc/html/container.html）
　　标准库容器的各种变种，包括一种稳定的 vector（一种发生重新分配也不会造成迭代器失效的 vector）；一组作为 std::vector 的容器适配器实现的 map/multimap/set/multiset；一个长度可变但最大长度固定的静态 vector，以及一个当只有几个元素时具有最优行为的 vector。

dynamic_bitset（http://www.boost.org/doc/libs/1_60_0/libs/dynamic_bitset/dynamic_bitset.html）
　　看起来像是位组成的 vector。

Fusion（http://www.boost.org/doc/libs/1_60_0/libs/fusion/doc/html/）
　　元组上的容器和迭代器。

Boost 图形库（BGL，http://www.boost.org/doc/libs/1_60_0/libs/graph/doc/index.html）
　　适用于遍历图形的算法和数据结构。

boost.heap（http://bit.ly/b-heap/）
　　比简单 std::priority_queue 容器适配器具有更好性能和更微妙行为的优先队列。

Boost.Intrusive（http://www.boost.org/doc/libs/1_60_0/doc/html/intrusive.html）
　　提供了侵入式容器（依赖于显式地包含链接的节点类型的容器）。侵入容器的重点是提高热点代码的性能。这个库包含单向和双向链表、关联容器、无序关联容器和各种显式平衡树实现。在大多数容器中都加入了 make_shared、移动语义和 emplace() 成员函数，减少了对侵入式容器的需求。

boost.lockfree（http://www.boost.org/doc/libs/1_60_0/doc/html/lockfree.html）
　　无锁（lock-free）和无等待（wait-free）的队列和栈。

Boost.MultiIndex（http://www.boost.org/doc/libs/1_60_0/libs/multi_index/doc/index.html）
　　有多个具有不同行为的索引的容器。

毫无疑问，Boost 中还有其他容器类。

对标准库容器类的另一个巨大贡献来自于游戏公司艺电（Electronic Arts，EA），他们开源了名为 "EASTL"（http://www.open-std.org/jtc1/sc22/wg21/docs/papers/2007/n2271.html）的标准库容器类。艺电对标注库容器类的贡献包括：

- 一个更简单和更合理的 Allocator 的定义
- 对容器提供了更有力的保证，包括保证容器不会调用内存管理器，除非程序将元素放到容器中

- 具有更多的可编程性的 std::deque
- 一组与 Boost 所提供的容器类似的容器

10.10　小结

- 斯特潘诺夫的标准模板库是第一个可复用的高效容器和算法库。
- 各容器类的大 O 标记性能并不能反映真实情况。有些容器比其他容器快许多倍。
- 在进行插入、删除、遍历和排序操作时 std::vector 都是最快的容器。
- 使用 std::lower_bound 查找有序 std::vector 的速度可以与查找 std::map 的速度相匹敌。
- std::deque 只比 std::list 稍快一点。
- std::forward_list 并不比 std::list 更快。
- 散列表 std::unordered_map 比 std::map 更快，但是相比所受到的开发人员的器重程度，它并没有比 std::map 快上一个数量级。
- 互联网上有丰富的类似标注库容器的容器资源。

第11章
优化I/O

程序是对计算机施的魔法，它将输入转换为错误信息。

——无名氏

本章将会讲解如何在读写文本数据时高效地使用 C++ 流 I/O 函数。读写文件是再普通不过的活动了，以至于开发人员往往忽略了它们，但是实际上它们却是非常耗时的程序活动。

人类是感受不到地球旋转的，同样，磁盘的旋转之于如今计算机的超快速芯片也是非常笨重而缓慢的。读头必须克服惰性将它们的身体从一条磁道移动到另外一条磁道上。这种物理特性严重制约了硬件性能的提升。互联网世界受限于数据传输速率和繁忙的服务器，响应延迟可能是以毫秒而非秒计量的。当将数据传向远方的计算机时，即使是光速传输，传输时间也会成为一个影响性能的因素。

I/O 的另外一个问题是在用户的程序与旋转的磁盘或是网卡之间有太多的代码。为了使 I/O 尽可能地高效，必须尽量减小所有这些代码的性能开销。

11.1 读取文件的秘诀

网上有许多文件读写方法（http://insanecoding.blogspot.com/2011/11/how-to-read-in-file-in-c.html），其中有一些自称读写速度非常快。从我对它们进行的性能测试结果看，它们之间的性能差距达到了一个数量级。即使是不会随意使用互联网上那些未经确认的秘诀（如极度危险的制作炸弹的方法或错误的烹饪秘方）的聪明读者，也可能会自以为聪明地使用这些方法编写读取文件的 C++ 程序。

我的弟媳 Marcia 非常喜爱烤馅饼,但她总是对她找到的饼皮配方不满意。她的饼皮总是做不到像她品尝过的最棒的馅饼一样松脆。尽管 Marcia 并非一位软件开发人员,但她却是一位优化高手,她做了下面这些事情。

她收集了很多自称"最棒的饼皮"的配方。她注意到这些配方都有共同的原料:面粉、食盐、水和酥油。接着,她找出了这些配方之间的区别。有些配方使用黄油或猪油替代蔬菜酥油。有些配方要求使用冷原料,或是在擀面团之前先将其冷却。有些加入了一点食糖、一匙醋或是一个鸡蛋。Marcia 从这些配方中挑选了独特的建议,并进行了几个月的实验。最后,她耐心做实验的结果是组合了这些配方中的若干建议,做出了令人惊叹的饼皮。

如同我弟媳做的优化努力一样,我也发现了几个能够改善读取文件的函数性能的技巧,而且它们之中许多都能够组合起来使用。我同时还发现了一些几乎没有价值的技巧。

代码清单 11-1 是一个将文件读取到字符串中的简单函数。我碰到过很多次这样的代码了,特别是在解析 XML 或是 JSON 前经常会出现这样的代码。

代码清单 11-1 初始版本的 `file_reader()` 函数

```cpp
std::string file_reader(char const* fname) {
    std::ifstream f;
    f.open(fname);
    if (!f) {
        std::cout << "Can't open " << fname
                << " for reading" << std::endl;
        return "";
    }

    std::stringstream s;
    std::copy(std::istreambuf_iterator<char>(f.rdbuf()),
            std::istreambuf_iterator<char>(),
            std::ostreambuf_iterator<char>(s) );
    return s.str();
}
```

fname 是文件名。如果打不开文件,`file_reader()` 会打印一条错误信息到标准输出中并返回空字符串。否则,`std::copy()` 会将 f 的流缓冲区复制到 `std::stringstream s` 的流缓冲区中。

11.1.1 创建一个吝啬的函数签名

从库设计的角度看,`file_reader()` 是可以改善的(请参见 8.3.2 节)。它做了几件不同的事情:打开文件;进行错误处理(以报告打开文件出错的形式);读取已打开且有效的流到字符串中。作为一个库函数,这几种职责混合在一起使得调用方难以使用 `file_reader()` 函数。例如,如果客户端程序实现了自己的异常处理,或者需要在错误消息字符串中使用 Windows 资源,甚至仅仅想要打印到 `std::cerr` 中,就无法使用 `file_reader()`。

file_reader() 同样还会分配一块新的内存并返回它，这里存在一个潜在的问题，因为这会导致返回值在调用链中传递的时候发生多次复制（请参见 6.5.4 节）。如果文件无法打开，file_reader() 会返回空字符串。如果文件能够打开，但是其中一个字符都没有，那么它也会返回一个空字符串。要是 file_reader() 能够给出错误提示就好了，这样就能够分辨这两种情况。

代码清单 11-2 是 file_reader() 的升级版，它分离了打开文件处理与读取流处理，并且有一个用户不会立刻想要改变的函数签名。

代码清单 11-2　带有吝啬函数签名的 stream_read_streambuf_stringstream()

```
void stream_read_streambuf_stringstream(
    std::istream& f,
    std::string& result) {
    std::stringstream s;
    std::copy(std::istreambuf_iterator<char>(f.rdbuf()),
              std::istreambuf_iterator<char>(),
              std::ostreambuf_iterator<char>(s) );
    std::swap(result, s.str());
}
```

stream_read_streambuf_stringstream() 的最后一行将 result 的动态存储空间与 s.str() 的动态存储空间进行了交换。我本来可以不进行交换，将 s.str() 赋值给 result 即可，但是除非编译器和标准库实现都支持移动语义，否则这样做会导致内存分配和复制。std::swap() 对许多标准库类的特化实现都是调用它们的 swap() 成员函数。该成员函数会交换指针，这远比内存分配和复制操作的开销小。

吝啬的回报是 f 变成了 std::istream，而不是 std::ifstream。现在，这个函数可以与 std::stringstream 等其他类型的流一起工作，而且它更短，更易读，只有一个概念上的运算而已。

客户端代码可以如下这样调用 stream_read_streambuf_stringstream()：

```
std::string s;
std::ifstream f;
f.open(fname);
if (!f) {
    std::cerr << "Can't open " << fname
              << " for reading" << std::endl;
}
else {
    stream_read_streambuf_stringstream(f, s);
}
```

请注意，现在客户端需要负责打开文件和报告错误了，尽管读取流的"魔法"依然在 stream_read_streambuf_stringstream() 中——只是这个版本的函数并没有强大的魔力。

我进行了一项性能测试：读取一个含有 10 000 行文字的文件 100 次。这项测试充分地考验了 C++ 标准 I/O 的性能。由于是反复读取同一个文件，操作系统几乎总是会缓存文件内容。但在实际情况中是很难出现这样的循环处理的，所以在 Visual Studio 2010 和 Visual Studio 2015 上，该函数消耗的时间可能会比性能测试结果的 1548 毫秒更长。

由于这段程序会读取磁盘，而且在我的计算机上只有一块磁盘，这项性能测试比其他测试更容易受到 PC 上的磁盘活动的影响。因此，我不得不关掉了计算机上所有非必需的程序，停止了计算机上所有非必需的服务。即使是这样，我仍然不得不进行多次性能测试，并以多次测量结果中的最小值为最终结果。

尽管 stream_read_streambuf_stringstream() 使用了标准库惯用法，但并非特别高效。它使用字符迭代器一次复制一个字符。因此我有理由怀疑每获取一个字符都会在 std::istream 中，甚至是在主机操作系统的文件 I/O API 中发生大量的机械操作。同样，我有理由认为 std::stringstream 中的 std::string 每次只会增长一个字符，导致产生了对内存分配器的大量调用。

"复制流迭代器"的设计思想有几个变种。代码清单 11-3 使用 std::string::assign() 将一个迭代器从输入流中复制到一个 std::string 中。

代码清单 11-3　另一种复制流迭代器的文件读取函数

```
void stream_read_streambuf_string(
    std::istream& f,
    std::string& result) {
    result.assign(std::istreambuf_iterator<char>(f.rdbuf()),
                  std::istreambuf_iterator<char>());
}
```

在 Visual Studio 2010 上，这段代码的性能测试结果是 1510 毫秒，而在 Visual Studio 2015 上则是 1787 毫秒。

11.1.2　缩短调用链

代码清单 11-4 是"一次一个字符"的另一个变种。std::istream 有一个 << 运算符，它接收流缓冲区作为参数。<< 运算符可能会绕过 istream API 直接调用流缓冲区。

代码清单 11-4　添加 stream 到 stringstream 中，一次一个字符

```
void stream_read_streambuf(std::istream& f, std::string& result) {
    std::stringstream s;
    s << f.rdbuf();
    std::swap(result, s.str());
}
```

在 Visual Studio 2010 上这段代码的性能测试结果是 1294 毫秒，而在 Visual Studio 2015 上则是 1181 毫秒——分别比 Visual Studio 2010 和 Visual Studio 2015 上的 stream_read_streambuf_string() 快了 17% 和 51%。我猜测原因是底层代码调用的机械操作较少。

11.1.3　减少重新分配

在 stream_read_streambuf_string() 中蕴藏着性能优化的希望之种。尽管没有明显的方法来优化"遍历流缓冲区"惯用法，但是我们可以调用 reserve() 为存储文件内容的 std::string 预先分配内存，来防止随着字符串逐字符的增长发生重新分配。代码清单 11-5 是用于检验这个想法是否能改善性能的代码。

```
    void stream_read_string_reserve(std::istream& f,
                                    std::string& result)
{
    f.seekg(0,std::istream::end);
    std::streamoff len = f.tellg();
    f.seekg(0);
    if (len > 0)
        result.reserve(static_cast<std::string::size_type>(len));

    result.assign(std::istreambuf_iterator<char>(f.rdbuf()),
                  std::istreambuf_iterator<char>());
}
```

stream_read_string_reserve() 通过将它的流指针移动到流尾部，读取偏移量后再将流指针复位到流头部来计算流长度。istream::tellg() 实际上返回一个代表流指针位置的小型结构体，其中包含一个部分读取 UTF-8 多字节字符的偏移量。幸运的是，这个结构体能被转换为有符号整数类型。之所以这个类型必须是有符号的，是因为 tellg() 可能会失败——例如当流没有被打开时或是发生错误时，抑或是到达文件末尾时——这时它会返回 -1。如果 tellg() 返回偏移量而非 -1，那么就像代码清单 4-3 中的 remove_ctrl_reserve() 那样，我们可以使用这个值作为对 std::string::reserve() 的提示来预先为整个文件分配足够的存储空间。

stream_read_string_reserve() 验证了猜想：设置文件指针两次的开销比调用 reserve() 以避免内存重新分配的开销小。这并非确定无疑的。如果设置文件指针指向文件末尾导致文件中的所有磁盘扇区都需要被读取，那么就会产生大量的性能开销。但是另一方面，在读取这些磁盘扇区后，操作系统可能会缓存它们，从而减少了其他性能开销。也许这取决于文件大小。C++ 可能除了读取目录项（directory entry）外不需要读取任何其他信息，或是调用一个或多个依赖于操作系统的函数，就可以找到指向文件末尾的文件指针。

当推测像这样堆积起来时，经验丰富的性能优化人员意识到，花费时间找到这些问题的答案的成本太高了，而且即使解决了这些问题，所带来的收益也是不确定的。做一次实验就能够很快知道，通过找到指向文件末尾的指针来获取文件大小的 C++ 惯用法是否对我们有帮助。在 Windows 系统上的测试中，stream_read_string_reserve() 并没有比 stream_read_streambuf_string() 表现得更好。不过，这可能只是意味着与这种读取文件的方法的其他低效之处相比，改善的程度并不明显。

计算流长度并预先分配存储空间的技巧很实用。优秀的库设计总是会在它们自己的函数中复用这些工具。代码清单 11-6 展示了一个实现了这项技巧的 stream_size() 函数。

```
std::streamoff stream_size(std::istream& f) {
    std::istream::pos_type current_pos = f.tellg();
    if (-1 == current_pos)
        return -1;
    f.seekg(0,std::istream::end);
    std::istream::pos_type end_pos = f.tellg();
    f.seekg(current_pos);
```

```
        return end_pos - current_pos;
    }
```

读取流的函数可能会在流已经被部分消费后被调用。stream_size() 会通过先保存流指针的当前位置，然后找到指向流末尾的流指针，最后计算当前位置与末尾位置之间的差值，来应对这种可能性。在函数处理结束前，流指针会重新指向之前保存的当前位置。这比只是简单地计算流长度的 stream_read_string_reserve() 更加正确。这也是另外一个向我们展示了优秀的库设计使函数更加灵活和通用的例子。

代码清单 11-7 是另一个版本的 stream_read_string()，它要求在函数外估算出文件大小。这允许开发人员在无法决定流大小时使用一个估算值。当没有提供估算值时，该函数的默认行为与 stream_read_string() 相同。

代码清单 11-7 stream_read_string_2(): 通用版本的 stream_read_string()

```
void stream_read_string_2(std::istream& f,
                          std::string& result,
                          std::streamoff len = 0)
{
    if (len > 0)
        result.reserve(static_cast<std::string::size_type>(len));

    result.assign(std::istreambuf_iterator<char>(f.rdbuf()),
                  std::istreambuf_iterator<char>());
}
```

对 stream_read_string_2() 进行的性能测试结果是在 VS2010 上耗时 1566 毫秒，在 VS2015 上耗时 1766 毫秒。在这项测试中，尽管调用 stream_size() 产生的额外的性能开销不是 0，但却没有测量到。另一方面，与 stream_read_string() 相比，stream_read_string_2() 并没有明显的性能优势。这项技巧失败了吗？我们稍后再来解释。

11.1.4 更大的吞吐量——使用更大的输入缓冲区

C++ 流包含一个继承自 std::streambuf 的类，用于改善从操作系统底层以更大块的数据单位读取文件时的性能。数据会被读取到 streambuf 的缓冲区中，我们可以使用之前讨论过的基于迭代器的输入方法来从中逐字节地提取数据。互联网上的有些文章建议通过增大输入缓冲区的大小来改善性能。代码清单 11-8 是一种简单的实现方法。

代码清单 11-8 增大 std::streambuf 内部缓冲区的大小

```
std::ifstream in8k;
in8k.open(filename);
char buf[8192];
in8k.rdbuf()->pubsetbuf(buf, sizeof(buf));
```

许多开发人员在互联网上抱怨 pubsetbuf() 使用起来非常麻烦。pubsetbuf() 必须在打开流后和从流中读取任意字符之前被调用。如果流中有一个状态位（如 failbit 或 eofbit）被设置了，那么函数调用就会失败。在流关闭之前缓冲区必须一直保持有效。我通过增大 std::streambuf 缓冲区的大小对本节中大多数输入函数进行了测试，发现虽然性能提升程度不大，但仍有 20~50 毫秒的提升。当缓冲区的大小超过 8KB 后，性能就几乎没有提升了。这个结果令人相当失望，因为过去我曾经通过增大 C 的 FILE 结构体中类似的缓存区的大小，显著地改善了我所编写的代码的性能。这再次表明以前的经验会让开发人员误入歧途。对于运行时间是 1500 毫秒的测试结果，这项技巧带来了大约 5% 的性能提升，但是如果能减少整体运行时间，那么它就是一个很重要的因素。

11.1.5 更大的吞吐量——一次读取一行

在本节的介绍中，我注意到要读取的文件通常都是文本文件。对于一个含有多行文字的文件，我们有理由猜测使用逐行读取文件的函数能够减少函数调用次数，最好是在内部使用逐行读取或是填充缓冲区的接口。除此之外，如果不会频繁地更新结果字符串，那么复制和重新分配存储空间的次数也会较少。确实，在标准库中就有一个叫作 getline() 的函数。我们使用代码清单 11-9 中的代码来验证这个猜想。

代码清单 11-9 一次读取一行的 stream_read_getline()

```
void stream_read_getline(std::istream& f, std::string& result) {
    std::string line;
    result.clear();
    while (getline(f, line))
        (result += line) += "\n";
}
```

stream_read_getline() 会将读取的字符串添加到 result 中。result 的内容必须在最开始被清空，因为当它被传递给这个函数时，函数并不要求它里面没有保存任何内容。clear() 不会将字符串的动态缓冲区返回给内存管理器，它只是设置字符串的长度为 0。根据在函数调用之前使用这个字符串参数的情况，可能它已经有一个大块的动态缓冲区了，这样能够减小分配存储空间的性能开销。

对 stream_read_getline() 的测试验证了这些猜想：在 VS2010 上它只耗时 1284 毫秒，而在 VS2015 上只耗时 1440 毫秒就完成了读取有 10 000 行内容的文件 100 次。

尽管 result 可能碰巧已经足够长，能够避免重新分配存储空间了，但预先分配足够的存储空间依然是一个好主意。代码清单 11-10 中的函数是修改后的 stream_read_getline()，它使用了在 stream_read_string_2() 中用到的相同的技巧。

代码清单 11-10 stream_read_getline_2()：一次读取一行，而且预先为 result 变量分配了足够的存储空间

```
void stream_read_getline_2(std::ifstream& f,
                           std::string& result,
                           std::streamoff len = 0)
{
    std::string line;
    result.clear();

    if (len > 0)
        result.reserve(static_cast<std::string::size_type>(len));
```

```
    while (getline(f, line))
        (result += line) += "\n";
}
```

与 stream_read_getline() 相比，这项性能优化努力只将性能提高了 3%。而将其与增大 streambuf 的缓存区大小的技巧一起使用时，性能测试结果分别是 1193（VS2010）毫秒和 1404（VS2015）毫秒。

另一个提高吞吐量的方法是使用 std::streambuf 的成员函数 sgetn()，它能够获取任意数量的数据到缓冲区参数中。对于一个普通大小的文件，读取整个文件只需一次函数调用。代码清单 11-11 中的 stream_read_sgetn() 展示了这种方法。

代码清单 11-11　stream_read_sgetn()

```
bool stream_read_sgetn(std::istream& f, std::string& result) {
    std::streamoff len = stream_size(f);
    if (len == -1)
        return false;

    result.resize (static_cast<std::string::size_type>(len));

    f.rdbuf()->sgetn(&result[0], len);
    return true;
}
```

在 stream_read_sgetn() 中，sgetn() 会直接将数据复制到 result 中，这要求 result 足够大才能存储下所有数据。因此必须在调用 sgetn() 前确定流的大小。与代码清单 11-7 中的 stream_read_string_2() 一样，这是必须的。通过调用 stream_size() 可以确定流的大小。

正如之前提到过的，stream_size() 可能会失败，因此最好是将失败提示抛出到 stream_read_sgetn() 之外。幸运的是，由于这个库函数使用了免复制惯用法（请参见 6.5.4 节），它的返回值就是成功或失败的提示。

stream_read_sgetn() 很高效。它的测试结果分别是 307 毫秒（VS2010）和 148 毫秒（VS2015），比 stream_read_streambuf() 快了 4 倍。如果增大 rdbuf，那么测试结果分别缩短至 244 毫秒（VS2010）和 134 毫秒（VS2015）。如果整体时间更短，那么原本增大 rdbuf 所带来的改善效果也会被放大。

11.1.6　再次缩短函数调用链

std::istream 提供了一个 read() 成员函数，它能够将字符直接复制到缓冲区中。这个函数模仿了 Linux 上的底层 read() 函数和 Windows 上的底层 Readfile() 函数。如果 std::istream::read() 直接连接到这个底层功能，绕过缓冲区和 C++ 流 I/O 的其他"负担"[1]，它应当能够更加高效。而且，如果能够一次读取整个文件，那么函数调用也会非常高效。代码清单 11-12 实现了这个功能。

注 1：此处是指策略（facet）、行结束检测（line-ending detection）以及许多虚函数调用等。——译者注

```cpp
bool stream_read_string(std::istream& f, std::string& result) {
    std::streamoff len = stream_size(f);
    if (len == -1)
        return false;

    result.resize (static_cast<std::string::size_type>(len));

    f.read(&result[0], result.length());
    return true;
}
```

对 stream_read_string() 的性能测试结果分别是 267 毫秒（VS2010）和 144 毫秒（VS2015），这比 stream_read_sgetn() 快了大约 25%，比 file_reader() 快了 5 倍。

stream_read_sgetn() 和 stream_read_string() 都有一个问题，那就是它们要求指针 &s[0] 指向连续存储块。在 C++11 之前，尽管我所知道的所有标准库中的字符串都是连续地存储字符，但其实 C++ 标准并没有这种要求。C++11 标准在 21.4.1 节中首次清晰地要求字符串必须连续地存储字符。

下面这个函数首先动态地分配字符数组，然后将数据读入其中，接着使用 assign() 函数将数据复制到字符串中，我对它进行了性能测试。这个函数对那些实现方法违反了连续存储字符的标准的新奇的字符串也适用：

```cpp
bool stream_read_array(std::istream& f, std::string& result) {
    std::streamoff len = stream_size(f);
    if (len == -1)
        return false;

    std::unique_ptr<char> data(new char[static_cast<size_t>(len)]);

    f.read(data.get(), static_cast<std::streamsize>(len));
    result.assign(data.get(), static_cast<std::string::size_type>(len));
    return true;
}
```

这个函数的性能测试结果分别是 307 毫秒（VS2010）和 186 毫秒（VS2015），只比 stream_read_string() 稍慢了一点。

11.1.7　无用的技巧

我阅读过一些非常复杂的技巧，它们建议自己编写 streambuf 来改善性能。代码清单 11-13 是我阅读过的这样一段代码。

代码清单 11-13　不要玩火自焚

```cpp
// 引用自:http://stackoverflow.com/questions/8736862
class custombuf : public std::streambuf
{
public:
    custombuf(std::string& target): target_(target) {
```

```
                this->setp(this->buffer_, this->buffer_ + bufsize - 1);
        }
    private:
        std::string& target_;
        enum { bufsize = 8192 };
        char buffer_[bufsize];
        int overflow(int c) {
            if (!traits_type::eq_int_type(c, traits_type::eof())) {
                *this->pptr() = traits_type::to_char_type(c);
                this->pbump(1);
            }
            this->target_.append(this->pbase(),
                                 this->pptr() - this->pbase());
            this->setp(this->buffer_, this->buffer_ + bufsize - 1);
            return traits_type::not_eof(c);
        }
        int sync() { this->overflow(traits_type::eof()); return 0; }
    };

    std::string stream_read_custombuf(std::istream& f) {
        std::string data;
        custombuf sbuf(data);
        std::ostream(&sbuf) << f.rdbuf() << std::flush;
        return data;
    }
```

这段示例代码的问题在于它试图去优化一种低效算法。正如之前所观察到的（在 stream_read_streambuf() 中），向 ostream 中插入 streambuf 的效率并不是特别高。这段代码的性能测试结果分别是 1312 毫秒（VS2010）和 1182 毫秒（VS2015），并没有比 stream_read_streambuf() 更优秀。任何性能改善效果可能都是缘于在自定义的 streambuf 中使用了 8KB 缓冲区，而这其实只用几行代码就能够实现。

11.2 写文件

要想测试读取文件的函数，必须创建文件。这又可以让我测试写文件函数。我编写的第一个写文件的函数如代码清单 11-14 所示。

代码清单 11-14　stream_write_line()

```
    void stream_write_line(std::ostream& f, std::string const& line) {
        f << line << std::endl;
    }
```

我调用这个函数 10 000 次创建一个文件，然后又循环 100 次这段处理来得到可测量的时间。性能测试结果分别是 1972 毫秒（VS2010）和 2110 毫秒（VS2015）。

stream_write_line() 每次会写入一行数据，并以 std::endl 结束。我当时不知道 endl 会刷新输出。如果没有 std::endl，那么写文件应当会快很多，因为 std::ofstream 只是将几个大数据块传递给了操作系统。代码清单 11-15 验证了我的猜想。

```
    void stream_write_line_noflush(std::ostream& f,
                                   std::string const& line)
{
    f << line << "\n";
}
```

当然，要么以 f.flush() 结束 stream_write_line_noflush()，要么关闭流，这样最后一个写满数据的缓冲区中的信息才会被输出。stream_write_line_noflush() 的性能测试结果分别是 367 毫秒（VS2010）和 302 毫秒（VS2015），比 stream_write_line() 快了大约 5 倍。

我还对 stream_write_line_noflush() 进行了一项将整个文件内容先保存在一个字符串中然后输出的性能测试。果不其然，这种方法的速度更快。具体的性能测试结果分别是 132 毫秒（VS2010）和 137 毫秒（VS2015）。这比将文件内容逐行写入到文件中快了 1.7 倍。

11.3 从std::cin读取和向std::cout中写入

当从标准输入中读取数据时，std::cin 是与 std::cout 紧密联系在一起的。要求从 std::cin 中输入会首先刷新 std::cout，这样交互控制台程序就会显示出它们的提示。调用 istream::tie() 可以得到一个指向捆绑流的指针，前提是该捆绑流存在。调用 istream::tie(nullptr) 会打破已经存在的捆绑关系。正如前一小节中所介绍的，刷新操作的开销非常昂贵。

关于 std::cin 和 std::cout 的另外一件需要知道的事情的是，C++ 流在概念上是与 C 的 FILE* 对象的 stdin 和 stdout 连接在一起的。这让程序能够同时使用 C++ 和 C 的 I/O 语句，并使得输入或输出的交叉在某种程度上有了意义。std::cout 与 stdout 的连接是实现定义（implementation-defined）的。多数标准库实现默认都会直接将 std::cout 发送至 stdout。stdout 默认是按行缓存的，在 C++ 的输入输出流中没有这种方式。每当 stdout 遇到新的一行，它都会刷新缓冲区。

切断连接有助于改善性能。调用静态成员函数 std::ios_base::sync_with_stdio(false) 可以打破这种连接，改善性能，但代价是如果程序同时使用了 C 和 C++ I/O 函数，那么交叉行为将变得不可预测。

我没有测试打破连接后性能差异有多大。

11.4 小结

- 不论你是在哪个网站上看到的，互联网上的"快速"文件 I/O 代码不一定快。
- 增大 rdbuf 的大小可以让读取文件的性能提高几个百分点。
- 我测试到的最快的读取文件的方法是预先为字符串分配与文件大小相同的缓冲区，然后调用 std::streambuf::sgetn() 函数填充字符串缓冲区。
- std::endl 会刷新输出。如果你并不打算在控制台上输出，那么它的开销是昂贵的。
- std::cout 是与 std::cin 和 stdout 捆绑在一起的。打破这种连接能够改善性能。

第12章
优化并发

预测是困难的，特别是预测未来。

——尤吉·贝拉（1925—2015），棒球传奇人物，也是一位不经意间幽默一下的人

在成为"尤吉主义"之前，这句俏皮话是在英语物理和经济学杂志上出现的。也有一种说法是，这是一句丹麦谚语。但贝拉不太可能从这两个出处之一盗用了这句话。

包括最小型的现代计算机在内，所有的现代计算机都能够并发处理多条执行流。它们有多个 CPU 核心，有带有数百个简单核心的图形处理器，还有音频处理器、磁盘控制器、网卡，甚至带有单独的计算能力和内存的键盘。无论喜欢与否，开发人员都得生活在一个并发的世界中，他们必须理解如何编写并发活动。

以前，并发编程一直实践在单核处理器上。直到 2005 年，多核微处理器问世，它们提供了真正（并非时间切割）的并发，改变了开发人员的观念，形成了具有新规则的最佳实践。即使是对于那些在单核处理器系统中经历过并发问题的开发人员来说，这些规则可能也是陌生的。

如果未来的处理器发展方向会让商业设备配置数十甚至上百个核心，那么最佳编程实践还会继续改变。有几种有竞争力的工具预见到了未来，它们提供了细粒度并发功能。不过，带有大量核心的通用硬件尚未成为主流[1]，在开发人员社区中，实践标准尚不稳固，细粒度并发解决方案中的佼佼者尚未出现。从某种意义上说，它的未来并不明确。我不得不非常遗憾地将这个有趣的主题留给其他人去讲解。

注 1：是的，是的，我听到了有读者在说 GPU。只有当数百万开发人员直接在 GPU 上编程时，它们才会成主流。现在，那个时代尚未到来。

有多种机制能够为程序提供并发，其中有些基于操作系统或是硬件，不属于 C++ 的范畴。C++ 代码的运行看起来很普通，就像是一个程序或是一组通过 I/O 通信的程序。不过，这些实现并发的方法对 C++ 程序的设计仍然有一定影响。

C++ 标准库直接支持线程共享内存的并发模型。许多开发人员都对他们的操作系统的并发特性或是 C 语言中的 POSIX 线程（pthread）库更加熟悉。根据我的经验，开发人员对于 C++ 的并发特性非常陌生，而且在 C++ 编程中，并发也不如其他特性使用得那么广泛。出于这个原因，与本书中的其他 C++ 特性相比，我会就并发特性进行更广泛的讨论。

C++ 标准库对并发的支持还在制定过程中。尽管标准在提供并发的基础概念和功能上取得了巨大的进步，但是许多功能仍然在制定过程中，直到 C++17 或是之后的版本才会正式推出。

本章将会讨论几个用于改善基于线程的并发程序的性能的技巧。我们假设读者已经基本掌握了线程级别的并发和同步原语，并正在寻找优化多线程程序的方法。线程级别的并发的基础知识并不是本书的主题。

12.1　复习并发

并发是多线程控制的同步（或近似同步）执行。并发的目标并不是减少指令执行的次数或是每秒访问数据的次数。相反，它是通过提高计算资源的使用率来减少程序运行的时间的。

并发通过在其他程序活动等待事件发生或是资源变为可用状态时，允许某些程序活动向前执行来提高程序性能。这样能够增加计算资源的使用时间。并发执行的程序活动越多，那么所使用的资源以及等待事件发生和资源变为可用状态的程序活动也越多。如此良性循环下去，计算资源和 I/O 资源的总的使用时间将会达到某个饱和度。当然，我们希望这个饱和度越接近 100% 越好。结果就是相比于程序中每项任务都在上一项任务执行完成之后才开始执行，让计算机在等待事件发生的过程中处于闲置状态，减少了程序整体的运行时间。

从性能优化的角度看，并发的挑战是找到足够多的独立任务来充分地使用所有可用的计算资源，即使有些任务必须等待外部事件的发生或是资源变为可用状态。

C++ 为共享内存的基于线程的并发提供了一个中规中矩的库。这绝不是 C++ 程序实现一个由若干协同工作的程序组成的系统的唯一方式。其他类型的并发库同样对 C++ 程序有影响，因此我们也会简单介绍下这些并发库。

本节将会讲解 C++ 内存模型和在多线程程序中使用共享内存技术的基本工具。以我的经验，这是 C++ 中最难讲解的主题。之所以说它难以讲解，是因为我们人类的大脑是单线程的，每次只能弄清一种因果关系。

12.1.1　并发概述

计算机硬件、操作系统、函数库以及 C++ 自身的特性都能够为程序提供并发支持。本节将会介绍几种并发特性以及它们对 C++ 的影响。

既有 C++ 内置的并发特性，也有通过库代码或操作系统提供的并发特性，但这并不表示某种并发模型优于其他模型。有些特性之所以内置在 C++ 中，是因为它们需要被内置，没有其他方式能够提供这种特性。最著名的几种并发形式如下。

时间分割（time slicing）

这是操作系统中的一个调度函数。在时间分割中，操作系统会维护一份当前正在执行的程序和系统任务的列表，并为每个程序都分配时间块。任何时候，当一个程序等待事件或是资源时，操作系统会将程序从可运行程序列表中移除，并将它所使用的处理器资源共享给其他程序。

操作系统是依赖于处理器和硬件的。它会使用计时器和周期性的中断来调整处理器的调度。C++ 程序并不知道它被时间分割了。

虚拟化（Virtualization）

一种常见的虚拟化技术是让一个称为 "hypervisor" 的轻量级操作系统将处理器的时间块分配给**客户虚拟机**。客户虚拟机（VM）包含一个文件系统镜像和一个内存镜像，通常这都是一个正在运行一个或多个程序的操作系统。当 hypervisor 运行客户虚拟机后，某些处理器指令和对内存区域的某些访问会产生 Trap（陷入），并将它下传给 hypervisor，这将允许 hypervisor 竞争 I/O 设备和其他硬件资源。另外一种虚拟化技术是使用传统操作系统作为客户虚拟机的主机。如果主机和客户虚拟机上运行的操作系统相同，那么就能够使用操作系统的 I/O 工具更加高效地竞争 I/O 资源。

虚拟化技术的优点如下。

- 客户虚拟机是在运行时被打包为磁盘文件的，因此我们能够对客户虚拟机设置检查点（checkpoint），保存客户虚拟机，加载和继续执行客户虚拟机，以及在多台主机上运行客户虚拟机。
- 只要资源允许，我们能够并发地运行多台客户虚拟机。hypervisor 会与计算机虚拟内存保护硬件共同协作，隔离这些客户虚拟机。这使得硬件能够被当作商品租借出去并计时收费。
- 我们能够配置客户虚拟机使用主机的一部分资源（物理内存、处理器核心）。计算资源能够根据每台客户虚拟机上正在运行的程序的需求"量体裁衣"，确保并发地在同一硬件上运行的多台虚拟机保持性能稳定，并防止它们之间意外地发生交互。

与传统的时间分割一样，C++ 程序同样不知道它运行于 hypervisor 下的一台客户虚拟机中。C++ 程序也许会间接地注意到它们所使用的资源受到了限制。虚拟化技术与 C++ 程序设计是有关的，因为它既能够限制程序所消耗的计算资源，也需要让程序知道哪些资源才是真正可用的。

容器化（containerization）

容器化与虚拟化的相似之处在于，容器中也有一个包含了程序在检查点的状态的文件系统镜像和内存镜像；不同之处在于容器主机是一个操作系统，这样能够直接地提供 I/O 和系统资源，而不必通过 hypervisor 去较低效地竞争资源。

容器化具有与虚拟化相同的优点（打包、配置和隔离性），同时它在某种程度上更加高效。

对于运行于容器中的 C++ 程序，容器化是不可见的。容器化与 C++ 程序相关的原因与虚拟化相同。

对称式多处理（symmetric multiprocessing）

对称式多处理器（symmetric multiprocessor）是一种包含若干执行相同机器代码并访问相同物理内存的执行单元的计算机。现代多核处理器都是对称式多处理器。当前正在执行的程序和系统任务能够运行于任何可用的执行单元上，尽管选择执行单元可能会给性能带来影响。

对称式多处理器使用真正的硬件并发执行多线程控制。如果对称式多处理器有 n 个执行单元，那么一个计算密集型程序的执行时间最多可以被缩短为 $1/n$。稍后我将会讲到，软件线程可能会，也可能不会运行于各自的硬件线程之上，因此可能会也可能不会减少程序运行的总时间，而硬件线程则与此形成了鲜明的对比。

同步多线程（simultaneous multithreading）

有些处理器的硬件核心有两个（或多个）寄存器集，可以相应地执行两条或多条指令流。当一条指令流停顿时（如需要访问主内存），处理器核心能够执行另外一条指令流上的指令。具有这种特性的处理器核心的行为就像是有两个（或多个）核心一样，这样一个"四核处理器"就能够真正地处理八个硬件线程。正如我们将在 13.3.2 节中看到的，这非常重要，因为最高效地使用软件线程的方法是让软件线程数量与硬件线程数量匹配。

多进程

进程是并发的执行流，这些执行流有它们自己的受保护的虚拟内存空间。进程之间通过管道、队列、网络 I/O 或是其他不共享的机制[2]进行通信。线程使用同步原语或是通过等待输入（即发生阻塞直至输入变为可用状态）来进行同步。

进程的主要优点是操作系统会隔离各个进程。如果一个进程崩溃了，其他进程依然活着，尽管它们可能什么也不会做。

进程最大的缺点是它们有太多的状态：虚内存表、多执行单元上下文、所有暂停线程的上下文。进程的启动、停止以及互相之间的切换都比线程慢。

C++ 无法直接操作进程。通常，一个 C++ 程序的表现形式就是操作系统中的一个进程。C++ 中没有任何工具能够操作进程，因为并非所有的操作系统都有进程的概念。有些小型处理器会为程序分割时间，但不会隔离程序，所以这些程序看起来更像是线程。

分布式处理（distributed processing）

分布式处理是指程序活动分布于一组处理器上。这些处理器可以不同。相比于处理器的处理速度，它们之间的通信速度非常慢。一组通过 TCP/IP 协议进行通信的云服务器的实例就是一种分布式处理。在一台单独的 PC 上也存在着分布式处理，例如将驱动器分流（offload）给运行于磁盘驱动器和网卡之上的处理器。另一个例子是将图形任务分流给图形处理单元（GPU）中的多种专用处理器。传统上，GPU 都是在显卡中的，但是

注 2：有些操作系统允许在进程间共享指定的内存块。这些在进程间共享内存的机制非常神秘，而且依赖于操作系统。本书将不会对这些内容进行讲解。

最近几家制造商将 GPU 集成到了微处理器上，掀起了一阵硅谷新潮流。

在典型的分布式处理结构中，数据通过管道或网络流向进程，进程在对输入数据进行处理后再将数据放入到下一段管道中。这种模型与 Unix 的命令行管道一样古老，使得相对重量级的进程也能够高效地运行。管道中的进程具有很长的生命周期，这样能够避免启动进程的开销。进程能够连续地对工作单元进行处理，因此根据输入数据的情况，它们可能会使用整个分割时间。最重要的是，进程之间不会共享内存或是同步，因此它们能够全速运行。

尽管 C++ 中没有进程的概念，但 C++ 开发依然与分布式处理有关，因为它会影响程序设计和程序结构。共享内存不会超过几个线程。有些并发方案提倡完全放弃共享内存。分布式处理系统通常都会自然而然地被分解为子系统，形成模块化的、易理解的和能够重新配置的体系结构。

线程

线程是进程中的并发执行流，它们之间共享内存。线程使用同步原语进行同步，使用共享的内存地址进行通信。

与进程相比，线程的优点在于消耗的资源更少，创建和切换也更快。

不过，线程也有几个缺点。由于进程中的所有线程都共享相同的内存空间，一个线程写入无效的内存地址可能会覆盖掉其他线程的数据结构，导致线程崩溃或出现不可预测的行为。此外，访问共享内存远比访问不共享的内存慢，并且内存中保存的内容必须在线程之间同步，否则线程将会难以解释这些内容。

大多数操作系统都有自己的支持多线程的库。一直到现在，具有丰富的并发开发经验的 C++ 开发人员一直都使用原生线程库或是提供了基本线程服务功能的跨平台解决方案——POSIX 线程库。

任务

任务是在一个独立线程的上下文中能够被异步调用的执行单元。在基于任务的并发中，任务和线程是独立地和显式地被管理的，这样可以将一个任务分配给一个线程去执行。相比之下，在基于线程的并发中，线程以及在线程上运行的可执行代码是作为一个单元被管理的。

基于任务的并发构建于线程之上，因此任务也具有线程的优点和缺点。

基于任务的并发的另外一个优势是，处于活动状态的软件线程的数量能够与硬件线程的数量匹配起来，这样线程就能运行得非常高效。程序能够设置待执行任务的优先级和队列。相比之下，在基于线程的系统中，操作系统以一种不透明的和依赖于操作系统的方式设置线程优先级。

任务的灵活性的代价比应用程序的复杂性更大。程序必须实现对任务设置优先级或是排序任务的方法。另外，程序还必须管理任务运行的基础——线程池。

12.1.2　交叉执行

天文学家对宇宙的看法非常有意思。宇宙中 73% 的可见物质是氢气，25% 是氦气，剩下的 2% 是其他气体。天文学家能够说出可观测到的宇宙的大多数特征，比如宇宙几乎由氢气和氦气组成的。那些构成星球、处理器和人的元素都被称为"五金"，仿佛它们没有单独的身份、最好被忽略一样。

并发程序能够大致被抽象为**加载**（load）、**存储**（store）和**分支**（branch），而分支常常被忽略了，仿佛所有编程的复杂性都是不相关的。关于并发的讨论（包括本书中的讨论）常常都是用几句最简单的赋值语句组成的程序片段来讲解并发概念。

两个线程的并发执行的控制可以被建模为两个线程的简单的加载和存储语句的交叉。如果线程 1 和线程 2 各包含一条语句，那么可能的交叉情况是"12"和"21"。如果每个线程有两条语句，那么有多种可能的交叉情况："1122""1212""2112""1221""2121"和"2211"。在实际的程序中，可能会存在着大量的交叉可能性。

在单核处理器时代，并发是通过在操作系统中进行时间分割实现的。**竞争条件**（race condition）相当稀少，因为一个线程在操作系统将控制权交给另外一个线程之前会执行许多语句。例如，我曾经观察到的交叉是"1111...11112222....2222"。

在如今这个多核处理器时代，单独语句的交叉成为了可能，这样会更加频繁地观察到竞争条件。那些过去在单核处理器上编写过并发程序的开发人员可能仍然会对他们的技巧有信心，但实际上这些技巧已经过了"保质期"了。

12.1.3　顺序一致性

正如在第 2 章所指出的，C++ 认为计算机模型是简单和直观的。这个模型有一个要求，那就是程序具有**顺序一致性**（sequential consistency）。也就是说，程序表现得看起来像是语句的执行顺序与语句的编写顺序是一致的，遵守 C++ 流程控制语句的控制。这个要求看似明确，但是在上面这句话中有一个含糊其辞的词——"看起来像是"，这就使得许多编译器优化和创新的微处理器设计成为可能。

例如，代码清单 12-1 中的程序片段具有顺序一致性，即使在 x 变为 0 之前 y 先被设置为 0，或者 y 先被设置为 1 后 x 才被设置为 1，抑或是在执行完 if 语句的 y == 1 的比较后 x 才被设置为 1，只要赋值语句 x = 1 出现在断言 assert(x == 1) 之前，即使用 x 的值之前。

代码清单 12-1　顺序一致性意味着"看起来像是"按顺序执行

```
int x = 0, y = 0;
x = 1;
y = 1;
if (y == 1) {
    assert(x == 1);
```

读者可能会问："为什么编译器要对语句重新排序呢？"事实上，其中有许多原因，而所有这些原因都与编译器中生成最优代码的"黑暗魔法"有关，对这些东西我不敢妄加评论。而且，不仅是编译器会进行重新排序，现代微处理器也会对加载和存储重新排序（请参见 2.2.8 节）。

编译器优化、改变执行顺序、高速缓存和写缓冲区的综合影响可以使用加载和存储的通用隐喻来建模——摆脱它们在程序中的原本位置，将它们移动到原来位置之前或之后。这种隐喻会捕捉所有影响，我们不必去解释或理解编译器优化和某种处理器的硬件行为的细节。

在特定的编译器和硬件组合中，并非所有可能的加载和存储顺序的改变都会实际发生。移动共享变量的加载和存储会产生一个最差情况场景。但是当某种硬件架构具有三层高速缓存，而且其行为取决于每个变量在哪一层缓存中时，要讨论清楚这种硬件架构是极其困难的。同时，这也是没有意义的，因为多数程序在它们的生命周期内都需要运行于多种硬件设备之上。

重要的是，当一条使用变量的语句被移动到相关语句之前或是之后时，只要不是将它移动到更新该变量的语句之后，程序就仍然具有顺序一致性；同样，在改变更新变量的语句的执行顺序时，只要不是将它移动到使用该变量的语句之后，程序就仍然具有顺序一致性。

12.1.4 竞争

并发给 C++ 带来了一个问题——没有任何方法能够知道什么时候两个函数会并发执行以及哪些变量被共享了。在一次考虑一个函数时完全合理的代码移动优化可能会在两个函数同时运行时带来问题。

如果线程 1 有一条语句 x = 0，线程 2 有一条语句 x = 100，那么程序的结果取决于两个线程之间的竞争。当这两条语句的并发执行的结果取决于在哪个程序运行中发生了交叉时，就会发生竞争。交叉"12"产生的结果是 x == 100，而交叉"21"产生的结果则是 x == 0。这个程序的结果以及其他任何会发生竞争的程序的结果都是不确定的，即不可预测的。

在 C++ 的标准内存模型中，只要程序中不会发生竞争，那么它的行为看起来像是具有顺序一致性；如果程序中会发生竞争，就可能会违背顺序一致性。

代码清单 12-2 是代码清单 12-1 的一个多线程版本。在这个版本的代码中，我给变量赋予了更加有意义的名字。

代码清单 12-2　多线程的顺序一致性
```
// 线程1运行于核心1上
shared_result_x = 1;
shared_flag_y = 1;
    ...
// 线程2运行于核心2上
while (shared_flag_y != 1)
    /* 繁忙等待shared_flag_y被设置为1 */ ;
assert(shared_result_x == 1);
```

shared_result_x 的值是在线程 1 中计算出来的，它会在线程 2 中使用。shared_flag_y 是在线程 1 中设置的标识位，它会告诉线程 2 是否可以使用 shared_result_x 的值。如果编译器或处理器改变了线程 1 中的两条语句的顺序，导致 shared_flag_y 在 shared_result_x 被赋值之前先被设置为了 1，那么线程 2 可能（但不一定）会在看到 shared_flag_y 的值发生了改变后退出 while 循环，并返回错误，因为它看到的 shared_result_x 的值仍然是以前的值。每个线程都是顺序一致的，但两个线程的交互是一种竞争。

只有那些在定义中不存在"看起来像是"这样含糊的字眼的编程语言，才能够确保在线程之间被共享的变量的顺序一致性。其他编程语言支持这一点，因为共享变量是显式地被声明的；编译器不会改变它们的位置，并会生成特别的代码来确保硬件也不会改变它们的位置。并发的 C++ 程序必须显式地强制进行特定的交叉以保证顺序一致性。

12.1.5　同步

同步是多线程中语句交互的强制顺序。同步允许开发人员讨论多线程程序语句的执行顺序。没有同步，语句执行的顺序是不可预测的，线程之间的协同工作将会变得非常困难。

同步原语是一种编程结构，其目的是通过强制并发程序的交叉来实现同步。所有的同步原语的工作原理都是让一个线程等待另外一个线程或是**挂起**线程。通过强制指定特定的执行顺序，同步原语避免了竞争的发生。

在过去 50 年的编程中已经提出和实现了各种同步原语。微软的 Windows 具有丰富的同步原语集，包括可以挂起线程的事件（event）、两种互斥量（mutex）、一种非常通用的信号量（semaphore）和 Unix 风格的信号（signal）。Linux 也有它自己的丰富但独特的同步原语。

理解同步原语只是一种概念上的存在非常重要。没有权威的专家能准确地说出信号量是什么或是应当如何实现一个监控器（monitor）。Windows 对信号量的描述与 Dijkstra[3] 的原始描述大不相同。而且，所有那些被提出的同步原语都能够从原语碎片丰富的原语集合中合成出来，就如同所有的布尔函数都能从硬件与非门和或非门合并出来一样。因此，同样的同步原语在不同的操作系统上会有不同的实现。

经典的同步原语会与操作系统进行交互，切换线程的活动状态和挂起状态。这种实现适合于那种只有一个相对较慢的执行单元的计算机。不过，通过操作系统启动和停止线程的延迟会非常明显。如果计算机中有多个处理器以一种真正的并发方式执行多个指令流，通过在共享变量上采用繁忙等待（Busy-Waiting）策略进行同步可以大幅缩短等待时间。设计人员也可能会采用混合方式实现同步库。

12.1.6　原子性

如果没有线程能够在另外一个线程对共享变量计算到一半的时候看到该变量被更新了，那么在共享变量（特别是具有多个成员变量的类实例）上执行的这个操作就具有**原子性**（atomicity）。如果更新操作不具有原子性，那么在两个线程的代码交互时，可能会发生以下情况：一个线程在另一个线程对共享变量的更新操作结束前，就去访问这个正在被更新的、不具有一致性的变量。换一种方式看，原子性确保不会发生这些我们不希望看到的交互。

注 3：Edsger W. Dijkstra，《协作顺序进程》（http://www.cs.utexas.edu/users/EWD/transcriptions/EWD01xx/EWD123. html），Edsger W. Dijkstra 档案，德克萨斯大学奥斯汀分校美国历史中心（1965 年 9 月）。

1. 互斥实现原子性

传统上，原子性是通过互斥实现的。每个线程在访问共享变量前都必须获得一个**互斥量**（mutex），并在完成操作后释放这个互斥量。获取和释放互斥量之间的程序部分被称为**临界区**（critical section）。如果一个线程得到了互斥量，那么其他所有线程在试图获取互斥量时都会被挂起。因此，在一个时间点只有一个线程能够对共享数据进行操作。我们称这个线程持有互斥量。互斥量会序列化线程，让它们一个接一个地访问临界区。

加载和存储共享变量必须在同时只有一个线程能够访问的临界区中进行，否则就会发生竞争，导致出现不可预测的结果。不过正如在 12.1.3 节中所提到的，编译器和处理器都会移动加载语句和存储语句。有一种称为**内存栅栏**（memory fence）的机制可以防止共享变量的加载和存储泄漏到临界区外。在处理器中，有些特殊的指令可以告诉处理器不要移动加载语句和存储语句穿越内存栅栏。在编译器中，内存栅栏是概念上的。优化器不会跨越函数调用移动加载语句和存储语句，因为在任何函数调用中都可能存在临界区。

位于临界区顶部的内存栅栏必须防止共享变量的加载被泄漏至临界区外。我们称这个内存栅栏具有**获得语义**（acquire semantics），因为它在线程获得互斥量时才存在。类似地，位于临界区底部的内存栅栏必须防止共享变量的存储被泄漏至临界区外。我们称这个内存栅栏具有**释放语义**（release semantics），因为它在线程释放互斥量时才存在。

在只有单核处理器的日子里是不需要内存栅栏的。编译器不会跨越函数调用对加载语句和存储语句重新排序，操作系统在切换线程时只会在偶然的情况下同步内存。但是进入多核时代后，程序员必须应对这个新问题。使用 C++ 标准库提供的同步原语或是操作系统的原生同步库的开发人员无需担心内存栅栏，但是自己实现同步原语或是无锁数据结构的程序员则必须保持警惕。

2. 原子性硬件操作

通过互斥实现的原子性会带来性能开销，使得开发人员在使用它时会遇到麻烦。

- 由于只有一个线程能够拥有互斥量，共享变量上的操作无法并发执行。在临界区中消耗的时间越多，临界区从并发执行中夺走的时间也就越多；在共享变量上执行操作的线程越多，临界区从并发执行中夺走的时间也就越多。

- 当一个线程释放互斥量时，在该互斥量上挂起的线程就能够获得它。但是当有多个线程被挂起时，是无法确保其中哪个线程一定能够获得互斥量的，因为提供这样一种保证的性能开销非常昂贵。如果许多线程都挂起了，有些线程可能永远无法得到互斥量；这些线程上的计算无法继续向前进行。这种情况被称为**资源饥饿**。

- 如果一个线程已经获得了一个互斥量，然后需要获取第二个互斥量，那么当另外一个线程已经获得了第二个互斥量并需要获取第一个互斥量时，就会发生线程永远无法继续往下执行的情况。我们称这种情况为**死锁**（deadlock），或是一个更加优雅的名字——**死亡拥抱**（deadly embrace）。一个线程试图两次锁住互斥量时会使自己死锁。当多个线程的互斥量之间形成了循环依赖关系时，这些线程都会被死锁。尽管我们有避免死锁的策略，但是却无法确保程序试图去获取多个互斥量时不会被死锁。

对于整数和指针这样的简单类型变量，在某些计算机上执行的某些操作是具有原子性的，因为这些操作是都通过一条单独的机器指令执行的。这些特殊的原子性指令带有内存栅栏，能够确保指令在执行过程中不会被其他的指令中断。

原子性指令形成了实现互斥量和其他同步原语的基础。我们只使用硬件的原子性操作就可以实现巧妙得令人赞叹的线程安全的数据结构。我们称其为**无锁编程**（lock-free programming），因为以这种方式工作的代码无须等待获取互斥量。

无锁程序可以增加并发线程的数量，但是它们并非万灵药。原子操作仍然会序列化线程，哪怕这些操作只执行一条指令。不过，即使是与最高效的互斥量相比，无锁程序也能够将临界区的持续时间缩短一个数量级。

12.2 复习C++并发方式

直到 C++14，与操作系统提供的丰富的并发方式相比，C++ 标准库对并发的支持依然显得有些简陋。一个原因是 C++ 中的并发方式必须支持所有操作系统，另一个原因则是 C++ 的并发仍然在发展中，按照计划在 C++17 中，对并发的支持会突飞猛进。与调用操作系统的原生并发方式相比，使用 C++ 并发特性的优势在于 C++ 的并发方式在不同的平台上具有一致性。

C++ 标准库的并发机制就像是把一组积木组装在一起一样，通过操作系统的 C 风格的线程库组装出完全 C++ 风格的、能够传递可变参数列表、返回值、抛出异常和存储在容器中的线程解决方案。

12.2.1 线程

<thread> 头文件提供了 std::thread 模板类，它允许程序创建线程对象作为操作系统自身的线程工具的包装器。std::thread 的构造函数接收一个**可调用对象**（函数指针、函数对象、lambda 或是绑定表达式）作为参数，并会在新的软件线程上下文中执行这个对象。C++ 使用可变模板参数转发"魔法"调用带有可变参数列表的函数，而底层操作系统的线程调用通常接收一个指向带有 void* 参数的 void 函数的指针作为参数。

std::thread 是一个用于管理操作系统线程的 RAII（资源获取即初始化）类。它有一个返回操作系统原生线程处理句柄的 get() 成员函数，程序可以使用该处理句柄访问操作系统中更丰富的作用于线程上的函数集合。

代码清单 12-3 是 std::thread 用法的一个简单示例。

代码清单 12-3　启动几个简单的线程

```
void f1(int n) {
    std::cout << "thread " << n << std::endl;
}

void thread_example() {
    std::thread t1;              // 线程变量,不是一个线程
    t1 = std::thread(f1, 1);     // 将一个线程赋值给线程变量
    t1.join();                   // 等待线程结束
    std::thread t2(f1, 2);
    std::thread t3(std::move(t2));
```

```
    std::thread t4([]() { return; });// 也可以与lambda表达式配合使用
    t4.detach();
    t3.join();
}
```

线程 t1 会被初始化为一个空线程。由于每个线程都有一个唯一的指向底层资源的句柄，因此线程无法被复制，但是我们能够使用移动赋值运算符将一个右值赋值给空线程。t1 可以拥有任何一个执行接收一个整数参数的函数的线程。std::thread 的构造函数接收一个指向 f1 的函数指针和一个整数作为参数。第二个参数会被转发给在 std::thread 的构造函数中启动的可调用对象（f1）。

线程 t2 是用同一个函数但是不同参数启动的。线程 t3 是一个移动构造函数的示例。在被移动构造后，t3 运行的是作为 t2 启动的线程，t2 变为了空线程。线程 t4 展示了如何使用 lambda 表达式作为线程的可调用对象启动线程。

std::thread 代表的操作系统线程必须在 std::thread 被销毁之前被销毁掉。我们可以像 t3.join() 这样加入线程，这表示当前线程会等待被加入的线程执行完毕。我们可以像 t4.detach() 这样将操作系统线程从 std::thread 对象中分离出来。在这种情况下，线程会继续执行，但对启动它的线程来说变成了不可见的。当被分离线程的可调用对象返回时它就会结束。如果可调用对象不会返回，那么就会发生资源泄露，被分离的线程会继续消耗资源，直到整个程序结束。如果在 std::thread 被销毁前既没有调用过 join() 也没有调用过 detach()，它的析构函数会调用 terminate()，整个程序会突然停止。

尽管我们能够直接使用 std::thread，但是使用基于它编写出更加优秀的工具的话，可能有助于提高生产率。函数对象返回的任何值都会被忽略。函数对象抛出的异常会导致 terminate() 被调用，使程序无条件地突然停止。这些限制让对 std::thread 的调用变得非常脆弱，就像是标准的制定人员不希望开发人员使用它一样。

12.2.2　promise和future

C++ 中的 std::promise 模板类和 std::future 分别是一个线程向另外一个线程发送和接收消息的模板类。promise 和 future 允许线程异步地计算值和抛出异常。promise 和 future 共享一个称为**共享状态**（shared state）的动态分配内存的变量，这个变量能够保存一个已定义类型的值，或是在标准包装器中封装的任意类型的异常。一个执行线程能够在 future 上被挂起，因此 future 也扮演着同步设备的角色。

我们可以使用 promise 和 future 简单地实现异步函数调用和返回。不过，promise 和 future 的用途远远比这广泛。它们可以实现一幅动态改变线程之间的通信点的图。但是反过来说，它们不提供任何结构化机制，因此完全自由的通信图可能会难以调试。

C++ <future> 头文件中包含 promise 和 future 的功能。std::promise 模板的实例允许线程将共享状态设置为一个指定类型的值或是一个异常。发送线程并不会等待共享状态变为可读状态，它能够立即继续执行。

promise 的共享状态直到被设置为一个值或是一个异常后才就绪。共享状态必须且只能被设置一次，否则会发生以下情况。

- 如果某个线程多次试图将共享状态设置为一个值或是一个异常，那么共享状态将会被设置为 std::future_error 异常，错误代码是 promise_already_satisfied，而且共享状态变为就绪状态，为释放所有在 promise 上等待的 future 做好准备。
- 如果某个线程从来没有将共享状态设置为一个值或是一个异常，那么在 promise 被销毁时，它的析构函数会将共享状态设置为 std::future_error 异常，错误代码是 broken_promise,而且共享状态变为就绪状态,为释放所有在 promise 上等待的 future 做好准备。要想获得这个有用的错误提示，我们必须在线程的可调用对象中销毁 promise。

std::future 允许线程接收保存在 promise 的共享状态中的值或是异常。future 是一个同步原语，接收线程会在对 future 的 get() 成员函数的调用中挂起，直到相应的 promise 设置了共享状态的值或是异常，变为就绪状态为止。

在被构造出来或是通过 promise 赋值后，future 才是有效的。在 future 无效时，接收线程是无法在 future 上挂起的。future 必须在发送线程被执行之前通过 promise 构造出来。否则，接收线程会试图在 future 变为有效之前在它上面挂起。

promise 和 future 无法被复制。它们是代表特定通信集结点的实体。我们能构造和移动构造它们，可以将一个 promise 赋值给一个 future。理想情况下，promise 是在发送线程中被创建的，而 future 则是在接收线程中被创建的。有一种编程惯用法是在发送线程中创建 promise，然后使用 std::move(promise) 将其作为右值引用传递给接收线程，这样它的内容就会被移动到属于接收线程的 promise 中。开发人员可以使用 std::async() 来做到这一点。我们也可以通过指向发送线程的引用来传递 promise。代码清单 12-4 展示了如何使用 promise 和 future 来控制线程交互。

代码清单 12-4　promise、future 和线程

```
void promise_future_example() {
    auto meaning = [](std::promise<int>& prom) {
        prom.set_value(42); // 计算"meaning of life"
    };

    std::promise<int> prom;
    std::thread(meaning, std::ref(prom)).detach();

    std::future<int> result = prom.get_future();
    std::cout << "the meaning of life: " << result.get() << "\n";
}
```

在代码清单 12-4 中，promise 的 prom 在 std::thread 被调用之前被创建出来了。这种写法并不完美，因此它没有考虑 broken_promise 的情况。尽管如此，但这是有必要的，因为如果没有在线程开始之前构造出 prom，就无法确保在调用 result.get() 之前 future 的 result 是有效的。

程序接着构造出一个匿名 std::thread。它有两个参数，一个是 lambda 表达式 meaning，它是待执行的可调用对象；另一个是 promise 类型的变量 prom，它是传给 meaning 使用的参数。请注意，由于 prom 是一个引用参数，因此必须将其包装在 std::ref() 中才能使参数转发正常工作。调用 detach() 函数会从被销毁的匿名 std::thread 中分离出正在运行的线程。

现在正在发生两件事情：一件是操作系统正在为执行 meaning 做准备，另一件是程序正在创建 future 类型的 result。程序可能会在线程开始运行之前执行 prom.get_future()。这就是在构造出线程之前先创建 prom 的原因——这样 future 是有效的，程序会挂起等待线程。

程序会在 result.get() 中挂起，等待线程设置 prom 的共享状态。线程调用 prom.set_value(42)，让共享状态就绪并释放程序。程序在输出"the meaning of life:42"后结束。

future 中并没有什么神秘的地方。如果设计人员想设计一个先返回整数值然后返回字符串的线程，可以创建两个 promise，然后在接收程序创建两个对应的 future。

使 future 变为就绪状态释放了一个信号，表明计算完成了。由于程序会在 future 上挂起，因此无需在线程终止上挂起。这对于在 12.2.3 节中讨论的 std::async() 和在 12.3.3 节中讨论的线程池非常重要，因为相比于销毁然后重新创建线程，这种方法在重用线程上更加高效。

12.2.3 异步任务

C++ 标准库任务模板类在 try 语句块中封装了一个可调用对象，并将返回值或是抛出的异常保存在 promise 中。任务允许线程异步地调用可调用对象。

C++ 标准库中的基于任务的并发只是一个半成品。C++11 提供了将可调用对象包装为任务，并在可复用的线程上调用它的 async() 模板函数。async() 有点像"上帝函数"（请参见 8.3.10 节），它隐藏了线程池和任务队列的许多细节。

在 C++ 标准库 <future> 头文件中定义了任务。std::packaged_task 模板类能够包装任意的可调用对象（可以是函数指针、函数对象、lambda 表达式或是绑定表达式），使其能够被异步调用。packaged_task 自身也是一个可调用对象，它可以作为可调用对象参数传递给 std::thread。与其他可调用对象相比，任务的最大优点是一个任务能够在不突然终止程序的情况下抛出异常或返回值。任务的返回值或抛出的异常会被存储在一个可以通过 std::future 对象访问的共享状态中。

代码清单 12-5 是代码清单 12-4 的使用了 packaged_task 的简化版本。

代码清单 12-5   packaged_task 和线程

```
void promise_future_example_2() {
    auto meaning = std::packaged_task<int(int)>(
                        [](int n) { return n; });
    auto result  = meaning.get_future();
    auto t       = std::thread(std::move(meaning), 42);

    std::cout << "the meaning of life: " << result.get() << "\n";
    t.join();
}
```

packaged_task 类型的变量 meaning 包含一个可调用对象和一个 std::promise。这解决了在线程的上下文中调用 promise 的析构函数的问题。请注意 meaning 中的 lambda 表达式只是简单的返回参数，设定 promise 的部分被优雅地隐藏起来了。

在本例中，程序加入（join）了线程，而不是分离（detach）它。尽管在这个例子中并没有体现得特别明显，但是在主程序得到 future 的值后，主程序和线程都能继续并发地执行。

<async> 库提供了一个基于任务的工具——std::async()。模板函数 std::async() 执行一个可调用对象参数，这个可调用参数可能是在新线程的上下文中被执行的。不过，std::async() 返回的是一个 std::future，它既能够保存一个返回值，也能够保存可调用对象抛出的异常。而且，有些实现方式可能会为了改善性能而选择在线程池外部分配 std::async() 线程。代码清单 12-6 展示了 std::async() 的用法。

代码清单 12-6　任务和 async()

```
void promise_future_example_3() {
    auto meaning = [](int n) { return n; };
    auto result = std::async(std::move(meaning), 42);
    std::cout << "the meaning of life: " << result.get() << "\n";
}
```

这里定义了 lambda 表达式 meaning，并且将 lambda 表达式的参数传递给了 std::async()。这里使用了类型推导来决定 std::async() 的模板参数。std::async() 返回一个能够得到一个整数值或是一个异常的 future，它会被移动到 result 中。result.get() 的调用会挂起，直到 std::async() 调用的线程通过返回它的整数型参数设置它的 promise。线程终止是由 std::async() 负责的，它可能会将线程保留在线程池中。

这段示例代码不需要显式地负责线程终止。如果回收线程比销毁线程然后重新创建线程更加高效，那么在需要时，std::async() 可能会使用 C++ 运行时系统维护的线程池来回收线程。在 C++17 标准中可能会加入显式的线程池。

12.2.4　互斥量

C++ 提供了几种互斥量模板来实现临界区的互斥。互斥量模板的定义非常简单，我们能够很轻松地定义某种依赖操作系统的原生互斥量类的特化实现。

<mutex> 头文件包含了四种互斥量模板。

std::mutex

　　一种简单且相对高效的互斥量。在 Windows 上，这个类会首先尝试繁忙等待策略，如果它无法很快获得互斥量，就会改为调用操作系统。

std::recursive_mutex

　　一种线程能够递归获取的互斥量，就像函数的嵌套调用一样。由于该类需要对它被获取的次数计数，因此可能稍微低效。

std::timed_mutex

　　允许在一定时间内尝试获取互斥量。要想在一定时间内尝试获取互斥量，通常需要操作系统的介入，导致与 std::mutex 相比，这类互斥量的延迟显著地增大了。

std::recursive_timed_mutex

　　一种能够在一定时间内递归地获取的互斥量，带有"芥末""番茄酱"和"神秘调料"。这类互斥量很"美味"，但是开销也非常昂贵。

根据我的经验，在一定时间内递归地获取互斥量是一种警告，它表明应当简化设计。递归锁的界线难以划清，因此容易引起死锁。除非确实有必要，否则我们完全无需忍受它们那昂贵的开销，在设计新的代码时也应该避免使用它们。

在 C++14 中加入的 <shared_mutex> 头文件包含了对**共享互斥量**——也被称为 reader/writer **互斥量**——的支持。一个单独的线程可以以排他模式锁住共享互斥量来原子性地更新数据结构。多个线程能够以共享模式锁住一个共享互斥量来原子性地读取数据结构，但是在所有的读取者都释放互斥量之前无法以排他模式锁住它。共享互斥量允许更多的线程无需等待就能访问数据结构，实现了读取访问的最大化。这些共享互斥量包括以下两者。

std::shared_timed_mutex
    一种同时支持定时和非定时获取互斥量的共享互斥量。

std::shared_mutex
    一个更加简单的共享互斥量，按照计划在 C++17 中会被加入。

就我的经验来看，除非读取不频繁，否则 reader/writer 互斥量会导致写线程"饥饿"。在这种情况下，对 reader/writer 进行优化的价值是微不足道的。开发人员必须在使用递归互斥量这种更加复杂的互斥量时格外小心，而且应当总是选择更加简单且可预测的互斥量。

12.2.5　锁

在 C++ 中，汉字"锁"指的是以一种结构化方式获取和释放互斥量的 RAII 类。这个字的用法有时候会让人困惑，因为互斥量有时也指锁。获取互斥量也被称为**锁住**互斥量，释放互斥量也被称为**解锁**互斥量。在 C++ 中，互斥量的获取互斥量的成员函数的名字叫作lock()。我虽然已经使用互斥量 20 多年了，但是仍然必须集中注意力来确保在使用这些概念时意思足够明确。

C++ 标准库提供了一种简单的用于获得单个互斥量的锁，还提供了一种更加通用的用于获得多个互斥量的锁。后者实现了一种避免死锁的算法。

在 <mutex> 头文件中有两个锁模板。

std::lock_guard
    一种简单的 RAII 锁。在这个类的构造过程中，程序会等待直到获得锁；而在析构过程中则会释放锁。这个类的预标准实现通常被称为 scope_guard。

std::unique_lock
    一个通用的互斥量所有权类，提供了 RAII 锁、延迟锁、定时锁、互斥量所有权的转移和条件变量的使用。

    在 C++14 的 <shared_mutex> 头文件中加入了共享互斥量的锁。

std::shared_lock
    共享（reader/writer）互斥量的一个互斥量所有权类。它提供了 std::unique_lock 的所有复杂特性，另外还有共享互斥量的控制权。

一个单独的线程能够以排他模式锁住一个共享互斥量来原子性地更新数据结构。多个线程能够以共享模式锁住一个共享互斥量来原子性地读取数据结构，但是在所有的读取者都释放互斥量之前无法以排他模式锁住它。

12.2.6　条件变量

条件变量允许 C++ 程序实现由著名计算机科学家托尼霍尔和布林奇 - 汉森提出，并已在 Java 中作为同步类被广泛使用的**监视器**的概念[4]。

一个监视器在多线程之间共享一个数据结构。当一个线程成功地进入监视器后，它就拥有一个允许它更新共享数据结构的互斥量。线程可能会在更新共享数据结构后退出监视器，放弃它的排他访问权限。它也可能会阻塞在一个条件变量上，暂时地放弃排他访问权限直到这个条件变量变为特定的值。

一个监视器可以有一个或多个**条件变量**。每个条件变量都表示数据结构中一个概念上的状态改变事件。当运行于监视器中的一个线程更新数据结构时，它必须通知所有会受到这次更新影响的条件变量，它们所表示的事件发生了。

C++ 在 <condition_variable> 头文件中提供了条件变量的两种实现方式。它们之间的区别在于所接收的参数锁的一般性。

std::condition_variable

　　最高效的条件变量，它需要使用 std::unique_lock 来锁住互斥量。

std::condition_variable_any

　　一种能够使用任何 BasicLockable 锁（即任何具有 lock() 和 unlock() 成员函数的锁）的条件变量。该条件变量可能会比 std::condition_variable 低效。

当一个线程被条件变量释放后，该线程必须验证数据结构的状态是否与预期相同。这是因为有些操作系统可能会虚假地通知条件变量（我的经验是程序错误也可能会引发这种现象）。代码清单 12-7 是使用条件变量实现一个多线程的生产者 / 消费者设计模式的扩展示例。

代码清单 12-7　使用条件变量实现的简单的生产者和消费者

```
void cv_example() {
    std::mutex m;
    std::condition_variable cv;
    bool terminate = false;
    int shared_data = 0;
    int counter = 0;

    auto consumer = [&]() {
        std::unique_lock<std::mutex> lk(m);
        do {
            while (!(terminate || shared_data != 0))
                cv.wait(lk);
```

注 4：请参见 C.A.R Hoare, "Monitors: An Operating System Structuring Concept," *ACM Communications* 17 (Oct 1974): 549–557

```
            if (terminate)
                break;
            std::cout << "consuming " << shared_data << std::endl;
            shared_data = 0;
            cv.notify_one();
        } while (true);
    };

    auto producer = [&]() {
        std::unique_lock<std::mutex> lk(m);
        for (counter = 1; true; ++counter) {
            cv.wait(lk,[&]() {return terminate || shared_data == 0;});
            if (terminate)
                break;
            shared_data = counter;
            std::cout << "producing " << shared_data << std::endl;
            cv.notify_one();
        }
    };

    auto p = std::thread(producer);
    auto c = std::thread(consumer);
    std::this_thread::sleep_for(std::chrono::milliseconds(1000));
    {
        std::lock_guard<std::mutex> l(m);
        terminate = true;
    }
    std::cout << "total items consumed " << counter << std::endl;
    cv.notify_all();
    p.join();
    c.join();
    exit(0);
}
```

代码清单 12-7 中的生产者通过将一个名为 shared_data 的整数变量设为非零值来进行"生
产"。消费者通过将其重新设置为零来"消费" shared_data。主程序线程会启动生产者和
消费者，接着打一个 1000 毫秒的盹。当主线程醒来后，它会锁住互斥量 m 短暂地进入监
视器，接着设置 terminate 标识位，这会使生产者线程和消费者线程都退出执行。主程序
通知条件变量 terminate 的状态发生了改变，加入两个线程并退出。

消费者通过锁住互斥量 m 进入监视器。消费者是一个挂起在名为 cv 的条件变量上的单层
循环。当它挂起在 cv 上时，消费者不在监视器内，互斥量 m 是可用的。当没有东西可以
消费时，cv 会收到通知。消费者会醒来，重新锁住互斥量 m 并从它对 cv.wait() 的调用中
返回，在概念上重新进入监视器。

代码清单 12-7 使用了一个条件变量表示"数据结构被更新了"。消费者通常等待的更新是
shared_data != 0，但它也需要在 terminate == true 时醒来。这是对同步原语的合理使
用。与此形成对比的是在 Windows 的 WaitForMultipleObjects() 函数中的信号数组。另外
一种类似的情况是使用一个条件变量唤醒消费者，使用另一个条件变量唤醒生产者。

消费者在一个循环中调用 cv.wait()，每次醒来时都会检查是否满足了合适的条件。这是

因为有些实现能够在不合适的时候假装意外地唤醒等待条件变量变为合适值的线程。如果条件满足了，那么退出 while 循环。如果唤醒消费者的条件是 terminate == true，那么消费者会退出外层循环并返回。否则，条件就是 shared_data != 0。消费者会打印出一条消息，接着通过设置 shared_data 为 0 表示它已经消费了数据并通知 cv 共享数据发生了变化。在这时，消费者仍然在监视器内，持有加在互斥量 m 上的锁，但它会继续循环，再次进入 cv.wait()，释放互斥量并在概念上退出监视器。

生产者也是类似的。它会挂起，直到它看到了加在互斥量 m 上的锁，然后它会进入到外层循环中，直到它看到了 terminate == true。生产者会等待 cv 状态发生改变。在本例中，生产者使用了一个接收谓词（predicate）作为参数的版本的 wait()，这会导致一直循环直至判断式为 false。因此谓词就是在通知条件变量中隐藏的条件。这第二种形式是语法糖，它隐藏了 while 循环。一开始，shared_data 已经是 0 了，因此生产者不会等待 cv。然后它更新 shared_data 并通知 cv，接着循环回去进入 cv.wait()，释放互斥量并在概念上退出监视器。

12.2.7　共享变量上的原子操作

C++ 标准库 <atomic> 头文件提供了用于构建多线程同步原语的底层工具：内存栅栏和原子性的加载与存储。

std::atomic 提供了一种更新任意数据结构的标准机制，前提条件是这种数据结构有可用的复制构造函数或是移动构造函数。std::atomic 的任何特化实现都必须为任意类型 T 提供以下函数。

load()

 std::atomic<T> 提供了成员函数 T load(memory_order)，它可以原子性地复制 T 对象到 std::atomic<T> 外部。

store()

 std::atomic<T> 提供了成员函数 store(T, memory_order)，它可以原子性地复制 T 对象到 std::atomic<T> 内部。

is_lock_free()

 如果在这个类型上定义的所有的操作的实现都没有使用互斥，is_lock_free() 返回 bool 值 true，就如同是使用一条单独的读 – 改 – 写机器指令进行操作一样。

std::atomic 为整数和指针类型提供了特化实现。只要处理器支持，这些特化不调用操作系统的同步原语就能够同步内存。这些特化实现提供了一组能够在现代硬件上实现的原子性操作。

std::atomic 的性能取决于编译代码的处理器。

- Intel 架构的 PC 具有丰富的读 – 改 – 写指令，原子性访问的性能开销取决于内存栅栏，其中部分栅栏完全没有性能开销。
- 在有读 – 改 – 写指令的单核心处理器上，std::atomic 可能根本不会生成任何额外代码。
- 在没有原子性的读 – 改 – 写指令的处理器上，std::atomic 可能是用昂贵的互斥实现的。

内存栅栏

std::atomic 的许多成员函数都会接收一个可选参数 memory_order，它会选择一个围绕在操作上下的栅栏。如果没有提供 memory_order 参数，它的默认值是 memory_order_acq_rel。这样会选择使用永远安全但开销昂贵的完全栅栏。当然，还有其他许多受限制的栅栏可选，不过最好是由知识渊博的开发专家来做出决定。

内存栅栏通过多个硬件线程的高速缓存来同步主内存。通常，在一个线程与另一个线程同步时，这两个线程上都会加上内存栅栏。在 C++ 中能够使用以下内存栅栏。

memory_order_acquire

你可以将 memory_order_acquire 理解为"通过其他线程完成所有工作"的意思。它确保随后的加载不会被移动到当前的加载或是前面的加载之前。自相矛盾的是，它是通过等待在处理器和主内存之间的当前的存储操作完成来实现这一点的。如果没有栅栏，当一次存储还处于处理器和主内存之间，它的线程就在相同的地址进行了一次加载时，该线程会得到旧的数据，仿佛这次在程序中加载被移动到了存储之前。

memory_order_acquire 可能会比默认的完全栅栏高效。例如，在原子性地读取在繁忙等待 while 循环中的标识位时，可以使用 memory_order_acquire。

memory_order_release

你可以将 memory_order_release 理解为"通过这个线程将所有工作释放到这个位置"的意思。它确保这个线程完成的之前的加载和存储不会被移动到当前的存储之后。它是通过等待这个线程内部的当前存储操作完成来实现这一点的。

memory_order_release 可能会比默认的完全栅栏高效。例如，在自定义的互斥量的尾部设置标识位时，可以使用 memory_order_release。

memory_order_acq_rel

这会结合之前的两种"确保"，创建一个完全栅栏。

memory_order_consume

memory_order_consume 是 memory_order_acquire 的一种弱化（但更快）的形式，它只要求当前的加载发生在其他依赖这次加载数据的操作之前。例如，当一个指针的加载被标记为 memory_order_consume 时，紧接着的解引这个指针的操作就不会被移动它之前。

memory_order_relaxed

使用这个值意味着允许所有的重新排序。

虽然在大多数处理器上都实现了内存栅栏，但它是一个迟钝的工具。内存栅栏会阻挡程序前进，直至所有的写操作都完成。在现实中，实际上只需等待所有写共享地址的操作完成即可。但无论是 C++ 还是 x86 兼容处理器，都无法识别出这组更加小的地址范围，特别是当这组地址会随着线程不同而不同时。

原子性访问并非万灵丹。内存栅栏的性能开销非常昂贵。为了探究这种开销究竟有多昂贵，我进行了一项测试，分别计算一次原子性存储操作与简单存储操作的时间并进行对比。代码清单 12-8 记录了循环进行简单的原子性操作（带有默认的完全栅栏）的时间。

代码清单 12-8　原子性存储操作测试

```
typedef unsigned long long counter_t;
std::atomic<counter_t> x;
for (counter_t i = 0, iterations = 10'000'000 * multiplier;
    i < iterations; ++i)
    x = i;
```

在我的 PC 上，这项测试耗时 15 318 毫秒。非原子性版本的测试代码如代码清单 12-9 所示，测试结果为 992 毫秒，几乎快了 14 倍。存储操作越多，这之间的差距就会越大。

代码清单 12-9　非原子性存储操作的测试

```
typedef unsigned long long counter_t;
counter_t x;
for (counter_t i = 0, iterations = 10'000'000 * multiplier;
    i < iterations; ++i)
    x = i;
```

如果 std::atomic 是用操作系统互斥量实现的——在某些小型处理器上可能会是这样——性能上的差距可能会达到几个数量级。因此，我们应当在已经知道目标机的硬件架构的前提下，决定是否使用 std::atomic。

如果你不明白数值常量中的单引号的作用，那么我告诉你，这是在 C++14 中增加的几个小却非常棒的特性之一，它的作用是将数值常量按位分隔。有些人可能会认为 C++14 中的变化小而烦，但我却觉得它们非常实用。

12.2.8　展望未来的C++并发特性

开发者社区对并发非常感兴趣，毫无疑问，这是因为开发人员希望充分利用快速发展的计算机资源，而并发具有这个能力。许多开发人员在使用原生调用或是 POSIX 线程（pthreads）库的 C 风格的函数实现线程并发方面经验丰富。其中部分开发人员构建了 C++

风格的封装器，对原生调用进行了封装。其中最好的封装器则吸收了用户社区的意见和其他封装器的优点。关于关于 C++ 并发特性的许多建议已经进入了标准化流程。C++17 可能会带来更多的并发扩展支持——但是除了未来确实正在朝我们走来以外，没有任何事情是确定的。

以下是 C++17 可能会带给我们的一些并发特性。

协作多线程

在协作多线程中，两个或多个软件线程通过语句显式地互相传递执行，这样实际上在同一时间只有一个线程在运行。协程（coroutines）就是协作多线程的例子。

协作多线程有几个重要的优点。

- 在没有主动执行时，每个线程能够维护自己的执行上下文。
- 由于在一个时刻只有一个线程在运行，因此无法共享变量，无需互斥。

协程可能会被加入到 C++17 中，而在 Boost（http://www.boost.org/doc/libs/1_59_0/libs/coroutine/doc/html/index.html）中现在就能够使用协程了。C++ 并发技术报告工作组最近的提案（http://www.open-std.org/jtc1/sc22/wg21/docs/papers/2015/n4399.html）中列举了各种创新的并发计划。

SIMD 指令

SIMD 是**单指令多数据**（single instruction multiple data）的首字母缩写。在支持 SIMD 的处理器中，某些指令会操作寄存器向量。处理器会同时在向量中的每个寄存器上进行相同的操作，与标量操作相比减少了间接开销。

C++ 编译器通常不会生成 SIMD 指令，因为它们的行为很复杂，不太符合 C++ 描述程序的方式。依赖于编译器的编译指令或是内联汇编特性允许在函数中插入 SIMD 指令，然后这些函数会被收录到用于数字信号处理或是计算机图形等专业任务的库中。因此，SIMD 编程是同时依赖于处理器和编译器的。互联网上有许多关于 SIMD 指令的资源，其中 Stack Exchange Q&A（http://gamedev.stackexchange.com/questions/12601/simd-c-library）上有许多讨论如何在 C++ 中使用 SIMD 的资料。

12.3　优化多线程C++程序

> 天下没有免费的午餐。
> ——这句话最早出现在 1938 年 6 月 27 日《埃尔帕索先驱报》的
> "八字经济学"文章中。1966 年出版的罗伯特·海因莱恩的小说
> 《严厉的月亮》中引用了这句话，因而为许多极客所熟知。

截至 2016 年早期，具有高度管道执行单元和多级高速缓存的多核心处理器已经得到了广泛的使用。它们的架构非常适合控制多线程的高性能执行。执行许多线程需要频繁地切换上下文，这种开销是昂贵的。

在设计并发程序时，必须在心中牢记这种架构。试图勉强地在当前的桌面处理器上设计数据并行的细粒度并发模型，可能会导致程序的并发性能低效。

在未来，城市漂浮在云上，个人都能拥有悬浮车，那时的编程语言应该能够自动且高效地并行执行程序。但是在那之前，还是需要由每个开发人员自己来找到那些能够并发执行的任务。尽管在程序中能够进行并发处理的机会非常多，但是有些地方特别适合多线程处理。我将在下面的小节中列举几个例子。

程序中线程的行为可以深入到其结构中。因此优化线程行为会比优化内存分配或是函数调用更加复杂。优化并发程序性能的设计实践是存在的，其中有些实践是最近几年才出现的，所以即使是那些经验丰富的开发者可能也不知道。

12.3.1 用 std::async 替代 std::thread

从性能优化的角度看，std::thread 有一个非常严重的问题，那就是每次调用都会启动一个新的软件线程。启动线程时，直接开销和间接开销都会使得这个操作非常昂贵。

- 直接开销包括调用操作系统为线程在操作系统的表中分配空间的开销、为线程的栈分配内存的开销、初始化线程寄存器组的开销和调度线程运行的开销。如果线程得到了一份新的调度量子（scheduling quantum），在它开始执行之前会有一段延迟。如果它得到了其他正在被调用线程的调度量子，那么在存储正在被调用线程的寄存器时会发生延迟。
- 创建线程的间接开销是增加了所使用的内存总量。每个线程都必须为它自己的函数调用栈预留存储空间。如果频繁地启动和停止大量线程，那么在计算机上执行的线程会竞争访问有限的高速缓存资源，导致高速缓存发生抖动。
- 当软件线程的数量比硬件线程的数量多时会带来另外一种间接开销。由于需要操作系统进行调度，因此所有线程的速度都会变慢。

我通过执行代码清单 12-10 中的代码片段测量了启动和停止线程的性能开销。thread 内部的空函数会立即返回。这是可能的最短的函数。调用 join() 会让主线程等待 thread 结束，导致线程调用变为了"端到端"，没有任何并发。如果不是为了测量线程的启动开销而有意为之，那么它就是一个糟糕的并发设计。

代码清单 12-10 启动和停止 std::thread

```
std::thread t;
t = std::thread([]() { return; });
t.join();
```

事实上，这项测试可能并不能完全代表线程调用的开销，因为线程没有写任何数据到高速缓存中。但是测试结果还是非常高的：10 000 个线程调用耗时大约 1350 毫秒，也就是说，在 Windows 上启动和停止一个线程平均耗时 135 微秒。这个开销可能是执行 lambda 表达式的数千倍。在执行短小的计算时，即使能够并发执行，std::thread 的开销也是惊人地昂贵。

由于这是一种延迟，因此程序无法避免这种开销。这是在 std::thread 的构造函数的调用返回之前和 join() 的调用结束之前耗费的时间。即使程序分离线程，而不是加入这些线程，这项测试仍然耗时超过 700 毫秒。

并发编程的一项实用优化技巧是用复用线程取代在每次需要时创建新线程。线程可能会在某个条件变量上挂起，直到程序需要使用它们时才会被释放，并接着执行一个可调用对象。尽管切换线程的有些开销（保存和恢复寄存器并刷新和重新填充高速缓存）是相同的，但可以移除或减少为线程分配内存以及操作系统调度线程等其他开销。

模板函数 std::async() 会运行线程上下文中的可调用对象，但是它的实现方式允许复用线程。从 C++ 标准来看，std::async() 可能是使用线程池的方式实现的。在 Windows 上，std::async() 明显快得多。我在一个循环中调用代码清单 12-11 的代码片段测量了性能改善效果。

代码清单 12-11　使用 async() 启动和停止线程

```
std::async(std::launch::async, []() { return; });
```

async() 会返回一个 std::future，在这种情况下它是一个匿名临时变量。只要 std::async() 一返回，程序就会立即调用这个匿名 std::future 的析构函数。析构函数会等待该 future 变为就绪状态，因此它可以抛出所有会发生的异常。这里不需要显式地调用 join() 或是 detach()。与代码清单 12-10 一样，代码清单 12-11 也使线程执行变为了"端到端"状态。

改善效果是显著的：调用简单的 lambda 表达式 10 000 次只耗时 86 毫秒，这比每次都启动一个新线程快了大约 14 倍。

12.3.2　创建与核心数量一样多的可执行线程

早期的讨论并发的专题论文建议只要方便就创建尽量多的线程，这种方式与创建动态变量类似。这种思想仿佛是在一个古老的世界中，让线程争相引起一个处理器的注意一样。在多核处理器的现代世界中，这种思想太过于简单了。

性能优化开发人员要区别出具有不同行为的两种线程。

连续计算的可运行线程

　　一个可运行线程会消耗运行它的核心的 100% 的计算资源。如果有 n 个核心，那么在每个核心都运行一个可运行线程能够将时钟运行时间减少到几乎 $1/n$。不过，一旦在每个核心上都有一个线程正在运行，那么即使再增加额外的线程也无法进一步缩短运行时间，反而会将硬件的使用时间划分为小之又小的碎片。事实上，细分的粒度是有限制的，如果超过了这个限制，那么所有的时间都会被用来启动和停止线程，无暇进行计算。随着可运行线程数量的逐渐增加，程序的整体性能也会下降并最终接近为 0。

等待外部事件，接着进行短暂计算的可等待线程

　　可等待线程只会消耗一个核心上百分之几的可用计算资源。如果可等待线程的执行是互相交叉的，那么一个可等待线程会在另外一个可等待线程等待时进行计算，这样在一个核心上调度多个可等待线程能够使用大部分的可用资源。这能够将时钟时间减少到饱和的程度，即所有的计算资源都在使用中。

在单核时代，将计算作为可运行线程调度没有任何益处。所有的性能收益都来自于让多个可等待线程交叉执行。但在进入多核时代后，情况就不一样了。

C++ 提供了一个 std::thread::hardware_concurrency() 函数，它可以返回可用核心的数量。这个函数会计算由 hypervisor 分配给其他虚拟机的核心，以及因多线程同步而表现为

两个或多个逻辑核心的核心的数量。通过这个函数，以后我们可以方便地将程序部署到包含更多（或少）核心的硬件上运行。

为了测试多线程的性能改善效果，我编写了一个 timewaster() 函数（代码清单 12-12），它会反复地执行一段消耗时间的计算。如果所有的遍历都是在主程序的一个循环中进行的，那么计算总共耗时 3087 毫秒。

代码清单 12-12   一段反复浪费计算机时间的测试代码

```
void timewaster(unsigned iterations) {
    for (counter_t i = 0; i < iterations; ++i)
        fibonacci(n);
}
```

接着我编写了一个创建用于执行 timewaster() 的线程的函数，其中传递给 timewaster() 的参数是已经遍历的次数除以线程数（代码清单 12-13）。在使用这个函数测试性能时，我试着改变线程数得到了多份测量结果。

代码清单 12-13   一段多线程的浪费计算机时间的测试代码

```
void multithreaded_timewaster(
        unsigned iterations,
        unsigned threads)
{
    std::vector<std::thread> t;
    t.reserve(threads);
    for (unsigned i = 0; i < threads; ++i)
        t.push_back(std::thread(timewaster, iterations/threads));
    for (unsigned i = 0; i < threads; ++i)
        t[i].join();
}
```

我观察到了以下现象。

- 在我的 PC 上，std::thread::hardware_concurrency() 的返回结果是 4。如我所料，以 4 个线程运行时的测试结果最快，达到了 1870 毫秒。
- 令人有些吃惊的是，这个最短时间接近单线程测试结果的一半（而不是四分之一）。
- 尽管实验结果表明，当线程超过 4 个时耗时更长，但每次运行时间都略有不同，因此这个结果是不可靠的。

当然，程序能够启动的线程数量是很难限制的。在多位开发人员开发的或是使用第三方库开发的大型程序中，也许无法知道在程序中究竟启动了多少个线程。程序会在任何有需要的地方创建线程。尽管操作系统作为容器知道正在运行的所有线程，但这已经超出了 C++ 的范围了。

12.3.3   实现任务队列和线程池

解决不知道有多少个线程正在运行这个问题的方法是让线程更加明显：使用**线程池**（一种保持固定数量的永久线程的数据结构）和**任务队列**（一种存储待执行的计算的列表的数据结构），这些计算将由线程池中的线程负责执行。

在**面向任务的编程**中，程序是一组可运行任务（runnable task）对象的集合，这些任务由线程池中的线程负责执行。当一个线程变为可用状态后，它会从任务队列中取得一个任务并执行。执行完任务后，线程并不会终止，而是要么继续做下一个任务，要么挂起，等待新任务的到来。

面向任务的编程有以下几个优点。

- 面向任务的编程能够通过非阻塞 I/O 调用高效地处理 I/O 完成事件，提高处理器的利用率。
- 使用线程池和任务队列能够移除为短周期任务启动线程的间接开销。
- 面向任务的编程将异步处理集中在一组数据结构中，因此容易限制使用中的线程的数量。

面向任务的编程的一个缺点是**控制返转**（inversion of control）。控制流不再由程序指定，而是变为事件消息接收的顺序。这会增加讨论或调试面向任务编程的难度，但以我的经验看，很少会发生这种混乱的情况。

C++ 马上就会有标准线程池和任务队列了，很可能就是在 C++17 中。至于现在，我们可以在 Boost 库和英特尔的线程构建模块（Threading Building Blocks，http://www.threadingbuildingblocks.org/）中使用它们。

12.3.4　在单独的线程中执行I/O

磁盘转速和网络连接距离等物理现实问题造成在程序请求数据和数据变为可用状态之间存在着延迟。因此，I/O 是适用并发的绝佳位置。另外一个典型的 I/O 问题是，程序在写数据之前或是读数据之后必须对它进行转换。例如，我们先从互联网上读取一个 XML 文件，接着解析它，从中提取程序所需信息。由于在对数据进行转换之前是无法直接使用它的，我们可以考虑将整个处理（包括读数据和解析数据）移动到一个单独的线程中。

12.3.5　没有同步的程序

同步和互斥会降低多线程程序的速度。摆脱同步可以提升程序性能。编写没有显式同步的程序，有三个简单方式和一个困难方式。

面向事件编程

在面向事件编程中，程序是一组由框架调用的事件处理函数的集合。底层框架从事件队列中将每个事件分发给注册了该事件的事件处理函数。面向事件编程在许多方面都与面向任务编程类似。在面向事件的程序中，框架的行为类似于任务调度器，而事件处理函数则类似于任务。它们两者之间的重要区别在于，在面向事件的程序中，框架是单线程的，事件处理函数也不会并发执行。

面向事件编程有以下几个优点。

- 由于底层框架是单线程的，因此无需同步。
- 面向事件的程序能够通过非阻塞 I/O 调用高效地处理 I/O 完成事件。面向事件的程序能够达到与多线程程序同样高的处理器使用率。

与面向任务的程序一样，面向事件程序的主要缺点也是**控制返转**，控制流会变为事件消息接收的顺序。这可能会增加讨论或调试面向事件程序的难度。

协程

协程是可执行对象，虽然它会显式地将执行从一个对象转交给另外一个对象，但是它们会记住执行指针，这样如果它们被再次调用了也可以继续执行。与面向事件的程序相同，协程并非真正的多线程，因此只要它们不受多线程控制就不需要同步。

协程有两种。第一种有自己的栈，而且可以在执行途中的任何位置将控制转交给另外一个协程。第二种是向另外一个线程借栈，并且只能在它的顶层转交控制。

协程可能会被加入到 C++17 中。

消息传递

在消息传递程序中，控制线程从一个或多个输入源中接收输入，对输入进行转换后将它放到一个或多个输出槽中。相互连接的输出和输入组成了一幅具有良好定义的入口节点和出口节点的图。这些被实现了一个消息传递程序的各个阶段的线程所读写的元素可以是网络数据报、字符 I/O 流或是隐式队列中的数据结构。

Unix 命令行管道和 Web 服务都是消息传递编程的例子。分布式处理系统的组件也都是消息传递程序。

消息传递程序的优点包括以下几点。

- 各个阶段的输出与下个阶段的输入的同步是隐式的——要么是在各个阶段进行数据通信时由操作系统进行同步，要么是在连接各个阶段的队列中进行同步。系统的并发发生在各个阶段之外，因此，通常都可以认为这些阶段是可能会阻塞输入或输出操作的单线程代码。
- 由于每个阶段的输出与下个阶段的输入相关联，"饥饿"和"公平"问题不会出现得那么频繁。
- 在较大单位的数据上，同步不会出现得那么频繁。这增加了多线程能够并发执行的时间比例。
- 由于管道阶段不共享变量，它们不会受互斥量和内存栅栏影响而导致处理速度降低。
- 较大单位的工作可以在各管道阶段之间传递，这样每个阶段会使用完整的时间片，不会因互斥而先停止和再启动。这有助于提高处理器的使用率。

消息传递程序的缺点如下。

- 消息自身并非面向对象的。C++ 开发人员必须编写代码让输入消息排队进入成员函数调用。
- 当管道阶段崩溃时，如何进行错误恢复是一个问题。
- 不是每个问题都有一个明显的可以作为独立程序传递消息的管道的解决方案。

即使是高并发架构的 GPU 也没有提供共享内存，因此对于这些处理器，设计消息传递程序是有必要的。

无锁编程（lock-free programming）

Hic Sunt Dracones

——亨特－雷诺克斯地球仪上的铭文（1503–1507），暗示危险未知的海岸

无锁编程是指无需互斥，允许多线程更新数据结构的编程实践。在无锁程序中，硬件同步的原子性操作取代了昂贵的互斥量。无锁数据结构远比由互斥量保护的传统容器要优秀，特别是当许多线程访问同一个容器时。

C++ 中无锁的数组、队列和散列表容器类已经发布了。Boost 也有无锁的栈和队列容器（http://www.boost.org/doc/libs/1_59_0/doc/html/lockfree.html），但是只在 GCC 和 Clang 编译器上进行了测试。英特尔的线程构建模块（http://www.threadingbuildingblocks.org/）中有无锁的数组、队列和散列表容器。由于无锁编程的需求，这些容器并非与 C++ 标准库中的容器完全相同。

无锁数据结构很难讨论清楚。即使是著名专家也会就已公布算法的正确性进行争论。出于这个原因，我建议读者使用那些已经被广泛使用且有较好技术支持的无锁数据结构，而不要试图去构建自己的无锁数据结构。

12.3.6　移除启动和停止代码

一个程序能够启动足够多的线程来满足并发执行任务的需求，或是充分使用多核 CPU。不过，程序中有部分代码难以并发执行，那就是在 main() 得到控制权前执行的代码以及在 main() 退出后执行的代码。

在 main() 开始执行前，所有具有静态存储期（请参见 6.1.1 节）的变量都会被初始化。对于基本数据类型，初始化的性能开销是 0。链接器会让变量指向初始化数据。但是对于具有静态存储期的类类型，初始化过程会以标准所指定的特定顺序，在单独的线程中连续地调用各个变量的构造函数。

我们很容易忽略，需要用静态字符串常量来初始化的字符串等变量实际上会在初始化过程中执行代码。同样，如果构造函数在初始化列表中有函数调用或是非常量表达式，那么它们也会在运行时执行，即使构造函数的函数体是空的。

这些开销单独看起来很小，但是加起来就会很大，导致大型程序在启动时会有几秒钟失去响应。

优化战争故事

谷歌 Chrome 浏览器是由数百人耗时数年开发出来的一个复杂程序，在其中需要初始化的表的数量多得令人难以置信。为了确保启动性能不会降低（太多），Chromium 项目组管理者在代码评审中加入了一条规则——只有得到承认才能添加需要用可执行代码进行初始化的静态变量。

12.4　让同步更加高效

同步是共享内存的并发的间接开销。减小这种间接开销对优化性能非常重要。

有一个公认的观点是，诸如互斥等同步原语于是昂贵的。事实当然是复杂的。例如在 Windows 和 Linux 上，`std::mutex` 所基于的互斥量是一种混合设计，它会先在一个原子变量上繁忙等待一小段时间，然后如果不能很快获得互斥量，就在操作系统信号上挂起。如果没有其他线程持有互斥量，那么这个开销很小。当线程必须在信号上挂起时，开销是以毫秒计算的。互斥量的重要开销是等待其他线程释放它的开销，而不是调用 `lock()` 的开销。

多线程程序最容易遇到的问题是有许多线程争相获取同一个互斥量。如果这种竞争不激烈，那么持有互斥量通常不会降低其他线程的性能。而当竞争很激烈时，任何被竞争的互斥量都会导致同一时刻只有一个线程在运行，打破了开发人员试图让程序的各个部分并发执行的计划。

并发 C++ 程序比单线程程序要复杂得多，很难编写例子或是测试用例来得到令人信服的结果，因此我必须回到本节中的启发法上来。

12.4.1　减小临界区的范围

临界区是指获取互斥量和释放互斥量之间所包围的区域。在临界区的执行过程中，没有其他线程能够访问该互斥量所控制的共享变量。这就是临界区的问题。如果在临界区中并没有访问共享变量而是只做其他事情，那么其他线程就会白白浪费等待时间。

为了弄清这个问题，请读者再看看代码清单 12-7。两个 lambda 表达式的生产者和消费者在两个线程中并发运行。两个线程突然试图进入互斥量 m 控制的监视器中。除非两个线程正在 `cv.wait()`，否则它们会待在监视器中。生产者会设置共享变量 shared_data 为下一个连续值，而消费者则会清除 shared_data。但是生产者和消费者各自都会做另外一件事——在 cout 中输出一条信息。

正如之前说到的，对在我的 i7 计算机上用 Visual Studio 2015 的发布模式编译的代码进行的测试结果是，cv_example 能够在 1000 毫秒内更新 shared_data35 至 45 次。仅仅从这个结果看，可能难以判断性能到底是高还是低。但是在我注释了两条输出语句之后，cv_ example 能够进行 125 万次更新。输出字符到控制台上需要进行很多后台操作，因此这样想来我并不感觉太吃惊。

从这里我学到了两点。第一点是难以高效地使用监视器概念。除非等待一个条件变量，否则代码总是在监视器中。第二点是在临界区中执行 I/O 处理无法提高性能。

12.4.2　限制并发线程的数量

正如在 12.3.2 节中提到的，我们应当使可运行线程的数量少于或等于处理器核心的数量，这样能够移除切换上下文的间接开销。在讲解另外一个理由之前，我需要先阐述一下互斥量是如何实现的。

Windows、Linux 和其他现代操作系统所提供的互斥量类都具有为多核处理器优化过的混合设计。如果线程 t_1 试图去获取一个没有被锁住的互斥量，那么它很快就能获得这个互斥量。但是如果 t_1 试图去获取线程 t_2 所持有的互斥量，那么 t_1 会首先繁忙等待一短有限的时间。如果 t_2 在繁忙等待时间结束之前释放了互斥量，t_1 会得到互斥量并继续进行处理，高效地使用完整的时间片。如果 t_2 没有及时释放互斥量，t_1 会在操作系统事件上挂起，放弃被分配到的时间片。t_1 会进入操作系统的"挂起"列表。

如果线程数量比核心数量多，则只有一部分线程会被分配给核心，在某个时间点也只有一部分线程会实际运行。其他线程会在操作系统的"可运行"队列中等待被分配时间片。操作系统会因周期性的中断而醒来，决定运行哪个线程。与单独指令的执行速度相比，中断周期很长。因此，"可运行"队列中的线程可能会在操作系统为它分配核心之前等待许多毫秒。

如果 t_2 持有互斥量但并没有实际在执行，而是在操作系统的"可运行"队列中等待，那么它就无法释放互斥量。当 t_1 试图去获取互斥量时，繁忙等待会超时，接着 t_1 会在操作系统事件上挂起，这意味着 t_1 放弃了操作系统分配给它的时间片和核心，并进入到了操作系统的"挂起"队列。最终 t_2 被分配了一个核心然后释放了互斥量，发出 t_1 所挂起的事件。操作系统注意到该事件发生后将 t_1 移动到"可运行"队列。但是操作系统并无需立即为 t_1 分配核心 [5]。除非线程在事件上挂起了，否则操作系统就让当前分配给核心的线程运行完整的时间片。直到有些其他线程耗尽了它们的时间片，操作系统才会分配核心给新的可运行线程 t_1，而这可能会耗时许多毫秒。

这就是开发人员要试图通过限制活动线程的数量来解决的导致程序性能下降的问题。避免发生这种问题能够让 t_1 和 t_2 每秒执行数百万次互锁操作，而不仅仅是数百次。

竞争临界区的理想线程数量是两个。当只有两个线程时，就不存在"公平"或是"饥饿"问题，也不会发生下一节中将要介绍的惊群问题。

注 5：这里我省略了一些晦涩难解的细节。Windows 会修改线程优先级，尽快给新来的可运行线程一次执行机会。其他操作系统则会进行一些其他处理，希望减少临界区的持续时间。关键是一旦操作系统涉及临界区，这就会是一段漫长的等待过程。

12.4.3 避免惊群

当有许多线程挂起在一个事件——例如只能服务一个线程的工作——上时就会发生所谓的**惊群**（thundering herd）现象。当发生这个事件时，所有的线程都会变为可运行状态，但由于只有几个核心，因此只有几个线程能够立即运行。其中只有一个线程能够拿到互斥量继续进行工作，操作系统会将其他线程移动到可运行队列中，并最终逐个运行线程。每个线程都会发现发出的事件已经被其他某个线程服务了，只得继续挂起在这个事件上，虽然消耗了很多时间但线程处理却没有任何进展。

避免"惊群"问题的方法就是限制创建出的服务事件的线程的数量。两个线程可能比一个线程好，但是 100 个线程可能并不会更好（请参见 12.4.2 节）。相比于将线程与每项工作相关联的设计，对于实现工作队列的软件设计来说，限制线程数可能更容易。

12.4.4 避免锁护送

当大量线程同步，挂起在某个资源或是临界区上时会发生**锁护送**（lock convoy）。这会导致额外的阻塞，因为它们都会试图立即继续进行处理，但是每次却只有一个线程能够继续处理，仿佛是在护送锁一样。

一种简单的情况是接二连三地发生"惊群"现象。大量线程竞争一个互斥量，这样大量线程会挂起在该互斥量的操作系统信号上。当持有互斥量的线程释放它时，事件就会发生，所有挂起的线程都会变为可运行状态。第一个被分配到处理器的线程会再次锁住互斥量。所有的其他线程最终都会被分配到处理器，看到互斥量仍然被锁住了，然后再次挂起。这对程序的整体影响是操作系统虽然花费了很多时间重启线程，但大多数线程都无法继续处理。更糟糕的是，所有的线程都仍然是同步的。当下个线程释放互斥量时它们会立即醒来，然后如此往复循环。

一种更复杂的情况则是"惊群"线程都试图去获取第二个互斥量或执行读取文件等某种因设备的物理特性而成为性能瓶颈的操作。由于线程都是同步的，它们几乎会在同时试图去访问第二个资源。这些线程在同一个时间请求相同的资源会导致序列化，使性能下降。如果它们没有同步，那么它们可能都会继续处理。

当系统通常都运行良好，但偶尔会看起来失去响应几秒钟，那么就可以看出发生了锁护送。

尽管仍然总是有在另外一个地方出现锁护送的风险，但减少线程数量或是调度线程在不同的时间启动能够缓解出现锁护送的情况。有时，最好能够简单地确认一下，某个组的任务是否因为共享了某个硬件设备或是其他性能瓶颈资源而无法并发执行。

12.4.5 减少竞争

在多线程程序中，线程可能会竞争资源。任何时候，两个或多个线程需要相同的资源时，互斥都会导致线程挂起，无法并发。有几种技术能够解决竞争问题。

注意内存和 I/O 都是资源

    并非所有的开发人员都注意到内存管理器是一种资源。在多线程系统中，内存管理器必须序列化对它的访问，否则它的数据结构会被破坏。当大量线程都试图分配动态变量（std::string 是一个特别的敌人）时，程序的性能可能会随着线程数量的增加出现断崖式下降。

文件 I/O 也是一种资源。磁盘驱动器一次只能读取一个地址。试图同时在多个文件上执行 I/O 操作会导致性能突然下降。

网络 I/O 也是一种资源。相对于数据传输，以太网连接器是一条相对较窄的管道。现代处理器甚至能够使 1000 兆带宽的以太网线满负荷传输，更别提 WiFi 连接了。

当出现性能问题时，我们需要回过头问："现在整个程序正在进行什么处理？"多数时候记录日志都不会导致发生性能问题，但是当有其他处理在使用磁盘或是网卡时，它可能会降低程序性能。那种动态数据结构无法扩展至许多线程。

复制资源

有时候，我们可以复制表，让每个线程都有一份非共享的副本，来移除多线程对于共享的 map 或是散列表等资源的竞争。尽管维护一个数据结构的两份副本会带来更多的工作，但与使用一种共享数据结构相比，它可能还会减少程序运行时间。

我们甚至能够复制磁盘驱动器、网卡等硬件资源来提高吞吐量。

分割资源

有时候我们可以分割数据结构，让每个线程只访问它们所需的那部分数据，来避免多线程竞争同一个数据结构。

细粒度锁

我们可以使用多个互斥量，而不是一个互斥量来锁住整个数据结构。例如，在散列表中，我们可以使用一个互斥量锁住散列表的骨干数组，防止其被修改（例如插入和删除元素），然后用另外一个互斥量锁住元素，防止它们被修改。这里，reader/writer 锁是一个不错的选择。要访问散列表的一条元素时，线程可以使用读锁锁住骨干数组，然后用一个读锁或写锁锁住元素。要插入或删除一条元素时，线程可以使用写锁锁住骨干数组。

无锁数据结构

我们使用无锁散列表等无锁数据结构来摆脱对互斥的依赖。这是细粒度锁的终极形态。

资源的调度

有些资源——例如磁盘驱动器——是无法被复制或分割的。但是我们可以调度磁盘活动，让它们不要同时发生，或是让访问磁盘相邻部分的活动同时发生。

尽管操作系统会在细粒度级别调度读写操作，但是程序能够通过序列化读取配置文件等操作，避免它们同时发生。

12.4.6　不要在单核系统上繁忙等待

C++ 的并发特性允许开发人员实现高性能同步原语进行繁忙等待。但是繁忙等待并非总是一个好主意。

在单核处理器上，同步线程的唯一方法是调用操作系统的同步原语。繁忙等待太低效了。

事实上，繁忙等待会导致线程浪费整个时间片，因为除非在等待的线程放弃使用处理器，否则持有互斥量的线程是无法运行出临界区的。

12.4.7　不要永远等待

当一个线程无条件地等待一个事件时会如何呢？如果程序正常运行，可能什么事情都不会发生。但是如果用户试图停止程序，会如何呢？用户界面关闭了，但是程序不会停止，因为线程仍然在运行。如果 main() 尝试加入正在等待的线程，它会挂起。如果正在等待的线程被分离了，main() 会退出。接下来发生的事情取决于线程如何等待了。如果它正在等待一个标识位被设值，它会一直等待下去；如果它是在等待操作系统的事件，它会一直等待下去；如果它是在等待一个 C++ 对象，那么这取决于是否会有某个非阻塞线程删除该对象。这可能会导致正在等待的线程终止，也可能不会。

一直等待是错误恢复的天敌。这就是一个大多数时候正常工作但有时会出错的程序和一个行为稳定可靠的、让用户安心的程序之间的区别。

12.4.8　自己设计互斥量可能会低效

自己编写一个简单的类来作为互斥量，繁忙等待直到另一个线程更新原子性变量，这并不难。当没有激烈的线程竞争且临界区很短时，这样的类可能甚至比系统提供的互斥量更快。不过，操作系统提供的互斥量更加了解操作系统的奥秘，以及它调度任务以改善性能或是在该操作系统上避免优先级反转问题的方式。

要想设计出健壮的互斥，必须先熟悉它们所运行的基础——操作系统——的设计。自己设计互斥量不是性能优化的康庄大道。

12.4.9　限制生产者输出队列的长度

在生产者/消费者程序中，任何时候只要生产者比消费者快，数据就会在生产者和消费者之间累积。这种情况会产生许多问题，其中包括如下几个。

- 生产者竞争处理器、内存分配器和其他资源，进而降低了消费者的处理速度，使问题恶化。
- 生产者将会最终消费所有的系统内存资源，导致整个程序异常终止。
- 如果程序能够从异常中恢复过来，在重启之前它可能会需要处理队列中累积的所有数据，这将会增加程序的恢复时间。

这最有可能在下面这种情况下发生：程序有时以最大速率从流数据源中接收输入数据，限制了生产者的运行频率，但有时又从文件等固定数据源中获取输入数据，而生产者能够连续地运行。

解决方法是限制队列长度并在列队满员后阻塞生产者。队列的长度只需足够应对消费者性能的变化就可以了。多数情况下，队列其实只需能容纳若干元素即可。队列中的任何多余元素都只会导致生产者的运行遥遥领先，增加资源消耗，却对并发没有任何益处。

12.5　并发库

有许多并发库都深受开发人员的推崇。我建议打算实现消息传递风格的并发程序的开发人员使用这些工具。特别是线程构建模块提供了一些 C++ 标准中还没有采纳的并发特性。这些开发库包括如下几个。

Boost.Thread（http://www.boost.org/doc/libs/1_60_0/doc/html/thread.html）和 Boost.Coroutine
（http://www.boost.org/doc/libs/1_60_0/libs/coroutine/doc/html/index.html）
　　Boost 的线程库是对 C++17 标准库线程库的展望。其中有些部分现在仍然处于实验状态。Boost.Coroutine 也处于实验状态。

POSIX 线程
　　POSIX 线程（pthreads）是一个跨平台的线程和同步原语库，它可能是最古老和使用最广泛的并发库了。POSIX 线程是 C 风格的函数库，提供了传统的并发能力。它有非常完整的文档资源，不仅适用于多种 Linux 发行版，也适用于 Windows（http://sourceware.org/pthreads-win32/）。

线程构建模块（TBB，http://www.threadingbuildingblocks.org/）
　　TBB 是一个有雄心壮志的、有良好文档记录的、具有模板特性的 C++ 线程 API。它提供了并行 for 循环，任务和线程池，并发容器，数据流消息传递类以及同步原语。TBB 由英特尔开发，旨在提高多核处理器效率。现在它已经被开源了，同时支持 Windows 和 Linux。它有良好的文档记录，其中还包括一本优秀书籍（James Reinders 编写的 *Intel Threading Building Blocks*，O'Reilly 出版社）。

0mq（也拼写为 ZeroMQ，http://zeromq.org/）
　　0mq 是一个用于连接消息传递程序的通信库。它支持多种通信范式，追求高效与简约。以我的个人经验来看，0mq 是非常优秀的。0mq 是开源的，有良好的文档，获得了不少支持。0mq 还有一个称为 nanomsg 的改进版（http://www.nanomsg.org），它修正了 0mq 中的一些问题。

消息传递接口（MPI，http://computing.llnl.gov/tutorials/mpi/）
　　MPI 是分布式计算机网络中的消息传递的一个 API 规范。它的实现类似于 C 风格的函数库。MPI 诞生于加利福尼亚的劳伦斯利弗莫尔国家实验室，该实验室长期与超级计算机集群和繁荣的高能物理联系在一起。MPI 具有良好的文档记录，具有老式的 20 世纪 80 年代的 DoD 风格。它既有支持 Linux 的实现，也有支持 Windows 的实现，其中还包括来自 Boost 的实现（http://www.boost.org/doc/libs/1_60_0/doc/html/mpi.html），但是这些实现并非都完整地覆盖了规范。

OpenMP（http://openmp.org）
　　OpenMP 是一款用于"使用 C/C++ 和 Fortran 语言进行多平台共享内存并行编程"的 API。其用法是开发人员使用定义程序并行行为的编译指令装饰 C++ 程序。OpenMP 提供了一个擅长数值计算的细粒度的并发模型，而且它正在朝着 GPU 编程的方向发展。在 Linux 上，GCC 和 Clang 都支持 OpenMP；在 Windows 上 Visual C++ 支持 OpenMP。

C++ AMP （https://msdn.microsoft.com/en-us/library/hh265137.aspx）

    C++ AMP 是一份关于设计 C++ 库在 GPU 设备上进行并行数据计算的开源规范。其中，来自于微软的版本会被解析为 DirectX 11 调用。

12.6　小结

- 如果没有竞争，那么一个多线程 C++ 程序具有顺序一致性。
- 一个畅所欲言的大型设计社区认为显式同步和共享变量是一个糟糕的主意。
- 在临界区中执行 I/O 操作无法优化性能。
- 可运行线程的数量应当少于或等于处理器核心的数量。
- 理想的竞争一块短临界区的核心数量是两个。

第13章

优化内存管理

效率就是把已经在做的东西做得更好。

——彼得·德鲁克（1909—2005），美国管理顾问

内存管理器是 C++ 运行时系统中监视动态变量的内存分配情况的一组函数和数据结构。内存管理器需要满足许多需求。如何高效地满足这些需求是一项开放的研究挑战。在许多 C++ 程序中，内存管理器的函数都是热点函数。如果它的性能能够得到改善，那么将会提高程序的整体性能。出于这些原因，许多优化手段都以内存管理器为目标。

在我看来，在进行性能优化时首先应该寻找其他能够优化的地方，这可能会比改善内存管理器更加有效。作为热点代码的内存管理器，其性能通常已经被榨干了。内存管理最多只是影响程序整体运行时间的诸多因素中的一个。就算是能够将内存管理的开销降低到接近于 0，阿姆达尔定律也限制了开发人员能够获得的性能改善效果。对大型程序进行的研究表明，优化内存管理的性能改善效果范围是从微不足道至大约 30%。

C++ 内存管理器有大量的 API，是高度可定制的。尽管许多程序员永远不会使用这些 API，但它确实提供了许多进行性能优化的方法。通过替换 C 函数 malloc() 和 free()，能够将几种高性能内存管理器加入到 C++ 中。除此之外，开发人员还能够为热点类和标准库容器替换专门的内存管理器。

13.1　复习C++内存管理器API

6.2 节中介绍了管理动态变量的 C++ 工具。该工具包含一个对内存管理器的接口，其中有 new 和 delete 表达式、内存管理函数以及标准库分配器模板类。

13.1.1 动态变量的生命周期

动态变量有五个唯一的生命阶段。最常见的 new 表达式的各种重载形式执行**分配**和**放置**生命阶段。在**使用**阶段后，delete 表达式会执行**销毁**和**释放**阶段。C++ 提供了单独管理每个阶段的方法。

分配
　　程序要求内存管理器返回一个指向至少包含指定数量未类型化的内存字节的连续内存地址的指针。如果没有足够的可用内存，那么分配将会失败。C 语言的库函数 malloc() 和 C++ new() 运算符函数的各种重载形式参与分配阶段。

放置
　　程序创建动态变量的初始值，将值放置到被分配的内存中。如果变量是一个类的实例，那么它的构造函数之一将会被调用。如果变量是一个简单类型，那么它可能会被初始化。如果构造函数抛出异常，那么放置会失败，需要将被分配的存储空间返回给内存管理器。new **表达式**参与这个阶段。

使用
　　程序从动态变量中读取值，调用动态变量的成员函数并将值写入到动态变量中。

销毁
　　如果变量是一个类实例，那么程序会调用它的析构函数对动态变量执行最后的操作。析构对动态变量而言是一次机会，它可以趁机返回持有的所有系统资源，完成所有清理工作，做点儿交代，然后准备进入梦乡。如果析构函数抛出一个在析构函数体内不会处理的异常，析构会失败。若发生了这种情况，程序会无条件终止。delete **表达式**管理这个阶段。显式地调用变量的析构函数能够销毁一个变量但不释放它的存储空间。

释放
　　程序将属于被销毁的动态变量的存储空间返回给内存管理器。C 语言的库函数 free() 和 C++ 语言的 delete() 运算符的各种重载版本参与释放阶段。

13.1.2 内存管理函数分配和释放内存

C++ 提供了一组内存管理函数，而不是 C 中简单的 malloc() 和 free()。这些函数提供了在 13.1.3 节中讲解过的 new 表达式的丰富行为。重载 new() 运算符能够为任意类型的单实例分配存储空间。重载 new[]() 运算符能够为任意类型的数组分配空间。当数组版本和非数组版本的函数以相同的方式进行处理时，我将它们统一称为 new() 运算符，表示还包括一个相同的 new[]() 运算符。

1. new() 运算符实现分配

new 表达式会调用 new() 运算符的若干版本之一来获得动态变量的内存，或是调用 new[]() 运算符获得动态数组的内存。C++ 提供了这些运算符的默认实现。它还隐式地声明了这些运算符，这样程序无需包含 <new> 头文件即可调用它们。当有需要时，我们还能够在程序中重写这些默认实现来实现自己的运算符。

new() 运算符对于性能优化非常重要，因为默认内存管理器的开销是昂贵的。在有些情况下，通过实现专门的运算符能够让程序非常高效地分配内存。

C++ 定义了 new() 运算符的几种重载形式。

void* ::operator new(size_t)

默认情况下，所有动态分配的变量的内存都是通过调用 new() 运算符的带有指定要分配内存的最小字节数参数的重载形式分配的。当没有足够多的内存能够满足请求时，这种重载形式的标准库实现会抛出 std::bad_alloc 异常。

new() 运算符的所有其他重载形式的标准库实现都会调用这个重载形式。通过在任意编译单元中提供一个 ::operator new(size_t) 的定义，程序能够全局地改变内存的分配方式。

尽管 C++ 标准并没有规定这是必需的，但是标准库中的这个重载版本的实现通常都会调用 malloc()。

void* ::operator new[](size_t)

程序用 new() 运算符的这个重载版本为数组分配内存。在标准库中，该版本的实现会调用 ::operator new(size_t)。

void* ::operator new(size_t, const std::nothrow_tag&)

Foo* p = new(std::nothrow) Foo(123); 这样的 new 表达式会调用 new() 运算符的不抛出异常的重载形式。如果没有可用内存，该版本会返回 nullptr，而不会抛出 std::bad_alloc 异常。在标准库中，该版本的实现会调用 new(size_t) 运算符并捕捉所有可能会抛出的异常。

void* ::operator new[](size_t, const std::nothrow_tag&)

这是 new() 运算符的无异常抛出版本的数组版本。

new 表达式能够调用第一个参数是 size_t 类型的、具有任意函数签名的 new() 运算符。所有这些 new() 运算符的重载形式都被称为定位放置 new() 运算符。new 表达式通过将定位放置 new() 运算符的参数类型与可用的 new() 运算符函数签名进行匹配，来确定使用哪个函数。

标准库提供并隐式声明了定位放置 new() 运算符的两种重载版本。它们不会分配内存（动态变量生命周期的第一阶段），取而代之的是接收一个额外的参数，这个参数是一个指向程序所分配的内存的指针。两种重载版本如下。

void* ::operator new(size_t, void*)

这是用于单个变量的定位放置 new() 运算符。它接收一个指向内存的指针作为它的第二个参数，并简单地返回该指针。

void* ::operator new[](size_t, void*)

这是数组版本的定位放置 new() 运算符。它接收一个指向内存的指针作为它的第二个参数并返回该指针。

这两个定位放置 new() 运算符的重载会被定位放置 new 表达式 new(p) 类型调用，其中 p 是指向有效存储空间的指针。根据 C++ 标准，这些重载是不能被替换为开发人员自己的代码的。如果替换它们，而且替换后的代码除返回它的指针参数以外，还做了其他事情，那么许多标准库代码都会停止工作。牢记这一点非常重要，因为有些 C++ 编译器不会强制禁止替换这些重载版本，这也就意味着它们是可以被输出诊断信息的代码等替换掉的。

除了以上列举的两个定位放置 new() 运算符的重载版本外，其他定位放置 new() 运算符的重载版本在 C++ 中没有明确的意义，开发人员可以将它们用于任意用途。

2. delete() 运算符释放被分配的内存

delete 表达式会调用 delete() 运算符，将分配给动态变量的内存返回给运行时系统，调用 delete[]() 运算符将分配给动态数组的内存返回给运行时系统。

new 运算符和 delete 运算符共同工作，分配和释放内存。如果一个程序定义了 new() 运算符来从一个特殊的内存池中或是以一种特别的方式分配内存，它也必须在相同的作用域内相应地定义一个 delete() 运算符，将所分配的内存返回给内存池，否则 delete() 运算符的行为就是未定义的。

3. C语言库中的内存管理函数

为了确保与 C 程序的兼容性，C++ 提供了 C 语言库函数 malloc()、calloc() 和 realloc() 来分配内存，以及 free() 函数来返回不再需要的内存。

void* malloc(size_t size) 实现了一个动态变量生命周期的分配阶段，它会返回一个指向可以存储 size 字节大小的存储空间的指针，如果没有可用存储空间则会返回 nullptr。

void free(void* p) 实现了一个动态变量生命周期的释放阶段，它会将 p 所指向的存储空间返回给内存管理器。

void* calloc(size_t count, size_t size) 实现了一个动态数组生命周期的分配阶段。它会执行一个简单的计算来算出含有 count 个大小为 size 的元素的数组的字节长度，并使用这个值调用 malloc()。

void* realloc(void* p, size_t size) 可以改变一块内存的大小，如果有需要会将内存块移动到一个新的存储空间中去。旧的内存块中的内容将会被复制到新的存储块中，被复制的内容的大小是新旧两块内存块大小中的较小值。必须谨慎使用 realloc()。有时它会移动参数所指向的内存块并删除旧的内存块。如果它这么做了，指向旧内存块的指针将变为无效。有时它会重用现有的内存块，而这个内存块可能会比所请求的大小大。

根据 C++ 标准，malloc() 和 free() 作用于一块称为 "堆"（heap）的内存区域上，而 new() 运算符和 delete() 运算符的重载版本则作用于称为 "自由存储区"（free store）的内存区域上。C++ 标准中这种严谨的定义能够让库开发人员实现两套不同的函数。也就是说，在 C 和 C++ 中内存管理的需求是相似的。只是对于一个编译器来说，有两套并行但不同的实现是不合理的。在我所知道的所有标准库实现中，new() 运算符都会调用 malloc() 来进行实际的内存分配。通过替换 malloc() 和 free() 函数，一个程序能够全局地改变管理内存的方式。

13.1.3 new表达式构造动态变量

C++ 程序使用 new 表达式请求创建一个动态变量或是动态数组。new 表达式包含关键字 new，紧接着是一个类型，一个指向 new 表达式返回的地址的指针。new 表达式还有一个用于初始化变量值或是每个数组元素的初始化列表。new 表达式会返回一个指向被完全初始化的 C++ 变量或数组的有类型指针，而不是指向 C++ new() 运算符或是 C 语言中内存管理函数返回的未初始化的存储空间的简单空指针。

new 表达式的声明看起来如下：

$$::_{optional} \; new \; (placement\text{-}params)_{optional} \; (type) \; initializer_{optional}$$

或是：

$$::_{optional} \; new \; (placement\text{-}params)_{optional} \; type \; initializer_{optional}$$

这两条语句的不同在于包围 type 的圆括号，有时候编译器需要借助它根据复杂的 type 的开始识别出 placement-params 的末尾，或是根据初始化列表的开始辨别出 type 的末尾。包括 cppreference（http://en.cppreference.com/w/cpp/language/new）在内的网络资源上有更多关于 new 表达式的所有声明语法的信息。

如果 type 的声明是一个数组，我们可以使用一个非常量表达式来定义最高（也就是最左）[6] 数组维度，这样就可以在运行时指定数组的大小。这是在 C++ 中唯一能够声明动态大小数组的方式。

new 表达式返回一个指向动态变量或是动态数组的第一个元素的右值指针（这个指针是右值这一点非常重要，请参见 6.6 节）。

所有版本的 new 表达式都不只是调用 new() 运算符函数来分配存储空间。如果调用 new() 运算符成功了，那么非数组版本的 new 表达式将会构造一个类型对象。如果构造函数抛出了异常，那么它的成员和基类都会被销毁，被分配的内存也会通过调用与分配内存的 new() 运算符函数具有相同函数签名的 delete() 运算符返回给内存管理器。如果没有匹配的 delete() 运算符，那么内存就不会被返回给内存管理器，导致发生内存泄漏。new 表达式会返回指针，重新抛出捕捉到的异常（抛出异常版本的 new 表达式）或返回 nullptr（不抛出异常版本的 new 表达式）。

数组版本的 new 表达式的工作方式是相同的，但是更加复杂，因为在构造函数的多次调用中可能会有一次抛出异常，这时就需要销毁之前所有成功构造出的实例，并在返回或重新抛出异常之前将内存返回到自由存储区。

为什么会有用于数组和用于实例的两种 new 表达式呢？数组版本的 new 表达式会分配存储数组元素数量的存储空间以及分配给数组自身的存储空间，而数组版本的 delete 表达式无需提供这个值。但对于单实例来说则无需这种额外的间接开销。C++ 的这种行为是在内存远比如今宝贵的年代就设计好了的。

注 6：在 C++ 中，一个 n 维的数组是一个 $n-1$ 维数组的数组。因此，最左维度就是最高维度。

1. 不抛出异常的new表达式

如果 placement-params 中包含有关键字 std::nothrow，那么 new 表达式不会抛出 std::bad_alloc。它不会尝试构造对象，而是直接返回 nullptr。

历史上，曾经有一段时间，许多 C++ 编译器都没有很好地实现异常处理。为这些老式编译器所编写的代码或是从 C 移植过来的代码，需要一个在内存不足时能返回 null 的内存分配函数。

在有些工业领域中——特别是航天工业和汽车工业中——有强制编码标准，它们禁止抛出异常。而 new 表达式都是定义为在发生错误时会抛出异常的。因此就有了对不抛出异常的 new 表达式的需求。

通常认为异常处理会降低效率，因此不抛出异常的 new 表达式应该会更快。不过，现代 C++ 编译器实现的异常处理仅在异常被抛出后才会发生非常小的运行时开销，因此这条常理的真相可能取决于编译器。请参见 7.4.3 节，了解更多关于异常处理的性能开销的讨论。

2. 定位放置new表达式执行定位放置处理而不进行分配

如果 placement-params 是一个指向已经存在的有效存储空间的指针，那么 new 表达式不会调用内存管理器，而只是简单地将 type 放置在指针所指向的内存地址，而且这块内存必须能够容下 type。定位放置 new 表达式的用法如下：

```
char mem[1000];
class Foo {...};
Foo* foo_p = new (mem) Foo(123);
```

在这段示例代码中，Foo 类的一个实例被放置在了数组 mem 的顶部。定位放置 new 表达式调用类的构造函数对类的实例进行初始化。对于基本类型，定位放置 new 表达式会执行初始化，而不是调用构造函数。

由于定位放置 new 表达式并不分配存储空间，因此它没有相应的定位放置 delete 表达式。当 mem 超出作用域后，被定位放置 new 表达式放置在 mem 顶部的 Foo 的实例不会被自动地销毁。开发人员需要显式地调用类的析构函数来销毁定位放置 new 表达式创建的实例。事实上，如果 Foo 的实例被放在了为 Bar 的实例所分配的存储空间中，那么 Bar 的析构函数将会被调用，这会带来未定义的灾难性的结果。因此，必须在 new() 运算符返回的内存或是 char 或其他基本数据类型的数组占用的内存上使用定位放置 new 表达式。

在标准库容器的 Allocator 模板参数中使用了定位放置 new 表达式，它必须将类的实例放置在之前已经分配但还未使用的内存中。请参见 13.4 节获取详细信息。

3. 自定义定位放置new表达式——内存分配的腹地

如果 placement-params 是 std::nothrow 或单个指针以外的其他东西，那么这个 new 表达式就被称为自定义定位放置 new 表达式。C++ 没有对自定义定位放置 new 表达式强加任何意义。这可以让开发人员以一种未受指定的方式分配存储空间。自定义定位放置 new 表达式会寻找这样的 new() 运算符或 new[]() 运算符的重载版本：其第一个参数是 size_t 类型，接下来的参数匹配表达式列表中的类型。如果动态对象的构造函数抛出了异常，那么自定义定位放置 new 表达式会寻找这样的 delete() 运算符或 delete[]() 运算符的重载版本：

第一个参数是 void*，接下来的参数匹配表达式列表中的类型。

当程序需要建立多种创建动态变量或是传递参数用于内存管理器诊断的机制时，自定义定位放置 new 表达式非常有用。

自定义定位放置 new 表达式也有一个问题，那就是无法指定匹配的"自定义定位放置 delete 表达"。因此，尽管当在 new 表达中对象构造函数抛出了异常时，delete() 运算符的多个放置重载版本会被调用，但 delete 表达式无法调用这些重载版本。这给开发人员出了一道谜题，因为根据标准，如果 delete() 运算符不匹配分配动态变量的 new() 运算符，那么其行为就是未定义的。我们必须在程序中声明匹配的定位放置 delete() 运算符，因为当对象构造函数抛出异常时它会在 new 表达中被调用。只是我们没有办法通过 delete 表达式调用它。不过，标准委员会正考虑在未来版本的 C++ 标准中解决这个问题。

最简单的解决方法是注意到，如果新潮的定位放置 new() 运算符与老式的 delete() 运算符是可兼容的，那么其行为尽管是未定义的，却是可预测的。另外一种解决方法是注意到 delete 表达式并非非常复杂或是非常神奇，如果有需要我们可以编写非成员函数替代它。

4. 类专用new()运算符允许我们精准掌握内存分配

new 表达式在要创建的类型范围中查找 new() 运算符。因此，一个类能够通过提供这些运算的实现来精准地掌握对它自己的内存分配。如果在类中没有定义类专用 new() 运算符，那么全局 new() 运算符将会被使用。要想使用全局 new() 运算符替代类专用 new() 运算符，程序员需要如下这样在 new 表达式中指定全局作用域运算符 ::

```
Foo* foo_p = ::new Foo(123);
```

只有为定义了这种运算符的类实例分配存储空间时，类专用 new() 运算符才会被调用。当在类的成员函数中用 new 表达式生成其他类的实例时，如果有为其他类定义的 new() 运算符，那么就会使用该运算符，否则就会调用默认的全局 new() 运算符。

类专用 new() 运算符是高效的，因为它为大小固定的对象分配内存。因此，第一个未使用的内存块总是可用的。如果类没有被用在多线程中，那么类专用 new() 运算符就可以免去确保类的内部数据结构是线程安全的这项开销。

类专用 new() 运算符需要定义为类的静态成员函数。这是有原因的，因为 new() 运算符会为每个实例分配存储空间。

如果一个类实现了自定义定位放置 new() 运算符，那么它必须实现相应的 delete() 运算符，否则全局 delete() 运算符就会被调用，这会带来未定义的而且通常都不希望看到的结果。

13.1.4　delete表达式处置动态变量

程序使用 delete 表达式将动态变量所使用的内存返回给内存管理器。delete 表达式会处理动态变量生命周期的最后两个阶段：销毁变量并释放它之前占用的内存。delete 表达式中含有 delete 关键字，紧接着是一个会生成一个指向待删除变量的指针的表达式。delete 表达式的语法如下：

$::_{optional}$ delete *expression*

或

$::_{optional}$ delete [] *expression*

delete 表达式的第一种形式用于删除使用 new 表达式创建的动态变量；第二种形式用于删除使用 new[] 表达式创建的动态数组。普通变量和数组的 delete 表达式之所以是分开的，是因为可能需要以与创建普通变量不同的方式来创建数组。多数实现都会为已分配的数组元素分配额外的存储空间，这样析构函数的调用次数就是正确的。使用错误版本的 delete 表达式来删除动态变量，会招致在 C++ 标准中被称为"未定义行为"的灾难。

13.1.5 显式析构函数调用销毁动态变量

通过显式地调用析构函数，而不是使用 delete 表达式，能够只执行动态变量的析构，但不释放它的存储空间。析构函数的名字就是在类的名字前加上波浪符号（~）：

```
foo_p->~Foo();
```

在标准库的 Allocator 模板中与定位放置 new 表达式相同的地方也发生了显式析构函数调用，在那里销毁和释放内存是分开进行的。

没有显式的构造函数调用，难道有吗？

在 C++ 标准的 13.1 节中写道"构造函数没有名字"，因此程序无法直接调用构造函数，它是通过 new 表达式被调用的。在 C++ 标准中关于构造函数的说明是很麻烦的，因为在构造函数被调用前，类实例占用的内存是未初始化的存储空间，在构造函数被调用之后才是类实例的存储空间。在标准中很难解释清楚这种神奇的转换。

不过显式调用构造函数并不是一件困难的事情。如果程序希望在一个已经构造完成的类实例上显式调用构造函数，简单地使用定位放置 new 表达式即可：

```
class Blah {
public:
    Blah() {...}
    ...
};

Blah* b = new char[sizeof(Blah)];
Blah myBlah;
 ...
new (b) Blah;
new (&myBlah) Blah;
```

当然，链接器知道 Blah 的构造函数的名字就是 Blah::Blah()。在 Visual C++ 中，语句

```
b->Blah::Blah();
```

能够成功编译通过并调用 Blah 的构造函数。这是一种编码恐惧，它使得这本书成为第一批哥特式的 C++ 书籍之一。Linux 上的 C++ 编译器 GCC 更加符合标准一点，它会提供一条错误消息，提示定位放置 new 表达式会调用构造函数。

13.2 高性能内存管理器

默认情况下，所有申请存储空间的请求都会经过 ::operator new()，释放存储空间的请求都会经过 ::operator delete()。这些函数形成了 C++ 的默认内存管理器。默认的 C++ 内存管理器必须满足许多需求。

- 它必须足够高效，因此它非常有可能成为热点代码。
- 它必须能够在多线程程序中正常工作。访问默认内存管理器中的数据结构必须被序列化。
- 它必须能够高效地分配许多相同大小的对象（例如链表节点）。
- 它必须能够高效地分配许多不同大小的对象（例如字符串）。
- 它必须既能够分配非常大的数据结构（I/O 缓冲区，含有数百万个整数值的数组），也能够分配非常小的数据结构（例如一个指针）。
- 为了使性能最大化，它必须至少知道较大内存块的指针的对齐边界、缓存行和虚拟内存页。
- 它的运行时性能不能随着时间而降低。
- 它必须能够高效地复用返回给它的内存。

让 C++ 内存管理器满足如此多的需求是一项开放且在不断变化的挑战，关于它的学术研究有很多，编译器厂商也在你追我赶，争取实现最先进的内存管理器。在某些情况下，内存管理器也可能不需要满足所有这些要求。这些都为开发人员提供了性能优化的机会。

大多数 C++ 编译器所提供的 ::operator new() 都是 C 语言的 malloc() 函数的简单包装器。在早期的 C++ 中，这些 malloc() 函数的实现只是为了满足 C 程序分配一些动态缓冲区的简单需求，而不是上述的 C++ 程序的那一长串需求。用编译器厂商提供的简单的 malloc() 替代复杂的内存管理器曾经是一种非常成功的性能优化技巧，开发人员只要掌握这一个技巧就能成为性能优化专家。

有多种或多或少自包含的内存管理器库声称它们相对于默认内存管理器有着显著的性能优势。如果一个程序使用了包括字符串和标准容器在内的很多动态变量，那么用这些 malloc() 替代内存管理器非常有效，只需要付出更换链接器的代价就能够提升代码中所有地方的性能，而且无需进行冗长乏味的性能分析。但是尽管这些最先进的内存管理器有着非常杰出的性能，但是我们仍然有理由不去贸然地吹嘘它们所能带来的改变。

- 尽管最先进的内存管理器向我们展示了相比于原生的 malloc() 实现它们有显著的性能改善，但是厂商往往没有明确指出性能测量的基准是谁，它甚至可能只是一个假想的稻草人。有传闻说，Windows 和 Linux 最近都提出将内存管理器升级为最先进的内存管理器。因此，自 Linux 3.7 和 Windows 7 以后，更换内存管理器能够带来的性能提升几乎就没有了。
- 只有在分配和释放动态变量的存储空间占据了程序运行时间的绝大部分时，更换一个更快的内存管理器才会对性能提升有所帮助。即使一个程序为一个有无数节点的数据结构分配了内存，但是如果该数据结构的生命周期很长，那么根据阿姆达尔定律（请参见 3.1.4 节），改善分配内存的性能对整体性能的影响很小。对几个大型开源程序的研究表明，尽管新更换的内存管理器自身的运行速度可能比默认内存管理器快 3 至 10 倍，但是程序的整体性最多只能提升 30%。
- 无论分配器的性能如何，通过使用第 6 章中讲解的方法减少对内存管理器的调用次数都能带来性能提升，而且使用分析器进行分析时都会将分配器识别为热点代码。

- 最先进的内存管理器可能会使用各种高速缓存和未使用的内存块池来提供性能，但其代价是显著地增加了内存使用量。在硬件受限制的环境中可能无法负担这些额外的内存。

对于老式的操作系统和嵌入式开发，下面是一些通常都被认为是 malloc() 的高性能替代品的方法。

Hoard（http://www.hoard.org/）

    Hoard 是一个出自德克萨斯大学的多处理器内存分配器的商业版本。它声称比 malloc() 快了 3~7 倍。需要获得许可才能进行商业使用。

mtmalloc（http://www.c0t0d0s0.org/archives/7443-Performance-impact-of-the-new-mtmalloc-memory-allocator.html）

    mtmalloc 是 Solaris 上的 malloc() 的替代品，用于多线程高工作负载。它使用了一种最速适配（fast-fit）分配器。

ptmalloc（glibc malloc，https://github.com/emeryberger/Malloc-Implementations/tree/master/allocators/ptmalloc/ptmalloc3）

    ptmalloc 是在 Linux 3.7 及以后的版本中提供的 malloc() 的替代品。它为每个线程设置了分配区（arena）以减少在多线程程序中的竞争。

TCMalloc（线程缓存版的 malloc()，http://goog-perftools.sourceforge.net/doc/tcmalloc.html）

    TCMalloc（位于 gperftools 包中）是谷歌提供的 malloc() 的替代品。它具有专业化的小型对象分配器和精心设计的用于管理大内存块的自旋锁。根据设计人员的说法，它比 glibc 的 malloc() 更好。tcmalloc 只在 Linux 上进行过测试。

对于小型嵌入式项目，实现自己的内存管理器并不是不可能的。在互联网上查找关键字 "fast-fit memory allocation" 能查出很多资料，开发人员可以参考这些资料进行开发。我曾经为一个嵌入式项目实现过一个最速适配内存管理器，效果很不错。设计通用多线程内存管理器是另外一个足够写出一本书的主题。编写内存管理器的开发人员都是专家。程序和它所运行的操作系统环境越复杂，自己编写的内存管理器就越难以实现高性能和没有 bug。

13.3　提供类专用内存管理器

即使是最先进的 malloc() 也是对创建优化机会的妥协。我们还能够在类级别重写 new() 运算符（请参见 13.1.4 节）。当动态创建类实例的代码被确定为热点代码时，通过提供类专用内存管理器能够改善程序性能。

如果一个类实现了 new() 运算符，那么当为该类申请内存时就不会调用全局 new() 运算符，而是调用这个 new() 运算符。相比于默认版本的 new() 运算符，我们可以利用对对象的了解在类专用内存管理器中编写更多有利于提升性能的处理。所有为某个类的实例申请分配内存的请求都会申请相同的字节大小。编写高效地处理分配相同大小内存的请求的内存管理器是很容易的，原因如下。

- 分配固定大小内存的内存管理器能够高效地复用被返回的内存。它们不必担心碎片，因为所有的请求都申请相同大小的内存。
- 能够以很少甚至零内存间接开销的方式实现分配固定大小内存的内存管理器。

- 分配固定大小内存的内存管理器能够确保所消耗内存总量的上限。
- 在分配固定大小内存的内存管理器中，分配和释放内存的函数都非常简单，因此它们会被高效地内联，而默认 C++ 内存分配器中的函数则无法被内联。它们必须是函数调用，这样才能够被开发人员定义的重写版本所替代。出于同样的原因，C 语言中的内存管理函数 malloc() 和 free() 也必须都是普通函数。
- 分配固定大小内存的内存管理器具有优秀的高速缓存行为。最后一个被释放的节点可以是下一个被分配的节点。

许多开发人员从来都没有见到过类专用内存管理器。我怀疑这是因为他们需要编写一些部件并将它们串在一起才能实现类专用内存管理器，导致类专用内存管理器的学习曲线太陡峭了。即使是在大型程序中也只有少数几个类能够从这个优化手段中受益。这不是一项需要在程序中多次进行的性能优化工作。

13.3.1　分配固定大小内存的内存管理器

代码清单 13-1 定义了一个简单的分配固定大小内存块的内存管理器，它会从一个名为"分配区"（arena）的单独的、静态声明的存储空间块中分配内存块。作为从自由存储区分配内存的一种方式，我们经常在嵌入式工程中看到这种分配固定大小内存块的内存管理器。fixed_block_memory_manager 非常简单：一个单独的未使用内存块的链表。这种简单的设计将会在本章中多处被用到，因此我们来详细地看看它。

代码清单 13-1　分配固定大小内存块的内存管理器

```
template <class Arena> struct fixed_block_memory_manager {
    template <int N>
        fixed_block_memory_manager(char(&a)[N]);
    fixed_block_memory_manager(fixed_block_memory_manager&)
        = delete;
    ~fixed_block_memory_manager() = default;
    void operator=(fixed_block_memory_manager&) = delete;

    void* allocate(size_t);
    size_t block_size() const;
    size_t capacity() const;
    void clear();
    void deallocate(void*);
    bool empty() const;

private:
    struct free_block {
        free_block* next;
    };
    free_block* free_ptr_;
    size_t      block_size_;
    Arena       arena_;
};

# include "block_mgr.inl"
```

在代码清单 13-2 中定义的构造函数接收一个 C 风格的字符数组作为它的参数。这个数组形成了分配内存块的分配区。它的构造函数是一个以数组大小作为模板参数的模板函数。

代码清单 13-2 fixed_block_memory_manager 的构造函数定义

```
template <class Arena>
    template <int N>
        inline fixed_block_memory_manager<Arena>
        ::fixed_block_memory_manager(char(&a)[N]) :
            arena_(a), free_ptr_(nullptr), block_size_(0) {
            /* empty */
        }
```

现代 C++ 编码笔记

为了保持模板类定义简洁，可以将模板类成员函数定义在模板类定义的外部。我将我的成员函数的定义写在后缀名为 .inl [即表示"内联定义"(inline definitions)] 的文件中。不过，当函数定义出现在模板类外部时，我们需要使用一种更冗长的语法来帮助编译器连接函数定义与模板类体中的声明。在上一个例子中，第一行 template <class Arena> 声明了类的模板参数。第二行 template <int N> 适用于构造函数自身，它是一个模板函数。当成员函数定义出现在模板类体的外部时，必须明确写明关键字 inline，否则只有当函数定义出现在类的内部时才会进行内联。

代码清单 13-3 中的成员函数 allocate() 会在有可用内存块时，将一个内存块弹出未使用内存块的链表并返回它。如果未使用内存块的链表是空的，allocate() 会试图从分配区管理器中获得一个新的未使用内存块的链表，我会在后面讲解这一点。如果分配区管理器没有可分配的内存，它会返回 nullptr，而 allocate() 则会抛出 std::bad_alloc。

代码清单 13-3 fixed_block_memory_manager 的 allocate() 的定义

```
template <class Arena>
    inline void* fixed_block_memory_manager<Arena>
                ::allocate(size_t size) {
    if (empty()) {
        free_ptr_ = reinterpret_cast<free_block*>
                    (arena_.allocate(size));
        block_size_ = size;
        if (empty())
            throw std::bad_alloc();
    }
    if (size != block_size_)
        throw std::bad_alloc();
    auto p = free_ptr_;
    free_ptr_ = free_ptr_->next;
    return p;
}
```

deallocate() 成员函数非常简单。它会将一个内存块推入到未使用内存块的链表中：

```
template <class Arena>
    inline void fixed_block_memory_manager<Arena>
                ::deallocate(void* p) {
```

```
        if (p == nullptr)
            return;
        auto fp = reinterpret_cast<free_block*>(p);
        fp->next = free_ptr_;
        free_ptr_ = fp;
    }
```

下面是其他成员函数的定义。我们使用 C++11 语法在类定义中禁用了内存管理器的复制和赋值。

```
template <class Arena>
    inline size_t fixed_block_memory_manager<Arena>
                    ::capacity() const {
    return arena_.capacity();
}

template <class Arena>
    inline void fixed_block_memory_manager<Arena>::clear() {
    free_ptr_ = nullptr;
    arena_.clear();
}
```

13.3.2 内存块分配区

fixed_block_memory_manager 中唯一的复杂点在于未使用内存块的链表是如何被初始化的。这种复杂性被考虑在单独的模板类内部。这里要展示的实现方式称为 fixed_arena_ controller，请参见代码清单 13-4。正如这里所用到的一样，arena 表示一个发生某些活动的封闭空间。block_arena 是一个能够被 block_manager 分配的固定大小的内存池。

代码清单 13-4　分配固定大小内存的内存管理器所使用的内存块分配区

```
struct fixed_arena_controller {
    template <int N>
        fixed_arena_controller(char (&a)[N]);
    fixed_arena_controller(fixed_arena_controller&) = delete;
    ~fixed_arena_controller() = default;
    void operator=(fixed_arena_controller&) = delete;

    void*  allocate(size_t);
    size_t block_size() const;
    size_t capacity() const;
    void   clear();
    bool   empty() const;

private:
    void*  arena_;
    size_t arena_size_;
    size_t block_size_;
};
```

fixed_arena_controller 类的目的是创建一个内存块链表，其中所有的内存块的大小都是相同的。这个大小是在第一次调用 allocate() 时设置的。链表中的每个内存块都必须足够大，能够满足请求的字节数，同时还必须能够存储一个指针，当该内存块在未使用内存块的链表中时这个指针会被使用。

构造函数模板函数接收来自 fixed_block_memory_manager 的分配区数组，保存数组大小和一个指向数组起始位置的指针：

```
template <int N>
    inline fixed_arena_controller
            ::fixed_arena_controller(char (&a)[N]) :
    arena_(a), arena_size_(N), block_size_(0) { /*空*/
}
```

allocate() 成员函数是发生分配操作的地方。当未使用内存块的链表为空时，它会被 fixed_block_memory_manager 的成员函数 allocate() 调用，这会在第一次分配请求到来时发生。

fixed_arena_controller 有一个内存块可分配。如果这个内存块已经被使用了，allocate() 会再次被调用并且必须返回一个错误提示。在这种情况下错误提示是 nullptr。其他种类的分配区控制器可能会通过调用 ::operator new() 等将它们所得到的大内存块分解为小块。对于其他分配区控制器，多次调用 allocate() 是没有问题的。

当 allocate() 初次被调用时，它会设置内存块大小和容量。实际创建未使用内存块的链表是将未类型化的内存字节重新解释为类型化指针的过程。字符数组被解释为一组端到端的内存块。每个内存块的第一个字节都是一个指向下一个内存块的指针。最后一个内存块的指针是 nullptr。

fixed_arena_controller 无法控制分配区数组的大小。可能在尾部会有数个未使用的字节永远不会被分配。设置未使用内存块指针的代码并不优雅。它需要继续将一种指针重新解释为另外一种指针，退出 C++ 类型系统，进入到实现定义（implementation-defined）行为的"国度"。不过，这是内存管理器都存在的不可避免的问题。

fixed_arena_controller 中的分配和释放代码很简单：在提供给构造函数的存储空间上分配未使用节点的链表，返回一个指向链表第一个元素的指针。代码如下：

```
inline void* fixed_arena_controller
            ::allocate(size_t size) {
    if (!empty())
        return nullptr; // arena已经被分配了

    block_size_ = std::max(size, sizeof(void*));
    size_t count = capacity();

    if (count == 0)
        return nullptr; // arena太小了,甚至容不下一个元素

    char* p;
    for (p = (char*)arena_; count > 1; --count, p += size) {
        *reinterpret_cast<char**>(p) = p + size;
    }
    *reinterpret_cast<char**>(p) = nullptr;
    return arena_;
}
```

下面是 `fixed_arena_controller` 的其他部分：

```
inline size_t fixed_arena_controller::block_size() const {
    return block_size_;
}

inline size_t fixed_arena_controller::capacity() const {
    return block_size_ ? (arena_size_ / block_size_) : 0;
}

inline void fixed_arena_controller::clear() {
    block_size_ = 0;
}

inline bool fixed_arena_controller::empty() const {
    return block_size_ == 0;
}
```

13.3.3　添加一个类专用new()运算符

代码清单 13-5 是一个具有类专用 new() 运算符和 delete() 运算符的非常简单的类。其中还有一个静态成员变量 mgr_，它是在 13.3.1 节中讲解的分配固定大小内存块的内存管理器。new() 运算符和 delete() 运算符都是内联函数，它们会将请求转发给 mgr_ 的成员函数 allocate() 和 deallocate()。

代码清单 13-5　具有类专用 new() 运算符的类

```
class MemMgrTester {
    int contents_;
public:
    MemMgrTester(int c) : contents_(c) {}

    static void* operator new(size_t s) {
        return mgr_.allocate(s);
    }
    static void operator delete(void* p) {
        mgr_.deallocate(p);
    }
    static fixed_block_memory_manager<fixed_arena_controller> mgr_;
};
```

mgr_ 被声明为 public，这样我能够通过调用 mrg_.clear() 重新初始化未使用内存块的链表，以方便编写性能测试。如果 mgr_ 只在程序启动时被初始化一次，之后永远无需重新初始化，那么最好将其声明为 private 成员变量。

能够像这样被重置的内存管理器被称作**内存池管理器**（pool memory manager），它所控制的分配区则被称为**内存池**（memory pool）。内存池管理器非常适用于数据结构被构造、使用然后被销毁的情况。如果能够快速地重新初始化整个内存池，那么程序就能够避免逐节点地释放数据结构。

mgr_ 是 BlockTester 类的一个静态成员变量。在程序中的某个地方，也必须如代码清单 13-6 这样定义静态成员。这段代码定义了一个内存分配区以及 mgr_，mgr_ 的构造函数接收这个分配区作为参数。

```
char arena[4004];
fixed_block_memory_manager<fixed_arena_controller>
    MemMgrTester::mgr_(arena);
```

这段代码没有定义类专用 new[]() 运算符来分配数组的存储空间。分配固定大小内存块的内存管理器无法工作于根据定义可能会有不同数量元素的数组之上。如果程序试图分配一个 MemMgrTester 数组，那么 new 表达式会使用全局 new[]() 运算符，因为没有定义类专用的运算符。也就是说，程序会使用分配固定大小内存块的内存管理器来为单独的类实例分配存储空间，使用 malloc() 为数组分配存储空间。

13.3.4   分配固定大小内存块的内存管理器的性能

分配固定大小内存块的内存管理器是非常高效的。分配和释放内存块的函数的开销是固定的，而且代码可以内联。但是它们究竟比 malloc() 快多少呢？

我做了两项实验，测试了类专用 new() 运算符的性能。在第一项测试中，我分配了 100 万个 BlockTester 的实例。使用类专用 new() 运算符和我的分配固定大小内存块的内存管理器进行分配耗时 4 毫秒，使用会调用 malloc() 的全局 new() 运算符进行分配则耗时 64 毫秒。在这项测试中，分配固定大小内存块的内存管理器比 malloc() 快了 15 倍，尽管这个结果可能夸大了在实际程序中所能获得的性能改善效果。根据阿姆达尔定律，在内存分配之间进行的计算越多，那么提高内存分配性能所能带来的收益就越小。

在第二项实验中，我创建了一个保存了 100 个指向 BlockTest 的指针的数组，然后我创建了 100 万个 BlockTest 的实例，随机地将它们赋值到数组的任意位置并删除之前在该位置的实例。使用分配固定大小内存块的内存管理器完成这项测试耗时 25 毫秒，而使用默认的全局内存管理器则耗时 107 毫秒。分配固定大小内存块的内存管理器快了 3.3 倍。

13.3.5   分配固定大小内存块的内存管理器的变化形式

分配固定大小内存块的内存管理器的基本结构极其简单。你可以尝试使用它的各种变化形式（如果你花些时间在互联网上查找内存管理器就能找到），看看其中是否有更适合优化你的程序的版本。

- 当未使用内存块的链表是空的时，不是分配一个新的固定大小内存块的分配区，而是使用 malloc() 分配内存。被释放的内存块会被缓存在未使用内存块的链表中供快速复用。
- 可以通过调用 malloc() 或是 ::new 创建分配区，而不使用固定分配区。如果有需要，还可以维护分配区链，这样就不会限制会分配多少个小内存块了。即使偶尔会调用 malloc()，分配固定大小内存块的内存管理器仍然能够保持它速度快和内存碎片少的优势。
- 如果类的实例在使用一段时间后会被全部销毁，那么可以将分配固定大小内存块的内存管理器作为内存池使用。内存池会如平常一样分配内存，但是不会释放内存。当程序使用完类的实例后，它们会通过重新初始化静态分配区或是将动态分配的分配区返回给系统内存管理器立刻回收。但是即使它们都被立即回收了，被分配的内存块仍然必须被通过调用析构函数删除。互联网上的许多内存池分配器都忘记了这个微小却重要的细节。

我们可以设计一种通用的内存管理器来满足来自另外一个分配区的申请不同大小内存块的请求，并返回不同大小的内存块到另外一个未使用内存块的链表中。如果所有请求的大小四舍五入后都变为了2的下一个幂，那么它就是一个"最快适配"内存管理器。典型的最快适配内存管理器只分配大小小于某个最大值的对象，如果请求的大小大于这个最大值，它会将请求转发给默认内存管理器。最快适配内存管理器的代码太大了，本书将不会展示，读者可以在互联网上查到这些代码。

Boost 有一个叫作"Pool"（http://www.boost.org/doc/libs/release/libs/pool/）的分配固定大小内存块的内存管理器。

13.3.6 非线程安全的内存管理器是高效的

如果不用顾忌线程安全，那么分配固定大小内存块的内存管理器还可以更加高效。非线程安全内存管理器高效的原因有两个。第一，它们不需要同步机制来序列化临界区。同步的开销是昂贵的，因为每个同步原语的核心处都有一个会降低效率的内存栅栏（请参见12.1.6 节和 12.2.7 节）。即使只有一个线程调用内存管理器（这是一种典型情况），这些昂贵的开销也会降低性能。

第二，非线程安全的内存管理器之所以高效是因为它们不会挂起在同步原语上。当一个程序有多个线程调用内存管理器时，线程会将内存管理器当作一种资源进行竞争。系统中的线程越多，竞争就越激烈，也就会有更多对分配器的访问会序列化线程活动。

如果一个类实现了类专用内存管理器，即使程序作为一个整体是多线程的，只要某个类只在一个线程中使用，那么它就无需等待。相比之下，如果该类调用默认内存管理器，那么即使在多线程程序中某个对象只在一个线程中被使用，也会发生竞争。

不仅如此，非线程安全的内存管理器还比线程安全的内存管理器更加容易编写，因为尽量使临界区最小，以便让内存管理器运行得更高效是一项复杂的任务。

13.4 自定义标准库分配器

C++ 标准库的容器类会使用大量的动态变量。我们可以在它们那里寻找优化机会，包括13.3.1 节中讲解过的自定义内存管理器等。

但是有一个问题。在 std::list<T> 中动态分配的变量不是用户提供的类型 T。它们是像 listitem<T> 这样的无形类型，不但包含有效载荷类型 T，还包含指向前向节点和后向节点的指针。在 std::map<K,V> 中动态分配的变量是另外一种像 treenode<std::pair<const K, V>> 这样的隐藏类型。这些模板类藏在编译器提供的头文件中。我们无法[7]修改这些类，在其中加入类专用 new() 运算符和 delete() 运算符。除此之外，模板是通用的。开发人员可能只希望在某个程序中针对通用模板的部分实例而非全部实例改变内存管理器的行为。幸运的是，C++ 模板提供了一种定义每种容器所使用的内存管理器的机制。标准库容器可以

注 7：噢，你肯定认为"不，你仍然能够修改它们。你可以进入 /usr/include 并修改它们"。但这种修改方式类似作弊。

接收一个 Allocator 参数，它具有与类专用 new() 运算符相同的自定义内存管理器的能力。

Allocator 是一个管理内存的模板类。作为被扩展的基础，一个分配器会做三件事情：从内存管理器中获取存储空间，返回存储空间给内存管理器，以及从相关联的分配器中复制构造出它自己。这看似简单，其实不然。正如读者将在 13.4.2 节中看到的，分配器有一段漫长而痛苦的历史。分配器被某些有影响力的开发者视为 C++ 中最需要改进的部分之一。诚然，如果代码足够热点，容器又是更容易处理的基于节点的容器之一（std::list、std::forward_list、std::map、std::multimap、std::set 或 std::multiset），那么实现一个自定义分配器可能会有助于改善程序性能。

分配器的实现可以非常简单，也可以复杂到让人头脑发麻。默认分配器 std::allocator<T> 是 ::operator new() 的一个简单的包装器。开发人员可以提供一个具有不同行为的非默认分配器。

分配器有两种基本类型。最简单的分配器是无状态的，也就是说一种没有非静态状态的分配器类型。默认分配器 std::allocator<T> 对于标准库容器是无状态的。无状态分配器具有以下特点。

- 无状态分配器能够被默认构造，无需显式地创建一个无状态分配器的实例，然后将它传递给容器类的构造函数。语句 std::list<myClass, myAlloc> my_list; 会构造一个由无状态分配器 myAlloc 分配的 myClass 的实例所组成的链表。
- 一个无状态分配器不会在容器实例中占用任何空间。大多数标准库容器类都继承自它们的分配器，会利用空基类的优化生成一个零字节的基类。

无状态分配器 my_allocator<T> 的两个实例是难以区分的。这意味着一个无状态分配器分配的对象能够被另外一个分配器释放。这使得像 std::list 的 splice() 成员函数的操作变为可能。像 AllocX<T> 和 AllocX<U> 这样的不同类型的两个无状态分配器有时会相等，但并非总是相等。确实是这样的，std::allocator 就是一个例子。

相等还意味着可以高效地进行移动赋值和 std::swap() 操作。如果两个分配器不等，那么必须使用目标容器类的分配器来深复制原来容器中的内容。

请注意，尽管像 AllocX<T> 和 AllocX<U> 这样两个完全无关的分配器类型的实例可能会碰巧相等，但是这种特性是没有价值的。容器的类型包括分配器的类型。你无法将一个 std::list<T,AllocX> 拼接到 std::list<T,AllocY> 上，就像你不能将 std::list<int> 拼接到 std::list<string> 上一样。

当然，无状态分配器的主要缺点和它的主要优点是一样的。所有无状态分配器的实例的本质决定了它们会从相同的内存分配器中获取内存。这是一种全局的资源，也是对全局变量的一种依赖性。

创建和使用带有内部状态的分配器更加复杂，原因如下。

- 在大多数情况下，一个带有局部状态的分配器是无法被默认构造出来的。这个分配器必须被手动地构造出来，然后传递给容器的构造函数。
    ```
    char arena[10000];
    MyAlloc<Foo> alloc(arena);
    std::list<Foo, MyAlloc<Foo>> foolist(alloc);
    ```

- 分配器的状态必须被存储在所有变量中，这会增大它们的大小。这对于像 std::list 和 std::map 这样的创建许多节点的容器是非常痛苦的，但也是容器编程人员最希望自定义的。
- 两个相同类型的分配器在进行比较时可能会不相等，因为它们具有不同的内部状态，使得使用该分配器类型在容器上进行的某些操作变为不可用或是非常低效。

不过带状态的分配器具有一个很重要的优点，那就是当所有的分配请求无需通过一个单独的全局内存管理器时，为多种不同用途创建多种类型的内存分配区也更容易了。

对于编写自定义分配器来改善性能的开发人员而言，选择带有还是不带有局部状态的分配器取决于有多少类需要优化。如果只有一个类是热点代码，需要优化，那么选择一个无状态分配器更简单。如果开发人员希望优化多个类，那么选择带有局部状态的分配器会更加灵活。不过，开发人员可能难以从分析结果中找出这么做的必要性。为许多容器都编写自定义分配器也许无法收回开发人员的时间投资。

13.4.1 最小C++11分配器

如果开发人员足够幸运，有一个完全符合 C++11 标准的编译器和标准库，那么他就可以提供一个只需要极少定义的最小分配器。代码清单 13-7 展示了一个类似于 std::allocator 的分配器。

代码清单 13-7 最小 C++11 分配器

```
template <typename T> struct my_allocator {
    using value_type = T;

    my_allocator() = default;

    template <class U> my_allocator(const my_allocator<U>&) {}

    T* allocate(std::size_t n, void const* = 0) {
        return reinterpret_cast<T*>(::operator new(n*sizeof(T)));
    }

    void deallocate(T* ptr, size_t) {
        ::operator delete(ptr);
    }
};

template <typename T, typename U>
    inline bool operator==(const my_allocator<T>&,
                           const my_allocator<U>&) {
    return true;
}

template <typename T, typename U>
    inline bool operator!=(const my_allocator<T>& a,
                           const my_allocator<U>& b) {
    return !(a == b);
}
```

在该最小分配器中只有以下这些函数。

allocator()

这是默认构造函数。如果分配器有一个默认构造函数，开发人员就无需显式地创建一个实例，然后将其传递给容器的构造函数。在无状态分配器的构造函数中，默认构造函数通常都是空函数，在具有非静态状态的分配器中则通常不存在默认构造函数。

template <typename U> allocator(U&)

这个复制构造函数使得将一个 allocator<T> 转换为如 allocator<treenode<T>> 这样的一个私有类的关联分配器成为可能。这非常重要，因为在大多数容器中，类型 T 的节点都不会被分配。

在无状态分配器中，复制构造函数通常都是空函数，但在具有非静态状态的分配器中，复制构造函数中则必须复制或克隆状态。

T* allocate(size_type n, const void* hint = 0)

该函数允许分配器分配足够存储 n 字节的存储空间，并返回一个指向这块存储空间的指针，或是在没有足够的内存空间时抛出 std::bad_alloc。hint 用于以一种未指定的方式帮助分配器与"局部性"关联在一起。我从来没有见过使用了 hint 的实现方式。

void deallocate(T* p, size_t n)

该函数用于将之前 allocate() 分配的指针 p 所指向的占用 n 字节的存储空间返回给内存管理器。n 必须与调用 allocate() 时的参数相等，p 则指向 allocate() 所分配的存储空间。

bool operator==(allocator const& a) const

bool operator!=(allocator const& a) const

这一对函数用于比较两个相同类型的分配器的实例是否相等。如果两个实例的比较结果是相等，那么由一个实例分配的对象就可以安全地被另外一个实例释放。这意味着两个实例从相同的存储区域中分配对象。

相等性的含义是非常大的。它表示当且仅当两个链表有相同类型的分配器并且两个分配器实例的比较结果是相等，那么就可以将 std::list 中的元素从一个链表拼接到另外一个链表上。分配器类型是容器实例类型的一部分，因此即使两个分配器是不同的类型，也不影响它们悄悄地共享相同的存储空间。

在比较两个无状态分配器的相等性时，结果无条件地是 true。在比较具有非静态状态的分配器时，必须比较它们的状态以确定是否相等，或是返回 false。

13.4.2　C++98分配器的其他定义

C++11 作出了大量努力让开发人员更容易编写分配器，其代价是使得容器类更加复杂了。那些必须为 C++11 之前的标准库容器编写分配器的开发人员肯定知道原因。

最开始，分配器不是为（至少不是仅仅为）管理内存而设计的。分配器的概念是在 20 世纪 80 年代形成的，当时微处理器和开发人员正试图打破 16 位地址空间的限制。当时的 PC 通过段寄存器加上偏移量来组成地址。每个程序都是为一种内存模型编译的，这个模型描述了指针工作的默认方式。当时有许多内存模型,其中有些虽然高效,但却限制了一个程序或是它的数据结构所能占据的内存总量。另外一些内存模型允许使用更多内存,但却比较低效。当时的 C 编译器扩展了一些其他的类型修饰符,这样基于希望使用它们访问多大的内存,开发人员可以声明指针指向附近的地址或是很远的地址。

分配器最初的设计目的是打破这种内存模型的混乱。但是随着分配器来到了 C++ 中,硬件制造商早已经听到了 C 语言开发人员的抱怨声,实现了一个没有段寄存器的统一内存模型。而且,在当时的编译器上,该分配器解决方案低效得简直无法使用。

在 C++11 之前,每个分配器包含了最小分配器中的所有函数,另外再加上以下这些。

value_type

　　待分配的对象的类型。

size_type

　　一个足以保存这个分配器能够分配的最大字节数的整数类型。

　　对于用作标准库容器模板的参数的分配器,这个定义需要定义别名 typedef size_t size_type;。

difference_type

　　一个足以保存两个指针之间的最大差值的整数类型。

　　对于用作标准库容器模板的参数的分配器,这个定义需要定义别名 typedef ptrdiff_t difference_type;。

pointer
const_pointer

　　一个指向 (const) T 的指针类型。

　　对于用作标准库容器模板的参数的分配器,这个定义需要定义别名:

```
typedef T* pointer;
typedef T const* const_pointer;
```

　　对于其他分配器,指针可能会是一个实现了用于解引指针的 operator*() 的类指针类。

reference
const_reference

　　一个指向 (const) T 的引用类型。

　　对于用作标准库容器模板的参数的分配器,这个定义需要定义别名:

```
typedef T& reference;
typedef T const& const_reference;
```

pointer address(reference)
const_pointer address(const_reference)

　　分别是用于返回一个指向 (const) T 的指针的函数和返回一个指向 (const) T 的引用的函数。

对于用作标准库容器模板的参数的分配器，这两个函数需要定义为：

```
pointer address(reference r) { return &r; }
const_pointer address(const_reference r) { return &r; }
```

这些函数原本是用于抽象内存模型的。不幸的是，它们需要与标准库容器兼容，这要求
pointer 必须是 T*，因此线性随机访问迭代器和二分查找能够高效地进行工作。

尽管这些定义对于标准库容器的分配器有固定值，但是定义还是需要的，因为 C++98 中的
容器代码使用了它们。例如：

```
typedef size_type allocator::size_type;
```

有些开发人员会从 std::allocator 中得到分配器模板，这样不用写代码就可以得到这些定
义。但是这种编程实践是有争议的，因为毕竟 std::allocator 可能在未来的某一天发生改
变。它在早些年已经发生了很大变化了，在 C++11 中又发生了变化，因此很可能还会发生
变化。另一种方法是简单地提出这些定义中最不可能发生改变的部分，像下面这样：

```
template <typename T> struct std_allocator_defs {
    typedef T value_type;
    typedef T* pointer;
    typedef const T* const_pointer;
    typedef T& reference;
    typedef const T& const_reference;
    typedef size_t size_type;
    typedef ptrdiff_t difference_type;

    pointer address(reference r) { return &r; }
    const_pointer address(const_reference r) { return &r; }
};
```

得出的逻辑结论是，我们可以根据这些定义编写一个萃取（trait）类，这与互联网上某些
更加复杂的分配器模板所做的一样。这也是 C++11 最小分配器所做的事情，只不过萃取
类的工作方式相反。萃取类会检查分配器模板，看看它是否有这些定义，如果分配器没有
提供标准定义，那么它就会提供一个标准定义。接着，容器类代码引用 allocator_traits
类，而不是分配器，如下所示：

```
typedef std::allocator_traits<MyAllocator<T>>::value_type value_type;
```

有了这个例子，现在是时候看看以下这些重要的定义了（请记住，还包括在 13.4.1 节中讲
解过的最小分配器的定义）：

```
void construct(pointer p, const T& val)
```

这个函数会使用定位放置 new 表达式复制构造实例：

```
new(p) T(val);
```

对于 C++11，定义了这个函数后就可以在 T 的构造函数中使用一个参数列表：

```
template <typename U, typename... Args>
    void construct(U* p, Args&&... args) {
        new(p) T(std::forward<Args>(args...));
    }
```

```
    void destroy(pointer p);
```
这个函数会调用 p->~T()；销毁指向 T 的指针。

rebind::value

rebind 结构体的声明是分配器的核心。它通常看起来像下面这样：

```
    template <typename U> struct rebind {
        typedef allocator<U> value;
    };
```

rebind 定义了一个用于在有 allocator<T> 的情况下为类型 U 创建分配器的公式。每个分配器都必须提供这个公式。它定义了像 std::list<T> 这样的容器应该如何分配 std::list<T>::listnode<T> 的实例。在大多数容器中它都非常重要，类型 T 的节点永远不会被分配。

代码清单 13-8 是一个完整的等价于代码清单 13-7 中的最小分配器的 C++98 风格的分配器。

代码清单 13-8 C++98 分配器

```
    template <typename T> struct my_allocator_98 :
        public std_allocator_defs<T> {
        template <typename U> struct rebind {
            typedef my_allocator_98<U, n> other;
        };

        my_allocator_98() {/*空*/}
        my_allocator_98(my_allocator_98 const&) {/*空*/}

        void construct(pointer p, const T& t) {
            new(p) T(t);
        }
        void destroy(pointer p) {
            p->~T();
        }
        size_type max_size() const {
            return block_o_memory::blocksize;
        }
        pointer allocate(
            size_type n,
            typename std::allocator<void>::const_pointer = 0) {
            return reinterpret_cast<T*>(::operator new(n*sizeof(T)));
        }
        void deallocate(pointer p, size_type) {
            ::operator delete(ptr);
        }
    };

    template <typename T, typename U>
        inline bool operator==(const my_allocator_98<T>&,
                               const my_allocator_98<U>&) {
        return true;
    }

    template <typename T, typename U>
```

```
    inline bool operator!=(const my_allocator_98<T>& a,
                           const my_allocator_98<U>& b) {
        return !(a == b);
    }
```

当开发人员在互联网上查看分配器的代码时，就会遇到各种不同类型的函数签名。一个极其谨慎且编码更加符合标准的开发人员可能会如下编写 allocate() 函数的签名：

```
pointer allocate(
    size_type n,
    typename std::allocator<void>::const_pointer = 0);
```

而一个没那么谨慎的开发人员可能会编写出与严格用于标准库容器的分配器相同的函数签名，如下所示：

```
T* allocate(size_t n, void const* = 0);
```

第一个签名是技术上最符合标准的函数签名，但是第二种签名也能编译通过并更加简洁。这就是模板世界的特点。

互联网上搜索到的分配器的代码的另外一个问题是，当无法满足请求时，allocate() 必须抛出 std::bad_alloc。因此，以下这段调用 malloc() 分配内存的代码是不符合标准的，因为 malloc() 可能会返回 nullptr：

```
pointer allocate(
    size_type n,
    typename std::allocator<void>::const_pointer = 0) {
        return reinterpret_cast<T*>(malloc(n*sizeof(T)));
}
```

13.4.3　一个分配固定大小内存块的分配器

标注库容器类 std::list、std::map、std::multimap、std::set 和 std::multiset 都从许多同等的节点中创建数据结构。这样的类可以利用使用在 13.3.1 节中讲解的分配固定大小内存块的内存管理器实现的简单分配器。代码清单 13-9 展示了它的部分定义，其中有两个函数——allocate() 和 deallocate()。其他定义则与代码清单 13-8 中展示的标准分配器中的定义相同。

代码清单 13-9　分配固定大小内存块的分配器

```
extern fixed_block_memory_manager<fixed_arena_controller>
    list_memory_manager;

template <typename T> class StatelessListAllocator {
public:
    ...

    pointer allocate(
        size_type count,
        typename std::allocator<void>::const_pointer = nullptr) {
        return reinterpret_cast<pointer>
                (list_memory_manager.allocate(count * sizeof(T)));
```

```
    }
    void deallocate(pointer p, size_type) {
        string_memory_manager.deallocate(p);
    }
};
```

正如之前介绍的，std::list 永远不会试图分配器类型 T 的节点，而是会使用 Allocator 模板参数通过调用 list_memory_manager.allocate(sizeof(<listnode<T>>)) 来构造一个 listnode<T>。

链表分配器需要改变之前定义的内存管理器。Microsoft Visual C++ 2015 中的 std::list 的实现会分配一个大小与其他节点不同的特殊的前哨节点。它的大小比其他节点小一些，因此，只要对分配固定大小内存块的内存分配器做一点小小的改动，就能让它工作起来。代码清单 13-10 展示了修改后的版本。修改点是 allocate() 不再判断当前所请求的内存大小是否等于之前保存的内存块的大小，而是只判断它不大于之前保存的内存块的大小。

代码清单 13-10　修改后的 allocate() 函数

```
template <class Arena>
    inline void* fixed_block_memory_manager<Arena>
                ::allocate(size_t size) {
    if (empty()) {
        free_ptr_ = reinterpret_cast<free_block*>
                    (arena_.allocate(size));
        block_size_ = size;
        if (empty())
            throw std::bad_alloc();
    }
    if (size > block_size_)
        throw std::bad_alloc();
    auto p = free_ptr_;
    free_ptr_ = free_ptr_->next;
    return p;
}
```

分配固定大小内存块的分配器的性能

我编写了一个程序，测试了分配固定大小内存块的分配器的性能。该测试程序会在一个循环中反复创建含有 1000 个整数的链表，然后删除它。测试结果是使用默认分配器耗时 76.2 微秒，而使用分配固定大小内存块的分配器则只耗时 11.6 微秒，速度提高了大约 5.6 倍。这是一种显著的性能改善，但是我们必须仍然对它有所怀疑，因为只有创建和析构操作能够因这项优化而获益。如果程序还会对链表进行其他处理，那么性能不会有这么大提升。

我还通过构建一个含有 1000 个整数键的 map 进行了一次测试。使用默认分配器构造创建和销毁 map 耗时 142 微秒，而使用分配固定大小内存块的分配器则只耗时 67.4 毫秒，性能提升了超过 110%。这次测试向我们证实了程序的其他活动（在本例中即是存储 map 的树的重新平衡）对使用分配固定大小内存块的分配器进行性能改善的结果的影响。

13.4.4　字符串的分配固定大小内存块的分配器

std::string 在一个动态字符数组中存储它的内容。随着字符串的增长该数组会重新分配，因此看起来上一节中的简单的分配固定大小内存块的分配器并不适合它。但是有时候我们也是可以克服这种限制的。如果开发人员知道字符串的最大长度，就能够创建一个总是分配固定大小为那个最大长度的分配器。这种情况非常常见，因为有着存储百万字符的字符串的应用程序很少。

代码清单 13-11 是字符串的分配固定大小内存块的分配器的一部分。

代码清单 13-11 字符串的分配固定大小内存块的分配器

```
template <typename T> class NewAllocator {
public:
    ...
    pointer allocate(
        size_type /*count*/,
        typename std::allocator<void>::const_pointer = nullptr) {
        return reinterpret_cast<pointer>
                    (string_memory_manager.allocate(512));
    }

    void deallocate(pointer p, size_type) {
        ::operator delete(p);
    }
};
```

这个分配器的重要特性是 allocate() 完全忽略所请求的内存大小，总是返回一个固定大小的内存块。

字符串分配器的性能

我使用代码清单 4-1 中的 remove_ctrl() 测试字符串分配器的性能。该函数对 std::string 的使用非常低效，会创建许多临时字符串。代码清单 13-12 展示了修改后的函数。

代码清单 13-12 使用分配固定大小内存块的字符串分配器的版本的 remove_ctrl()

```
typedef std::basic_string<
    char,
    std::char_traits<char>,
    StatelessStringAllocator<char>> fixed_block_string;

fixed_block_string remove_ctrl_fixed_block(std::string s) {
    fixed_block_string result;
    for (size_t i = 0; i<s.length(); ++i) {
        if (s[i] >= 0x20)
            result = result + s[i];
    }
    return result;
}
```

原来的 remove_ctrl() 的测试结果是耗时 2693 毫秒。代码清单 13-12 中的修改后的版本执行相同的测试只耗时 1124 毫秒，大约快了 1.4 倍。这个性能提升效果非常显著，但是正如我们在第 4 章中看到的，其他优化方法的效果更好。

编写一个自定义的内存管理器或分配器可以提高程序性能，但相比于移除对内存管理器的调用等其他优化方法，它的效果没有那么明显。

13.5　小结

- 相比于内存管理器，在其他地方看看有没有可能会带来更好性能改善效果的优化机会。
- 对几个大型开源程序的研究表明，替换默认内存管理器对程序整体运行速度的性能提升最多只有 30%。
- 为申请相同大小内存块的请求分配内存的内存管理器是很容易编写的，它的运行效率也很高。
- 同一个类的实例的分配内存的请求所申请的内存的大小是一样的。
- 可以在类级别重写 new() 运算符。
- 标准库容器类 std::list、std::map、std::multimap、std::set 和 std::multiset 都从许多同等的节点中创建数据结构。
- 标准库容器接收一个 Allocator 作为参数，与类专用 new() 运算符一样，它也允许自定义内存管理。
- 编写一个自定义的内存管理器或分配器可以提高程序性能，但相比于移除对内存管理器的调用等其他优化方法，它的效果没有那么明显。

作者介绍

Kurt Guntheroth 从事软件开发工作超过 35 年，他编写责任重大的 C++ 代码也有 25 年了。他具有 Windows、Linux 和嵌入式设备上的开发经验。

Kurt 不是一个工作狂，他喜欢陪伴妻子和四个活泼的儿子游玩。Kurt 居住在华盛顿州的西雅图。

封面介绍

本书封面上的动物是披红狷羚（Cape Hartebeest，学名 Alcelaphus buselaphus caama），其生活范围是非洲西南部的平原和灌木丛地区。披红狷羚属牛科，是一种大型羚羊。雄性和雌性披红狷羚都有长达 60 厘米的形状独特的弯曲的羊角。它们具有优秀的听觉和嗅觉，能够以每小时 55 千米的速度，以之字形逃跑路线躲避天敌的猎捕。虽然狮子、豹子和猎豹偶尔也会猎捕披红狷羚，但通常它们都很难得逞。 披红狷羚看起来就像是由某个委员会设计出来似的，但它经过了精心优化。

O'Reilly 出版物封面上的许多动物都濒临灭绝，但所有这些动物对世界都非常重要。如想了解更多关于如何拯救这些动物的信息，请访问 animals.oreilly.com。

封面形象来自 *The Riverside Natural History Volume*。封面字体是 RW Typewriter 和 Guar dian Sans，正文字体为 Adobe Minion Pro，标题字体是 Adobe Myriad Condensed，而代码字体则是 Dalton Maag 公司的 Ubuntu Mono。

技术改变世界 · 阅读塑造人生

用户思维＋：好产品让用户为自己尖叫

◆ 颠覆以往所有产品设计观、全新定义好产品

◆ 极客邦科技总裁池建强、糗事百科创始人王坚、无码科技合伙人邱岳等联袂推荐

作者： Kathy Sierra

译者： 石航

用数据讲故事

◆ 用故事思维可视化数据，让沟通更高效、更直接

◆ 基于Excel做数据分析，职场人士通用

◆ 秋叶PPT创始人秋叶、数据分析大V邓凯、圣骑咨询创始人范增等联袂推荐

作者： Cole Nussbaumer Knaflic

译者： 陆昊　吴梦颖

编程风格：好代码的逻辑

◆ 被读者评为"近20年来含金量最高的著作"

◆ 与算法和数据结构同等重要的程序设计概念

◆ 了解编程和系统设计的不同方式，找寻卓越代码的奥秘，体会编程之美

作者： Cristina Videira Lopes

译者： 顾中磊

技术改变世界 · 阅读塑造人生

算法图解

◆ 像小说一样有趣的算法入门书
◆ 代码示例基于Python

作者: Aditya Bhargava
译者: 袁国忠

Git 团队协作

◆ 掌握Git精髓
◆ 解决版本控制、工作流问题,实现高效开发

作者: Emma Jane Hogbin Westby
译者: 童仲毅

学习敏捷:构建高效团队

◆ 精讲精益、Scrum、极限编程和看板方法
◆ 全面解读敏捷价值观及原则,提高团队战斗力

作者: Andrew Stellman,Jennifer Greene
译者: 段志岩 郑思遥